Python 自動化 簡単レシピ

Excel・Word・PDFなどの面倒なデータ処理を
サクッと解決

森 巧尚［著］

本書内容に関するお問い合わせについて

このたびは翔泳社の書籍をお買い上げいただき、誠にありがとうございます。
弊社では、読者の皆様からのお問い合わせに適切に対応させていただくため、以下のガイドラインへのご協力をお願い致しております。
下記項目をお読みいただき、手順に従ってお問い合わせください。

ご質問される前に

弊社 Web サイトの「正誤表」をご参照ください。これまでに判明した正誤や追加情報を掲載しています。

正誤表　https://www.shoeisha.co.jp/book/errata/

ご質問方法

弊社 Web サイトの「刊行物 Q&A」をご利用ください。

刊行物 Q&A　https://www.shoeisha.co.jp/book/qa/

インターネットをご利用でない場合は、FAX または郵便にて、下記翔泳社愛読者サービスセンターまでお問い合わせください。電話でのご質問は、お受けしておりません。

回答について

回答は、ご質問いただいた手段によってご返事申し上げます。ご質問の内容によっては、回答に数日ないしはそれ以上の期間を要する場合があります。

ご質問に際してのご注意

本書の対象を越えるもの、記述箇所を特定されないもの、また読者固有の環境に起因するご質問等にはお答えできませんので、予めご了承ください。

郵便物送付先および FAX 番号

送付先住所　〒 160-0006　東京都新宿区舟町 5

FAX 番号　03-5362-3818

宛先　㈱翔泳社 愛読者サービスセンター

※本書の対象に関する詳細は8ページをご参照ください。

はじめに

Pythonを使うと、**仕事を自動化**させることができます。
めんどうな仕事は、自動化して楽をしたいですね。

ですが残念なことに、現実世界の仕事の多くは複雑です。「複雑な仕事を自動化する」ためには、「複雑なプログラムを作る」必要がありますので、わりと大変な作業になります。楽をするための自動化なのに、仕事が増えてしまっては本末転倒です。

できれば仕事の自動化は、**「手軽に作って、手軽に使いたい」**ですよね。
そこで本書では、以下の3つに注目して、仕事を自動化させていきます。

1. シンプルなプログラムを作る。
2. 関数化する。
3. アプリ化する。

まず自動化させたい仕事は、コンピュータが得意な**「ちょっとした機械的な作業」**に絞り込みます。行うことを絞り込めば、プログラムはシンプルに**手軽に作る**ことができます。さらにここで終わりにせずに、もう一歩進めましょう。そのプログラムを「関数化して、アプリ化」するのです。アプリ化すれば、次回からはアプリをダブルクリックするだけで起動し、**手軽に使う**ことができるようになります。

「アプリを作る」というと難しそうに思えますが、「シンプルなプログラム」ですので「値を入力して、ボタンを押す程度の簡単アプリ」として作れます。違う仕事のアプリを作りたいときもほとんど同じアプローチで作れるので、「アプリのテンプレート」を用意しておけば、「テンプレートの中身を書き換えるだけ」で簡単に新しいアプリを作ることができるのです。本書では、この方法について解説していきます。

「Pythonは文房具だ」という感覚でプログラミングをしてみましょう。そうすれば、仕事を手軽に効率的に自動化していけますよ。

2022年4月吉日
森 巧尚

もくじ

Chapter 3 アプリの作成

Chapter 4 ファイルの操作

Chapter 5 テキストファイルの検索・置換

Chapter 6 PDFファイルの検索

Chapter 7 Wordファイルの検索・置換

Chapter 8 Excelファイルの検索・置換

Chapter 9 画像のリサイズ・保存

Chapter 10 音声や動画の再生時間

Chapter 11 Webデータの取得

本書のサンプルのテスト環境

本書のサンプルは以下の環境で、問題なく動作することを確認しています。

OS	macOS
OSバージョン	12.2.1(Monterey)
CPU	Apple M1
Pythonバージョン	3.10.2

OS	Windows
OSバージョン	11 Pro/10 Home
CPU	Intel Core i7 (11 Pro) / Intel Core i5 (10 Home)
Pythonバージョン	3.10.2

各種ライブラリとバージョン	
PySimpleGUI	4.56
pdfminer.six	20211012
python-docx	0.8.11
openpyxl	3.0.9
Pillow(PIL)	9.0.1
mutagen	1.45.1
opencv-python	4.5.5.62
requests	2.27.1
beautifulsoup4	4.10.1

各種ライブラリとバージョン	
PySimpleGUI	4.56
pdfminer.six	20211012
python-docx	0.8.11
openpyxl	3.0.9
Pillow(PIL)	9.0.1
mutagen	1.45.1
opencv-python	4.5.5.62
requests	2.27.1
beautifulsoup4	4.10.1

本書の対象読者について

本書の対象読者

本書は、日常業務でもよくありがちなちょっとしためんどうな業務をPythonを利用して自動化する手法をまとめています。

- 日常の仕事でPythonを利用している方（これから利用しようと考えている方）

本書のポイント

めんどうな業務をカテゴリで分けてピックアップ。ファイルの操作、テキストファイルやPDFファイル、Wordファイル、Excelファイルの検索や置換、画像の整形、各種ファイル情報の取得やWebデータの取得など、日常でありがちな煩わしい仕事を数十行のコードでサクッと解決します。またアプリ化して、ボタン1つで実行できる方法を併記しています。

本書の読み方

本書は、ビジネスの現場で役立つPythonを利用したちょっとした自動化手法をわかりやすく解説する工夫をしています。

問題の提起と解決方法を説明

問題を提起してその解決方法を解説します。

問題解決に必要なPythonの命令文がわかる

問題解決に必要なPythonの命令文などを紹介します。

アプリ化

Recipe 4 Chapter 4

ファイル名を検索するには：find_filename

こんな問題を解決したい！

ファイル名を忘れてしまった！「ファイル名の一部分」は覚えているけれど、さてなんだったかなあ

どんな方法で解決するのか？

もし、あなたが行うはずだった作業をコンピュータが代わりに行うとしたら、どのようにすればいいでしょうか？　整理すると、以下のように考えられます。

①あなたは、調べたいフォルダと覚えているファイル名の一部分の文字列を指示する。
②コンピュータは、そのフォルダで、指示された文字列が含まれるファイル名を探して表示する。

次にこれを、コンピュータ側の視点で考えましょう。コンピュータの立場で考えると、主に以下の2つの処理を行うことで実現できる
4.17)。

①指定したフォルダ以下にあるすべてのファイル名を取
②ファイル名に指定した文字列が含まれていたら表示す

120

図4.17 アプリの完成予想図

解決に必要な命令は？

さらに、具体的にどんな命令があればいいかを考えましょう。

まず①の「指定したフォルダ以下にあるすべてのファイル名を取得」するには、**rglob()**の命令が使えます。

次に②の「ファイル名に指定した文字列が含まれていたら表示」するには、**「ある文字列に、特定の文字列が使われているか」**を調べる必要があります。これには、**「文字列.count()」**命令が使えます（書式4.8）。見つかった個数が返ってくるので、1個以上なら見つかった、0個なら見つからなかったとわかります。

書式4.8 ある文字列に、特定の文字列が使われているか検索する

```
変数 = 文字列.count(検索文字列)
```

4 ファイルの操作

します。**10行目**で、一時的にファイルリストを入れておくリストfilelistを用意します。

11～13行目で、指定したフォルダ以下すべてのファイル名をfilelistに取得します。このとき、ファイル名の先頭（0番目）の文字が「.」だと、隠しファイルなので取得しないようにします。

14～17行目で、ソートして1ファイルずつ調べ、もし検索文字が見つかったら変数msgに追加していきます。**18～19行目**で、見つかったファイル数を追加し、関数から返します。**22～23行目**で、関数を実行し、返ってきた値を表示します。

実行すると、指定したフォルダ以下にあるすべてのファイルのリストが表示されます。

実行結果

```
ファイル数 = 6
testfolder/subfolder/subfolder2/test1.txt
testfolder/subfolder/test1.txt
testfolder/subfolder/test2.txt
testfolder/test1.py
testfolder/test1.txt
testfolder/test2.txt
```

アプリ化しよう！

このfind_filename.pyを、さらにアプリ化しましょう。

このfind_filename.pyでは、「フォルダ名」を選択し、「調べるファイルの拡張子」を入力して実行します。**『フォルダ選択+入力欄1つのアプリ（テンプレートfolder_input1.pyw）』**を修正して作れそうです（図4.18、図4.19）。

124

図4.18 利用するテンプレート：テンプレートfolder_input1.pyw

図4.19 アプリの完成予想図

❶ファイル「テンプレートfolder_input1.pyw」をコピーして、コピーしたファイルの名前を「find_filename.pyw」にリネームします。

これに「find_filename.py」で動いているプログラムをコピーして修正していきます。

❷使うライブラリを追加します（リスト4.19）。

リスト4.19 テンプレートを修正：1

```
001 # 【1.使うライブラリをimport】
002 from pathlib import Path
```

4 ファイルの操作

125

アプリ化の方法を解説

アプリ化する方法を解説します。

コードも併記して解説

具体的なコードと共に作成方法をわかりやすく解説します。

なお本書のリストの左にある番号表記は「001」の開始で統一しています。既存ファイルを修正する場合は、実際のファイルで修正内容と行数を確認してください。

サンプルファイルと特典データのダウンロードについて

付属データのご案内

付属データ（本書記載のサンプルコード）は、以下のサイトからダウンロードできます。

- **付属データのダウンロードサイト**

URL https://www.shoeisha.co.jp/book/download/9784798166124

注意

付属データに関する権利は著者および株式会社翔泳社が所有しています。許可なく配布したり、Webサイトに転載したりすることはできません。付属データの提供は予告なく終了することがあります。予めご了承ください。

会員特典データのご案内

会員特典データは、以下のサイトからダウンロードして入手いただけます。

- **会員特典データのダウンロードサイト**

URL https://www.shoeisha.co.jp/book/present/9784798166124

注意

会員特典データをダウンロードするには、SHOEISHA iD（翔泳社が運営する無料の会員制度）への会員登録が必要です。くわしくは、Webサイトをご覧ください。

会員特典データに関する権利は著者および株式会社翔泳社が所有しています。

許可なく配布したり、Webサイトに転載したりすることはできません。

会員特典データの提供は予告なく終了することがあります。予めご了承ください。

免責事項

付属データおよび会員特典データの記載内容は、2022年4月現在の法令等に基づいています。

付属データおよび会員特典データに記載されたURL等は予告なく変更される場合があります。

付属データおよび会員特典データの提供にあたっては正確な記述につとめましたが、著者や出版社などのいずれも、その内容に対してなんらかの保証をするものではなく、内容やサンプルに基づくいかなる運用結果に関してもいっさいの責任を負いません。

付属データおよび会員特典データに記載されている会社名、製品名はそれぞれ各社の商標および登録商標です。

著作権等について

付属データおよび会員特典データの著作権は、著者および株式会社翔泳社が所有しています。個人で使用する以外に利用することはできません。許可なくネットワークを通じて配布を行うこともできません。個人的に使用する場合は、ソースコードの改変や流用は自由です。商用利用に関しては、株式会社翔泳社へご一報ください。

2022年4月
株式会社翔泳社　編集部

Chapter

1

Pythonで仕事を自動化

基本 アプリ化

Recipe 1 Chapter 1

めんどうで機械的な作業は自動化！

Pythonと仕事の自動化

Pythonを使うといろいろな仕事を自動化できます。

Pythonは**とてもシンプルなプログラミング言語**でわかりやすく、初心者にも上級者にも使いやすい言語です（図1.1）。さらに**処理の守備範囲**が広く、パソコンのファイルを調べたり操作したりすることもできますし、プログラムの中からインターネットにアクセスしてデータを取ってくることもできます。また、ユーザーインターフェースを作ってパソコンのアプリを作ることもできます。Pythonは、**いろいろな仕事を自動化しやすい言語**なのです。

図1.1 Python

この便利なPythonを使って、どのようにすれば**仕事を自動化**できるかを理解していきましょう。Pythonでプログラミングすれば、コンピュータが仕事を代わりに行ってくれるようになります。

しかし、**仕事**といってもいろいろあります。あまり**複雑すぎる仕事**をさせてしまうというのは要注意です。「複雑な仕事をさせる」ということは、「複雑なプログラムを作る」必要があります。複雑なプログラムを作るのは大変ですし、「今回の仕事」で使えても「次回の仕事」ではそのままでは使えるとは限りません。もし使えるように修正するとしたら手間がたくさんかかるかもしれません。

そこで本書では少し考え方を変えてみたいと思います。

「複雑な仕事をすべてコンピュータに任せてしまう」のではなく、「仕事は基本的に人間が行うけれど、単純で機械的な作業をコンピュータに手伝ってもらう」という**「仕事の補助道具としての自動化」**という視点で作ってみたいと思います（図1.2）。

「ちょっとした単純で機械的な作業」なら、「今回の仕事」でも「次回の仕事」でも使えると考えられます。コンピュータには**「ちょっとした単純で機械的な作業」**をしてもらい、人間は**「この仕事で本当に大事なことにしっかり頭を使う」**という役割分担をするのです。

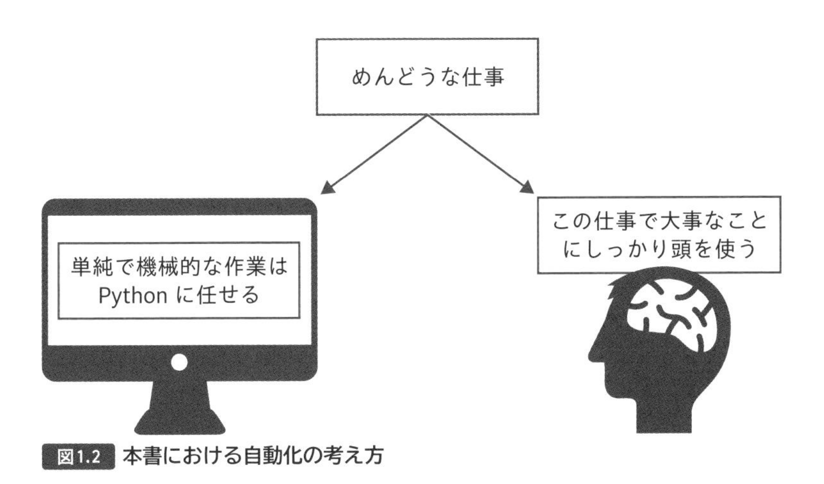

図1.2 本書における自動化の考え方

ですから、自動化するのは**「ちょっとした単純で機械的な作業」**の部分です。シンプルなので、プログラムの基本部分は**数行で作れる程度**で考えます。もし複雑なプログラムを作って作業させたとしたら、おかしな実行結果が返ってきたときに、「このコンピュータはいったいどんな処理を行ったのだろう」と悩むことになります。しかし、シンプルなプログラムだとそれほど悩む必要はありません。また、シンプルに作ることで**ちょっとしたカスタマイズがしやすくなる**、というメリットも生まれます。

さらにシンプルなプログラムは、**他のプログラムと組み合わせやすい**というメリットもあります。本書では、プログラムの基本部分を関数にまとめて**呼び出すだけで作業を行える**ように作ります。こうしておけば、作った関数を利用して**「ボタンを押すだけで作業を行うアプリ」**を作ることもできます。

アプリ化のすすめ

さて、なぜ自動化してコンピュータに作業をさせたいのかというと、それは**仕事を楽にするため**です。プログラムファイルのままだと、「この作業をさせたいなあ」と思ったときに、「それではまずPython環境を起動して」「作業を行うプログラムを読み込んで」「この仕事で正しく使えるかを確認して」「それでは実行しよう」などという手順を踏むことになり、それだけで思考が中断されて、楽ではなくなります。

ですが、もしプログラムをアプリ化しておけば、**「アプリを実行して」「ボタンを押す」**だけで作業を行えるので思考が中断されにくくなります。

ですから、本書では以下の3つの柱で自動化を行っていこうと思います（図1.3）。

1. **シンプルなプログラムを作る（ちょっとした機械的な作業を自動化する）。**
2. **関数化する（カスタマイズしやすくする）。**
3. **アプリ化する（思考を中断されずに使えるようにする）。**

ここでいうアプリとは**「ちょっと入力をしてボタンを押すだけ」**という**非常に簡単なアプリ**です。「どんな仕事をするのか」は、アプリごとに違いますが、骨組みの部分は共通で使えるぐらい単純なものです。一度アプリを作ってしまえば、その骨組みは別のアプリにも利用できるでしょう。

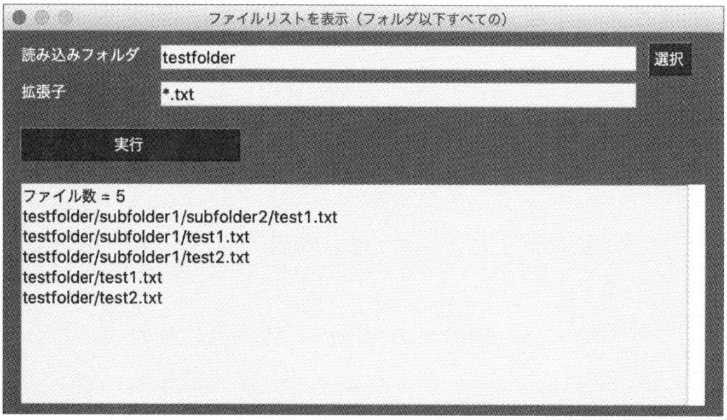

図1.3 アプリの完成予想図の例

テンプレート方式で関数をアプリにする

ですから本書では、あらかじめアプリのテンプレートを何パターンか用意しておきます。これに「作業を行う関数」を組み合わせるという方式で作っていきます。テンプレートを選び、関数を追加して、**「ボタンを押したら、その関数を呼び出すようにつなぐ」**という合体を行うことでアプリ化するのです。

なぜこのような方法で作っているかというと、**キットのように、オリジナルアプリを作りやすくするため**です（図1.4）。**「自動化したい作業」**は仕事によっていろいろあります。本書ではこのしくみを使っていろいろなアプリを作っていきます。

しかし、本書で解説していない作業をさせたい場合も出てくると思います。そのようなとき、自分で**「オリジナルの作業を行う関数」**を作れる人であれば、同じ方法でアプリを作れるようになってほしかったのです。**「自分が作った関数をアプリ化させてみたいな」**と思われた人は、ぜひこのテンプレートを使って、オリジナルアプリを作ってみてください。

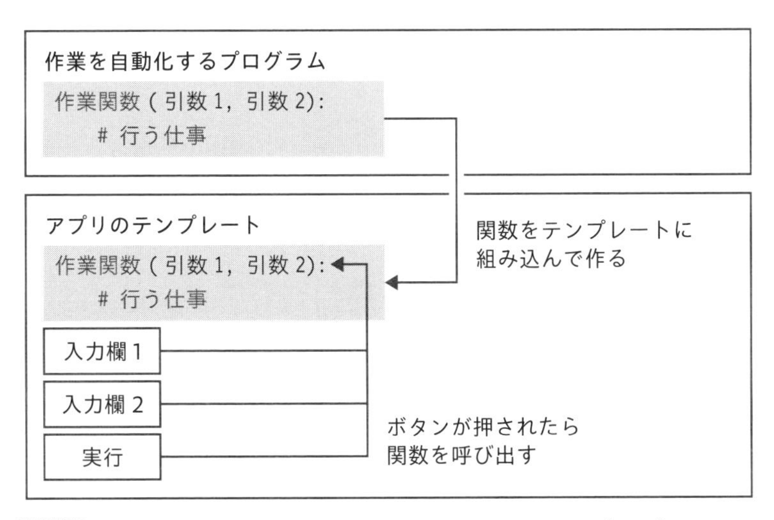

図1.4 テンプレートと関数を組み合わせて、キットのようにアプリを作る

わかりやすくて便利なPythonを使って、私たちの日々の仕事を少しでも楽にしましょう。

基本　アプリ化

問題を解決するプログラムをどのように考えるか？

さて、**人間の代わりに作業を行うプログラム**を作るとき、どのように考えればいいでしょうか？

まず、その作業に使えそうな機能を探すと思います。そして使えそうな機能が見つかったら、いよいよ作っていくわけですが、「これをどう使えばいいんだろう？」「本当にできるんだろうか？」という不安な気持ちから、とにかく勢いで「動くもの」を作りたくなると思います。

勢いで作ると「思っていたよりすごいものができることがある」というメリットもあるのですが、それも大事なのですが、勢いで作ったプログラムというのは多くの場合、いざ使おうとすると使いにくいことがよくあります。なぜ使いにくいことがあるのでしょうか。それは、**開発者側の視点**と、**利用者側の視点**が違うからです。

「こんな機能を実現させたい」と思って作るときは、**開発者の視点**で見ています。しかしそのとき、それを使う側の**利用者側の視点**で見ていないことがあります（図1.5）。そこで、「この方法でできそうだ」と思ったとき、一度立ち止まって、**利用者側の視点**で見なおしてみましょう。

図1.5　開発者側の視点と利用者側の視点

まず、目的をはっきりさせます。利用者として**「私の仕事で何が問題なのか、コンピュータにはどの部分の作業をしてほしいのか」**と、使う状況をもとに具体的に作業を切り分けて考えていきます。こうすることで、仕事の流れの中での人間とコンピュータの**仕事の役割分担**が見えてきます。

役割分担が決まれば、ここでコンピュータ側の視点に立って考えていきます(図1.6)。コンピュータとして**「この作業をするには、どんな手順で行えばいいか？　どんなデータが必要なのか？」**などを具体的な作業レベルで考えていきます。具体的な作業が見えてきたら、**「Pythonにはこの作業を行う機能はあるだろうか？」**と考えます。

「この機能が使えそうだ」というものが見つかれば、それを使って作ります。見つからなければ外部ライブラリを探す、もし自分で作れそうなら作ってみよう、と計画を立てて作っていくという流れになります。

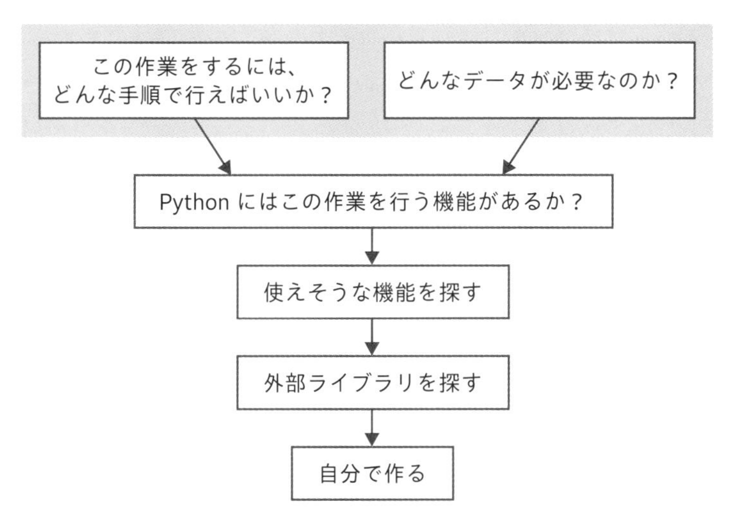

図1.6 コンピュータ側の視点からの作業

このような流れで作っていくことで、**人間とコンピュータの役割分担がはっきりしたプログラム**を作れるようになるのです。

ですから、本書ではプログラムを作るとき、以下の手順で進めていこうと思います。「使いやすいプログラム」を作っていきましょう。

1. どんな問題を解決したいのか？　をはっきりさせる。
2. どんな方法で解決するのか？　を考える。
3. その解決に必要な命令は何か？　を探す。

Pythonのインストール

それでは、Pythonのインストールを始めましょう。すでに、Pythonがインストールされているパソコンをお持ちならばそれを使ってもいいのですが、Pythonにはいろいろな開発環境があります。データ分析に使うAnacondaやGoogle Colaboratoryなどの場合は、ファイル操作やアプリ化がやりづらかったりしますので、できればPythonのインストールを行って、**Python単体で動く環境**を作っていきましょう。

インストールは簡単です。Pythonのサイトから、インストーラーをダウンロードして実行するだけです。しかも無料です。最新版をインストールしましょう。

インストール（Windows）

❶インストーラーをダウンロードします。

まず、Pythonの公式サイトから、インストーラーをダウンロードします。

- **https://www.python.org/download/**

Windowsでアクセスすると、自動的にWindows版のインストーラーが表示されます。[Python 3.x.x] をクリックし（図1.7❶）、画面の下の［保存］をクリックしましょう。

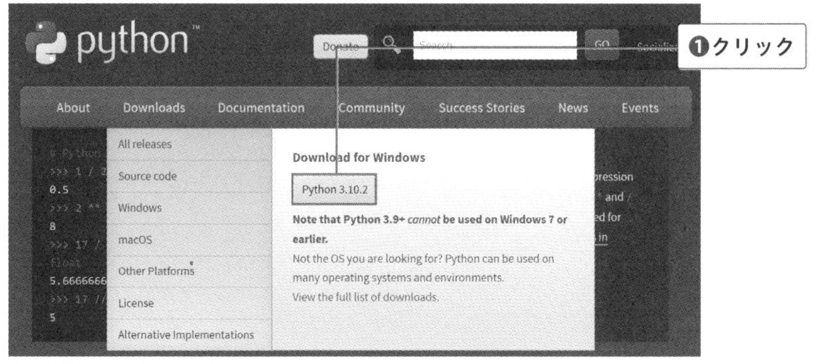

図1.7 Python公式サイト

❷インストーラーを実行します。

ダウンロードしたインストーラーを実行すると、起動画面が現れます。ダイアログの下の［Add Python 3.x to PATH］にチェックを入れてから（図1.8❶）、［Install Now］をクリックします❷。

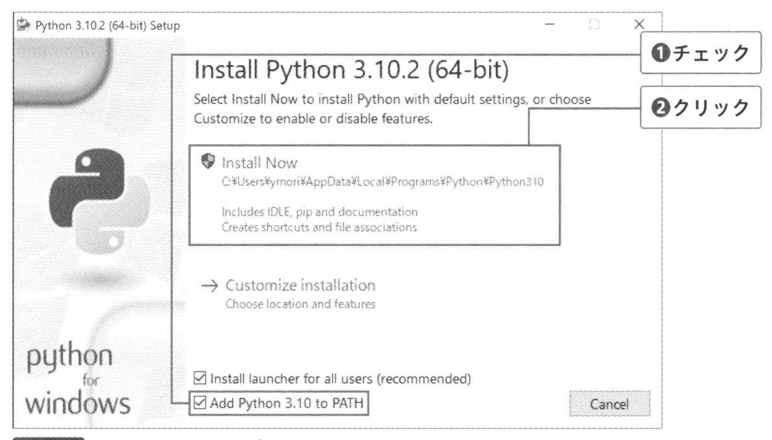

図1.8 インストーラーの実行

❸インストーラーを終了します。

インストールが完了したら「Setup was successful」と表示されます。［Close］をクリックして、インストーラーを終了しましょう。

インストール（macOS）

❶インストーラーをダウンロードします。

まず、Pythonの公式サイトから、インストーラーをダウンロードします。

- https://www.python.org/download/

macOSでアクセスすると、自動的にmacOS版のインストーラーが表示されます。[Python 3.x.x] をクリックしましょう（図1.9❶）。

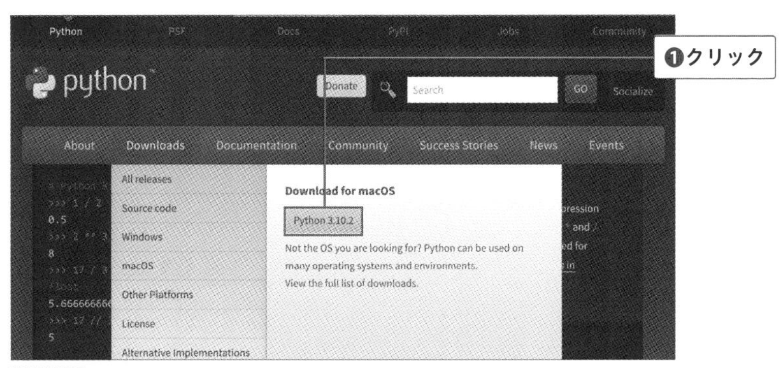

図1.9 Python公式サイト

❷インストーラーを実行します。

インストーラーを実行すると、起動画面が現れます。「はじめに」の画面で[続ける] をクリックします（図1.10❶）。

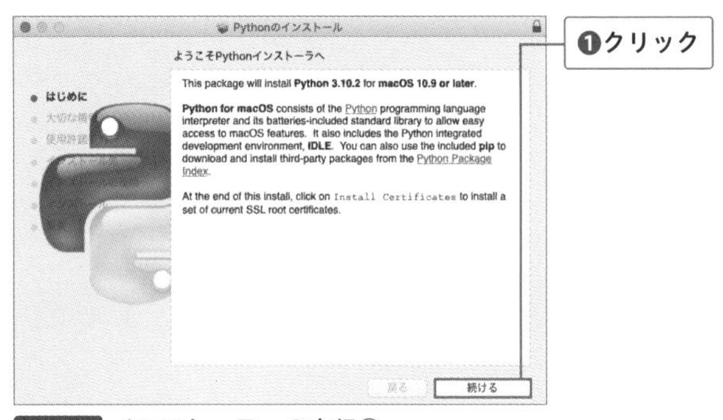

図1.10 インストーラーの実行①

❸インストールを進めます。

画面の指示に従って、インストールを進めてください（図1.11❶、図1.12❶、図1.13❶❷、図1.14❶）。

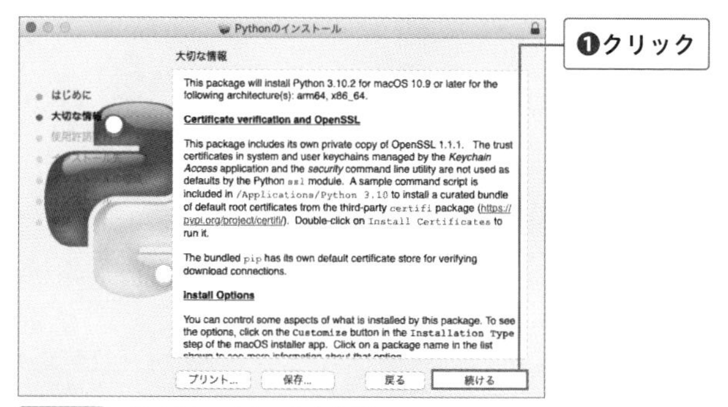

図1.11 インストーラーの実行②

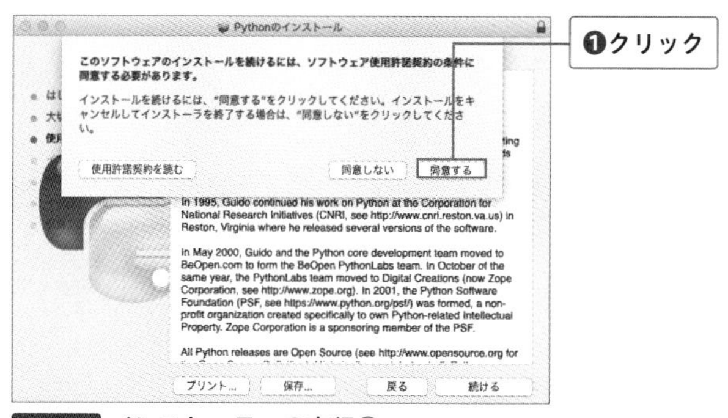

図1.12 インストーラーの実行③

図1.13 インストーラーの実行④

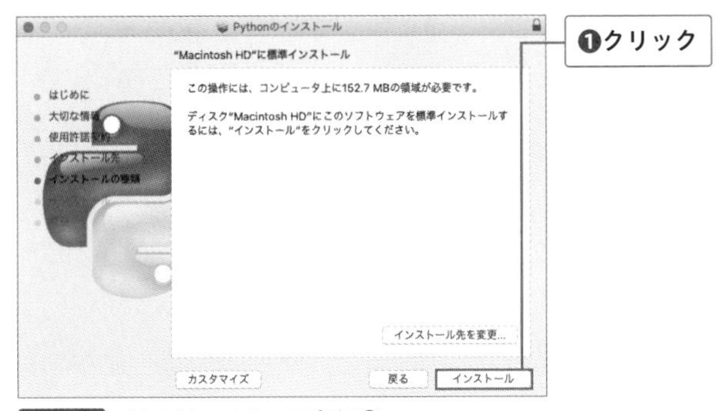

図1.14 インストーラーの実行⑤

❹インストーラーを終了します。

しばらくすると、「インストールが完了しました。」と表示されます。これでPythonのインストールは完了です。[閉じる] をクリックして (図1.15❶)、インストーラーを終了しましょう。

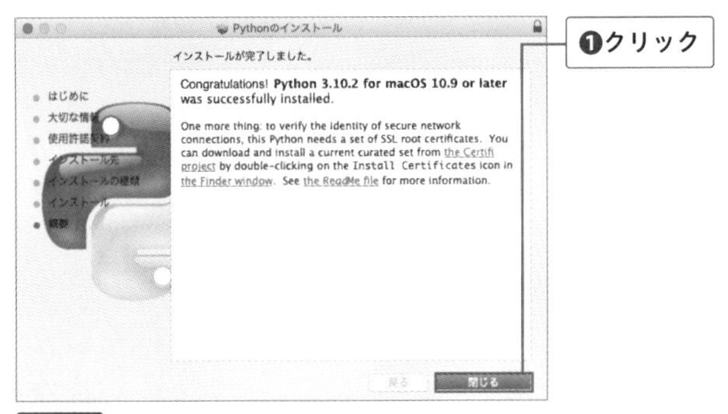

図1.15 インストールの完了

Pythonをインストールすると、Pythonを簡単に使えるアプリも一緒にインストールされます。それが「**IDLE**」です。

IDLEは、**手軽にPythonを実行できるようにするためのアプリ**です。Pythonの動作確認をしたり、初心者が勉強したりするのに向いています。上級者になってきたら、高度な開発アプリでPythonプログラミングを行えばいいと思いますが、最初のうちは、**手軽なIDLE**を使いましょう。

Windows と macOS では IDLE を起動するまでの手順が違いますが、起動したあとは同じです。それでは起動させてみましょう。

IDLEを起動しよう (Windows)

スタートメニューから [すべてのアプリ] → [Python 3.x] (図1.16 ❶) → [IDLE (Python 3.x 64-bit)] をクリックしましょう❷。

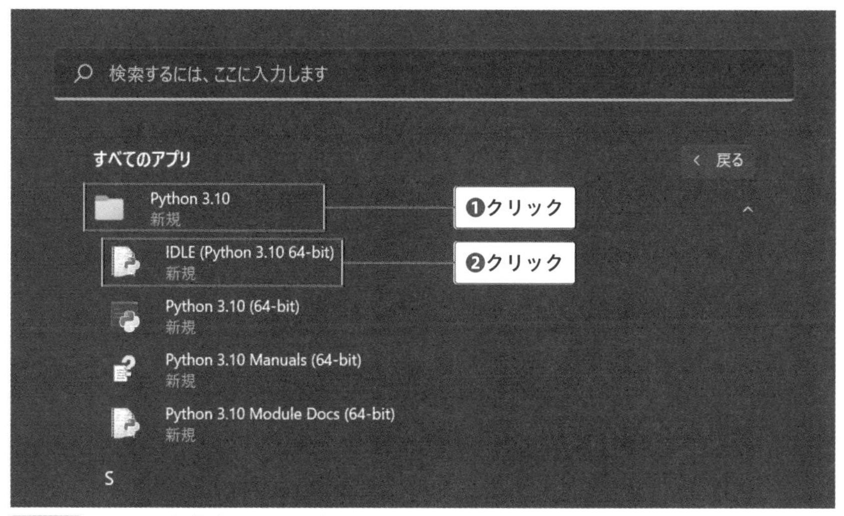

図1.16 IDLEの起動 (Windows)

IDLE が起動して、シェルウィンドウが表示されます (図1.17)。

```
IDLE Shell 3.10.2
File Edit Shell Debug Options Window Help
    Python 3.10.2 (tags/v3.10.2:a58ebcc, Jan 17 2022, 14:12:15) [MSC v.1929 64 bit (AMD64)] on w
    in32
    Type "help", "copyright", "credits" or "license()" for more information.
>>>
```

図1.17 IDLEシェルウィンドウ (Windows)

IDLEを起動しよう（macOS）

［アプリケーションフォルダ］の中の［Python 3.x］フォルダにあるIDLE.appをダブルクリックしましょう（図1.18❶）。

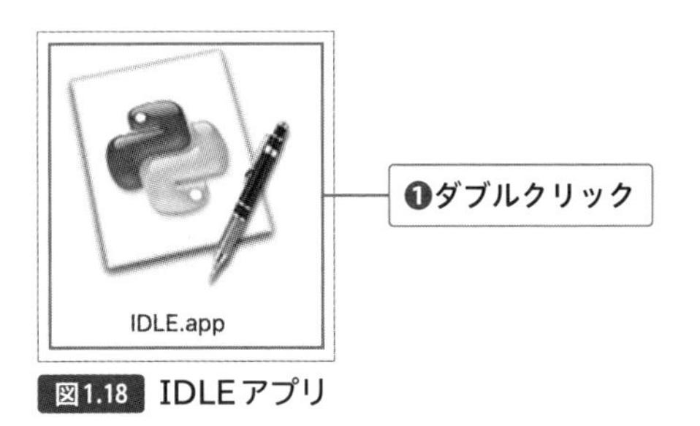

図1.18 IDLEアプリ

IDLEが起動して、シェルウィンドウが表示されます（図1.19）。

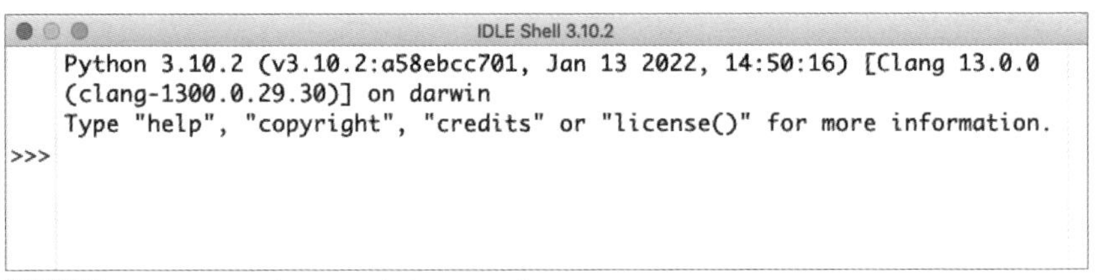

図1.19 IDLEシェルウィンドウ（macOS）

Chapter

2

Pythonの基本

1 IDLEでPythonを実行
2 データは変数に入れて扱う
3 if文で判断
4 たくさんのデータはリストに
入れてくり返す
5 条件を満たす間はくり返す
6 関数で仕事をまとめる
7 ライブラリは便利な関数の集まり

基本 アプリ化

Recipe 1 Chapter 2

IDLEでPythonを実行

それでは、Pythonの基本について解説します。まず、**IDLE**を起動してください。**シェルウィンドウ**が表示されます（図2.1、図2.2）。

```
IDLE Shell 3.10.2
File Edit Shell Debug Options Window Help
    Python 3.10.2 (tags/v3.10.2:a58ebcc, Jan 17 2022, 14:12:15) [MSC v.1929 64 bit (AMD64)] on w
    in32
    Type "help", "copyright", "credits" or "license()" for more information.
>>>
Ln: 3 Col: 0
```

図2.1 シェルウィンドウ（Windows）

```
IDLE Shell 3.10.2
    Python 3.10.2 (v3.10.2:a58ebcc701, Jan 13 2022, 14:50:16) [Clang 13.0.0
    (clang-1300.0.29.30)] on darwin
    Type "help", "copyright", "credits" or "license()" for more information.
>>>
Ln: 3 Col: 0
```

図2.2 シェルウィンドウ（macOS）

このシェルウィンドウにPythonの命令を入力するだけで、すぐに実行できるのです。

左端の「>>>」を**プロンプト**といって、これは「あなたの命令を待っています」という表示です。この行にPythonの命令を入力して[Enter]キーを押せば、すぐ実行されます。

一番簡単な命令を実行してみましょう（書式2.1）。**「print(値)」**です。「値を表示する」という命令文です。カッコの中は、カンマで区切って複数の値を並べて表示することもできます。

書式2.1 値を表示する

```
print(値)
```

```
print(値, 値)
```

数値をそのまま表示することもできますし、四則演算を書けばその結果を表示することもできます。四則演算で使える記号は表2.1のとおりです。かけ算やわり算などは普通の算数や数学の記号とは少し違うので注意してください。

表2.1 四則演算の記号

記号	意味
+	足し算
-	引き算
*	かけ算
/	わり算
%	わり算の余り
**	べき乗

命令を1行1行入力していきましょう。入力するたびに、その結果がすぐ表示されます（図2.3）。

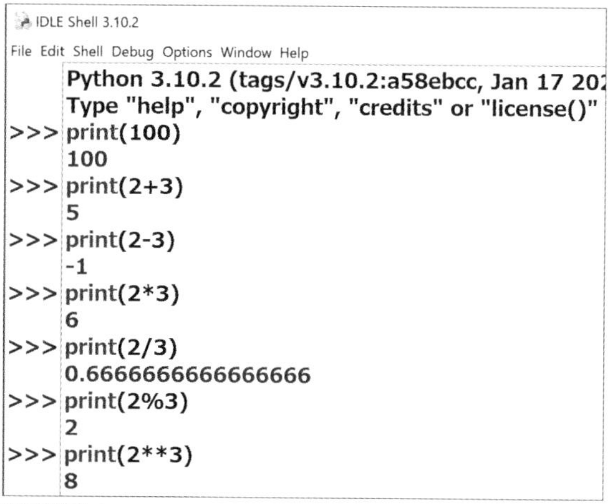

```
IDLE Shell 3.10.2
File Edit Shell Debug Options Window Help
    Python 3.10.2 (tags/v3.10.2:a58ebcc, Jan 17 202
    Type "help", "copyright", "credits" or "license()"
>>> print(100)
    100
>>> print(2+3)
    5
>>> print(2-3)
    -1
>>> print(2*3)
    6
>>> print(2/3)
    0.6666666666666666
>>> print(2%3)
    2
>>> print(2**3)
    8
```

図2.3 実行結果

※この章ではWindows版の画面で解説していきます。

このようにシェルウィンドウは、命令を1行1行入力して実行していく方式なので、**命令の簡単な確認**などに使います。しかし通常プログラムというと、たくさんの命令をファイルに書いて保存しておいて、まとめて実行します。次はその方法でプログラミングを行いましょう。

ファイルを保存して作るプログラミングでは、大きく3つの手順で行います。

①新規ファイルを作って、プログラムを書く。
②ファイルを保存する。
③実行する。

❶「新規ファイル」を作ります。

メニューから［File］(図2.4❶) →［New File］(図2.4❷) を選択すると、新しいウィンドウが表示されます (図2.5)。このウィンドウにプログラムを入力します。

※もしプログラムの入力ウィンドウに行番号（行の先頭につく番号）を表示されていなくて表示したい場合は、IDLEのメニューから設定できます。

Windows：メニューから［Options］→［Configure IDLE］で出るダイアログの［Shell/Ed］タブの［Show line numbers in new windows］のチェックをオンにします。

macOS：メニューから［IDLE］→［Preference］で出るダイアログの［General］タブの［Show line numbers in new windows］のチェックをオンにします。

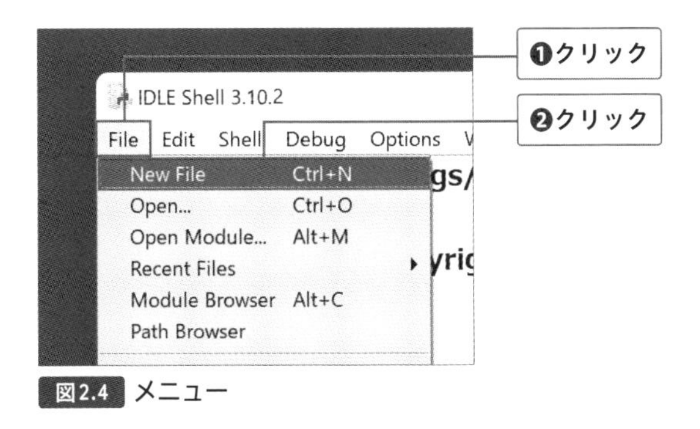

図2.4 メニュー

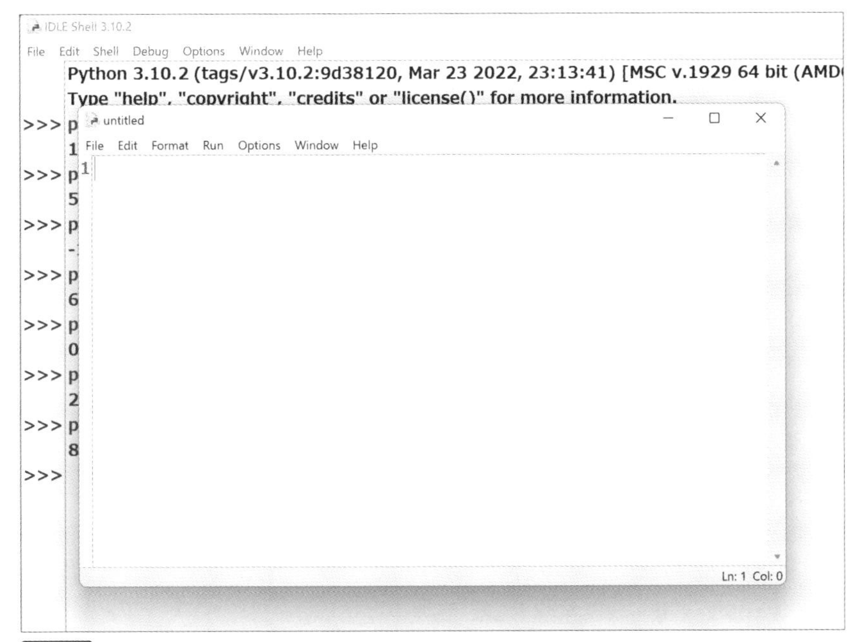

図2.5 新規ウィンドウ

例として、先ほどの命令を入力してみましょう（リスト2.1）。今は「ファイルに命令を書いているだけ」です。1行1行入力しても次の行に実行結果は表示されません（図2.6）。

リスト2.1 chap2/test2_1.py

```
001 print(100)
002 print(2+3)
003 print(2-3)
004 print(2*3)
005 print(2/3)
006 print(2%3)
007 print(2**3)
```

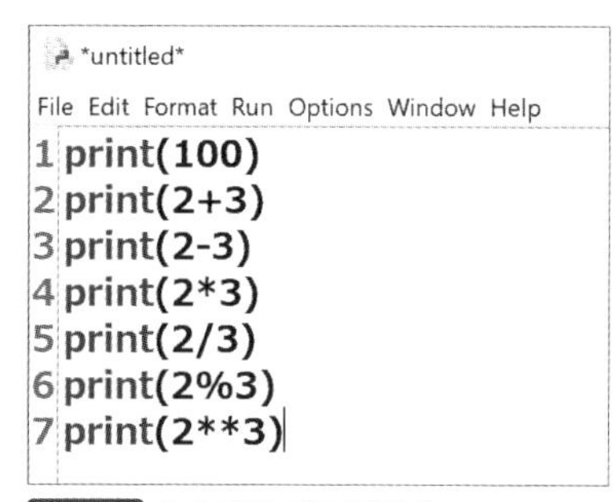

図2.6 入力するプログラム

❷すべて入力できたら、ファイルを保存します。

メニューから [File] (図2.7❶) → [Save] (図2.7❷) を選択して、ファイル名をつけて [保存] をクリックしましょう。例えば、「test2_1」と入力して保存します (図2.8❶❷)。Windowsなら「ドキュメント」、macOSなら「書類」などのフォルダを選んで保存しましょう。

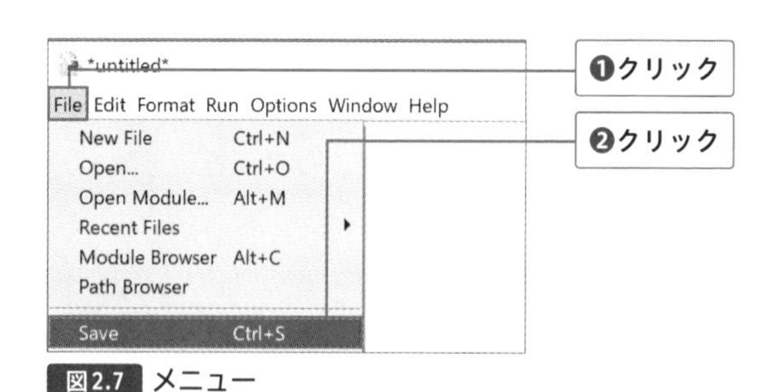

図2.7 メニュー

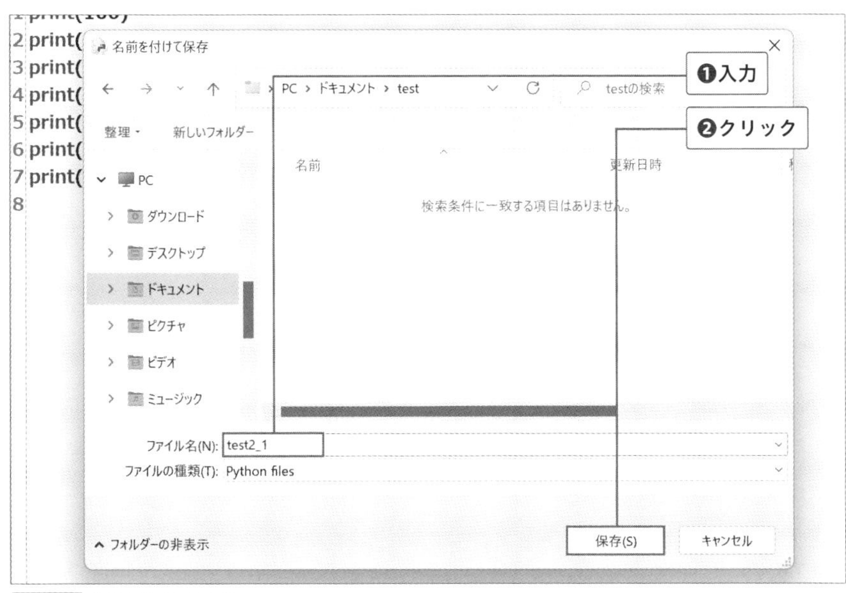

図2.8 保存ダイアログ

なお、Pythonファイルの拡張子は「.py」です。「test2_1」と入力すれば、自動的に拡張子がついて「test2_1.py」という名前で保存されます。

❸このプログラムを実行します。

実行するには、メニューから［Run］（図2.9❶）→［Run Module］（図2.9❷）を選択します。すると、プログラムが実行されます（図2.10）。

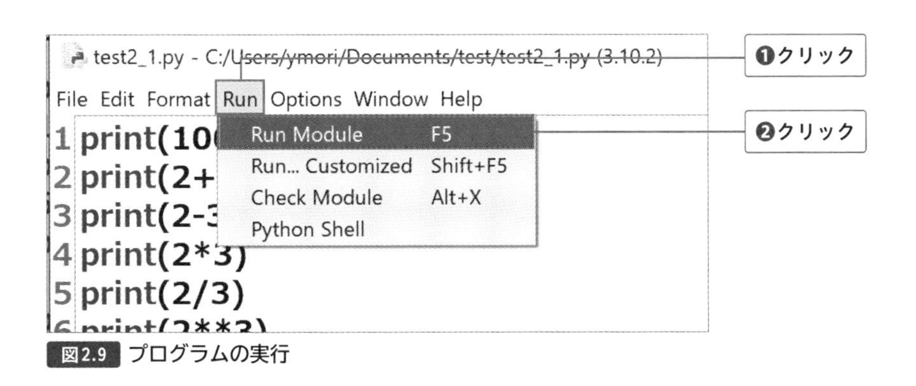

図2.9 プログラムの実行

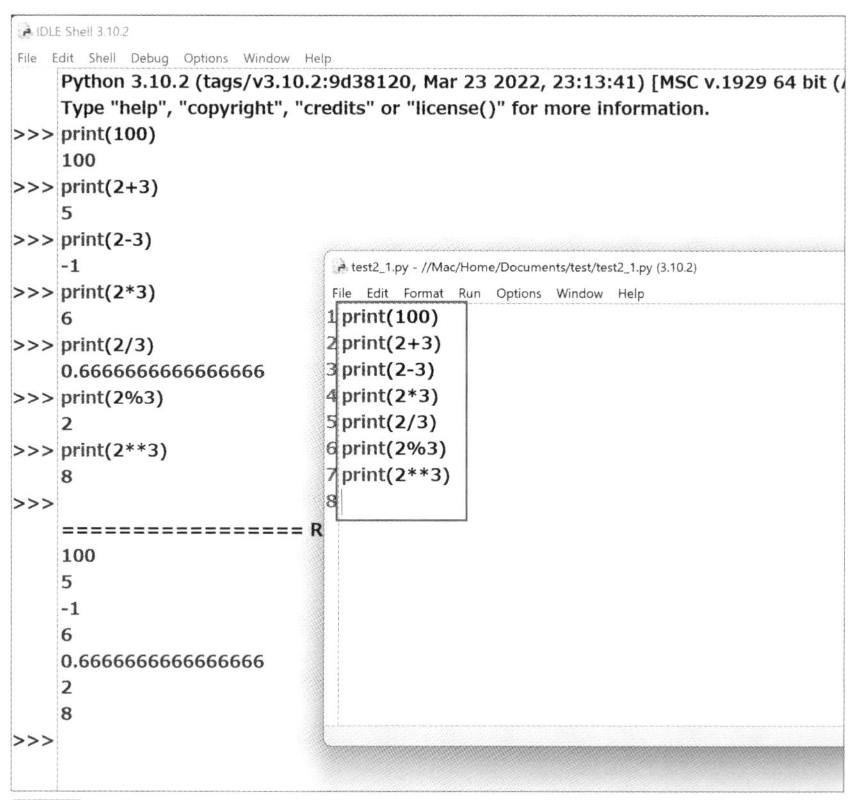

図2.10 実行結果

実行結果は、プログラムを書いたウィンドウではなく、先ほど実行結果が表示されていた「シェルウィンドウ」の方に表示されます。

Recipe 2 データは変数に入れて扱う

基本 アプリ化

Chapter 2

プログラムでは、データを扱うときは**「データを入れる箱のようなもの」**に入れて扱います。それを**「変数」**といいます。

変数を作るには、**「変数名 = 値」**と書くだけです（書式2.2）。これは**「この変数名の箱を用意して、この値を入れなさい」**という意味です。

書式2.2 変数の作り方

```
変数名 = 値
```

この変数名は、自由につけることができますが、半角のアルファベットを使うのが基本です。また「print」のように、すでにPythonの命令として使われている単語（予約語）は使えません。

変数を作ってデータの計算をするプログラムを作ってみましょう。メニューから [File] → [New File] を選択して新規ファイルを作り、リスト2.2のプログラムを入力してください。

リスト2.2 chap2/test2_2.py

```
001 a = 2
002 b = 3
003 c = a + b
004 print(a, b, c)
```

ファイル名（test2_2.py）をつけて保存したら、メニューから [Run] → [Run Module] で実行しましょう。

実行結果

```
2 3 5
```

変数aに2、変数bに3が入り、変数cにa + bの計算結果が入ります。最後にその結果が順番に表示されます。

Pythonでは、数値以外でも**いろいろな種類のデータ**を扱うことができます。それを**「データ型」**といい、「整数型、浮動小数点数型、文字列型、ブール型」といった種類があります。

整数型は、**「int（イント）」**といいます。ものの個数を数えたり、ものの順番を調べるときに使います。「int」とは、integer（整数）を略した名前です。

浮動小数点数型（小数）は、**「float（フロート）」**といいます。リアルな世界の重さや長さなどに使います。「float」とは、浮動小数点数を表すfloating point numberを略した名前です。

文字列型は、**「str（ストリング）」**といいます。文字列に使います。「str」とは、string（文字列）を略した名前です。

ブール型は、**「bool（ブール）」**といいます。主にコンピュータが判断するときに使います。正しいときは**True**、間違っていたら**False**の値になります。

いろいろな種類のデータがあるのですが、Pythonではなんと**どれも同じ書き方**で扱うことができます。変数を作るときは、どれも**「変数名 = 値」**で行えます。これはPythonが入力される値のデータ型を見て、**「そのデータを入れるのに適した箱」**を自動的に用意してくれているのです。

データ型が違うということは、実はコンピュータ内部のメモリでは異なる処理が必要なのですが、Pythonでは人間がコンピュータ内部の余計なことを考えてなくてもいいしくみになっているのです。

例として、いろいろなデータ型の変数を作ってみましょう（リスト2.3）。

リスト2.3 chap2/test2_3.py

```
001 a = 123
002 b = 123.4
```

```
003 c = "abc"
004 d = True
005 print(a, b, c, d)
```

実行すると、各データが表示されます。

実行結果

```
123 123.4 abc True
```


いろいろなデータ型を同じように扱えるのは便利なことです。ですが、逆にいうと「今、何のデータを扱っているのか」をちゃんと意識しなければいけません。例えば、「123」と「"123"」は表示したときの見た目は同じでもデータ型が違います。

例えば、これらを「2倍する」というプログラムを作ったとき（リスト2.4）、違う結果になります。

リスト2.4 chap2/test2_4.py

```
001 a = 123
002 b = "123"
003 print(a*2)
004 print(b*2)
```

実行結果

```
246
123123
```

実行すると、1つ目は「246」で、2つ目は「123123」になっています。

これは、データ型の違いが反映された結果です。整数型の「123」を2倍すると「246」になりますが、文字列型の「"123"」を2倍すると「文字列を2倍にする」という意味で文字列を2つ並べた「"123123"」が求まるのです。

ですから、「今、何のデータを扱っているのか」を意識してプログラムを書くことが重要です。例えば、**「キーボードから人間が数値を入力したとき」**や**「外部ファイルから数値を読み込んだとき」**は、Pythonはまず「文字列型」として読み込みます。これは、キーボードや外部からは「数値以外の文字列」が入力される場合もあるためです。

「外部から入力されたデータ」は、「まず文字列型として扱われるのだ」と意識することが重要です。入力された数も最初は「"123"」という文字列なので計算できません。「123」として計算したいですね。そのようなとき、行うのが**「データ型の変換」**です。この**「データ型の変換」**は、簡単な命令で行えます。**「変数 = データ型(値)」**と命令するだけです（書式2.3）。

書式2.3 データ型を変換する

変数 = float(値)	浮動小数点数型に変換する
変数 = int(値)	整数型に変換する
変数 = str(値)	文字列型に変換する
変数 = bool(値)	bool型に変換する

つまり、**「変換したいデータ型(値)」**を命令するだけで、変換したいデータ型に変換できるのです。これを使って、リスト2.4のプログラムの2行目を修正してみましょう（リスト2.5）。

リスト2.5 chap2/test2_5.py

```
001 a = 123
002 b = int("123")
003 print(a*2)
004 print(b*2)
```

実行結果

```
246
246
```

実行すると、文字列型のデータも正しく計算できました。これは、人間が入力した数値を正しく扱うときによく使われる変換です。

基本 アプリ化

Recipe 3 Chapter 2

if文で判断

プログラムで**判断を行うこと**もできます。それが**if文**です。中身の変化する変数を条件に使って、**「もしも〜だったら、○○する」**という判断を行えるのです（書式2.4）。

書式2.4 if文

```
if 条件式 :
    もしも〜だったら行う処理
```

この**「もしも〜だったらする処理」**は、**その行の書き始め**を右に一段**「インデント（字下げ）」**して書きます。Pythonでは、**「インデントしている部分を、ある場合に行う処理のひとまとまり」**として扱います。if文では、これが「if文の条件に合うときだけ実行する処理」として扱われます。また、インデント部分に複数行書けば、「if文の条件に合うときだけ実行する処理」を複数行にすることもできます。

この**条件式**には、**比較演算子**（表2.2）という等号･不等号のような記号を使った式を書きます。「変数の中身」と「ある値」とを比較して「この式が成り立つときには実行するが、成り立たなければ実行しない」という分岐を行います。

表2.2 比較演算子の種類

記号	意味
a == b	aとbは同じ
a != b	aとbは違う
a < b	aはbより小さい
a > b	aはbより大きい

例えば、**「ある点数scoreが60点以上かどうかを調べて、合格かどうかを答えるプログラム」**を作ってみましょう（リスト2.6）。

リスト2.6 chap2/test2_6.py

```
001 score = 50
002 print(score,"点でした。")
003 if score >= 60:
004     print("合格です。")
```

実行すると、「50点でした。」とだけ表示されます。scoreに「50」を入れており、60以上ではないため「合格です。」は表示されなかったのです。

実行結果

```
50 点でした。
```

次にリスト2.6の1行目をリスト2.7のように変更して実行します。

リスト2.7 リストの修正（1行目）

```
001 score = 80
```

すると、今度は「合格です。」と表示されます。scoreに80が入り、「60以上」の条件を満たしたからです。

実行結果

```
80 点でした。
合格です。
```

つまり、if文を使うと**「ある条件を満たしているかどうかの判断」**ができるようになるのです。

たくさんのデータはリストに入れてくり返す

「変数」は**「データを1つ入れる箱のようなもの」**です。**値を1つ**入れておくことができました。

しかし、データをたくさん扱いたいとしたら、変数をたくさん用意する必要があるので大変です。このようなときは**「リスト」**を使います。**「リスト」**は**「データを入れる箱がたくさん並んだようなもの」**で、**たくさんの値**を入れることができるのです。

リストの作り方は**「リスト名をつけて、[ ]の中に値をカンマで区切って入れるだけ」**です。**「リスト名 = [値, 値, 値, …]」**と書きます（書式2.5）。

書式2.5　リストの作り方

```
リスト名 = [値, 値, 値, …]
```

リストの中の1つひとつのデータには、**「リスト名[番号]」**と番号でアクセスします。

「変数名 = リスト名[番号]」と指定して、別の変数に値を取り出したり、**「リスト名[番号] = 値」**と指定して、リストの中の値を変更することができます（書式2.6）。また、この番号は**0から始まる**ので注意してください。リストの**最初のデータ**にアクセスするには**「リスト名[0]」**と指定します。

書式2.6　リストの使い方

```
変数名 = リスト名 [番号]
リスト名 [番号] = 値
```

リストにデータを入れて、「リスト全体」と「最初のデータ」を表示するプログラムを作ってみましょう（リスト2.8）。

リスト2.8 chap2/test2_7.py

```
001 names = ["A太","B介","C子","D郎"]
002 print(names)
003 print(names[0])
```

実行結果

```
['A太', 'B介', 'C子', 'D郎']
A太
```

このリストを使うとき、セットで使うと便利な命令文が**for文**です。くり返しを行う命令です。リストの中にあるデータを1つずつ取り出して、処理することができるのです（書式2.7）。

書式2.7 for文

```
for 取り出し用変数 in リスト名 :
    くり返す処理
```

この**「くり返す処理」**の部分も、if文と同じように**「インデント（字下げ）」**して書きます。「くり返しを行うひとまとまり」だからです。

for文を使って、リスト2.8と同じリストデータをくり返し表示してみましょう（リスト2.9）。

リスト2.9 chap2/test2_8.py

```
001 names = ["A太","B介","C子","D郎"]
002 for name in names:
003     print(name)
```

実行結果

```
A太
B介
C子
D郎
```

実行すると、リストのデータが順番に表示されました。このfor文はif文と組み合わせることで、**「リストからデータを探す」**という仕事を行えます。

例えば、「リストからC子を探すプログラム」を作ってみましょう（リスト2.10）。for文のくり返しの中で、if文で「取り出した値がC子かどうか」の判断を行うのです。

リスト2.10 chap2/test2_9.py

```
001 names = ["A太","B介","C子","D郎"]
002 for name in names:
003     if name == "C子":
004         print(name, "が見つかった。")
```

実行結果

```
C子 が見つかった。
```

実行すると、このリストの中にC子が見つかったことがわかりました。ですがこれだけだと、「リストの何番目にいるか」がわからないですね。そういったときは、for文に**enumerate()** 命令を使うと「何番目のデータか」がわかります。「番号」と「値」の2つの値が返ってくるのです。

2つの値が返ってくるので、受け取る変数も2つ用意します（書式2.8）。「番号用変数」に「番号」が、「取り出し用変数」に「値」が返ってきます。

書式2.8 **for文（番号と値をセットで取り出す）**

```
for 番号用変数, 取り出し用変数 in enumerate(リスト名) :
    くり返す処理
```

書式2.8を使ってリスト2.10のプログラムを修正してみましょう（リスト2.11）。

リスト2.11 chap2/test2_10.py

```
001  names = ["A太","B介","C子","D郎"]
002  for i, name in enumerate(names):
003      if name == "C子":
004          print(i, "番の", name, "が見つかった。")
```

実行すると、今度は「リストの何番にいるか」がわかるようになりました。

実行結果

```
2 番の C子 が見つかった。
```

条件を満たす間はくり返す

for文は「何回くり返すかわかっているくり返し」に使いますが、「何回くり返すかわからないくり返し」には**while文**を使います（書式2.9）。

書式2.9 while文

```
while 条件式 :
    条件を満たしていたらくり返す処理
```

この**「くり返す処理」**の部分も、**「インデント（字下げ）」**して書きます。

while文は、「条件を満たしている間はくり返す」という**if文**と組み合わせたようなくり返し命令です。具体的には、**「具体的なデータはないけれど、計算である値を見つけたいとき」**などに使えます。

例えば、数を2倍2倍にしていくと2、4、8、16と数が増えていきます。このように増やして1000を超えたときの値はどんな数でしょうか？　具体的なデータはありませんが、くり返し計算をして調べていけばわかります。**「2倍2倍をくり返して1000を超えた直後の値を探すプログラム」**を作ってみましょう（リスト2.12）。

リスト2.12 chap2/test2_11.py

```
001 a = 1
002 while a < 1000:
003     a = a * 2
004 print("2倍2倍をくり返して1000を超えた直後の値は",a)
```

変数aに1を入れて、**もし1000以下**ならaを2倍にしてくり返しを行います。**もし1000以上**になったらくり返しが止まります。その時点での変数の中身が1000を超えた直後の値なので、それを表示します。

実行結果

```
2倍2倍をくり返して1000を超えた直後の値は 1024
```

実行すると、1024だとわかりました。

while文にはもう1つの使い方があります。それが**「アプリでずっとくり返したいとき」**です。

通常のアプリでは人間が「アプリを終了しろ」というまでずっと動き続けます。このしくみはwhile文を使って作ることができます。while文の条件式部分を、**True**にしてしまえば、**ずっと条件式が満たされている状態**になり、ずっとくり返し続けます。

通常のアプリでは**「もし[終了]が押されたら、くり返しを止める(break)」**という終了処理を加えるのですが、今回は「ずっとくり返し続けるプログラム」を作ってみましょう(書式2.10)。これを**無限ループ**といいます。

書式2.10 while文(ずっとくり返す)

```
while True :
    ずっとくり返す処理
```

例えば、「2倍2倍をずっとくり返すプログラム」を作ってみましょう(リスト2.13)。

リスト2.13 chap2/test2_12.py

```
001 a = 1
002 while True:
003     a = a * 2
004     print(a)
```

実行すると、2倍2倍にした結果をずっと表示し続けるため、ものすごい数になっていきます。

このプログラムは無限ループのため永久に計算し続けてしまうので、**人間の手で中断**させましょう。中断するには、**[Ctrl] キー**を押しながら **[C] キー**を押してください。するとプログラムが**強制中断**されます。

実行結果

```
2
4
8
16
(...略...)
10889035741470030830827987437816582766592
21778071482940061661655974875633165533184
43556142965880123323311949751266331066368
87112285931760246646623899502532662132736
174224571863520493293247799005065324265472
Traceback (most recent call last):
  File "/Users/ymori/samplesrc/chap2/test2_12.py", line 4, in
<module>
    print(a)
KeyboardInterrupt
```

この「**while True のくり返し**」は、あとでアプリを作るときに使います。

基本 アプリ化

関数で仕事をまとめる

これまでの命令を組み合わせるといろいろなプログラムが作れるのですが、複雑になってくるとプログラムが長くなってきて読みにくくなってきます。

そういったときに使うのが**「関数」**です。プログラムの中の**「あるひとつの仕事」**を**関数名をつけてひとまとまり**にして分けておきます。

ひとまとまりにして分けておいて、使うときは**関数名を書いて呼び出すだけ**なので、仕事の流れが見やすくなります。さらに、同じような仕事をしたいときにも**関数名を書いて呼び出すだけ**なので、何度も同じ仕事を書かなくてよくなり、楽になるうえ、プログラムにバグも入りにくくなります。

関数を作るには、まず**「def 関数名()」**と書き、次に**「ひとまとまりの仕事部分」**を**1段インデント**させて書いていきます。

関数は、関数を書いただけでは実行されません。関数を実行したいときは、**関数名を書いて呼び出し**ます（書式2.11）。

書式2.11 関数を作って、呼び出す

```
def 関数名():
    関数で行う処理

関数名()
```

先ほどの**「2倍2倍をくり返して1000を超えたときの値を探すプログラム（リスト2.12）」**を**関数化**してみましょう（リスト2.14）。「calc」という名前の関数を作り、その後**calc()**とその関数名を書いて実行します。

リスト2.14 chap2/test2_13.py

```
001 def calc():
002     a = 1
003     while a < 1000:
004         a = a * 2
005     print("2倍2倍をくり返して1000を超えた直後の値は",a)
006
007 calc()
```

実行すると、結果がリスト2.12のプログラムと同じように表示されました。

実行結果

```
2倍2倍をくり返して1000を超えた直後の値は 1024
```

結果は同じでも、関数化することで仕事が**ひとまとまり**になっていますので、もし何回も同じ仕事をさせたいときは、仕事をさせたい回数だけ関数名を書くだけです。

ただし、この関数をそのまま呼び出すと「毎回同じことをする仕事」になります。普通の仕事は「同じような仕事だけれどデータが少し違う」場合が多くあります。そのようなときは**「引数」**を使います。関数に「少し違うデータ」を引数として渡して、「少し違うデータの仕事」をさせることができるのです（書式2.12）。引数（渡したいデータ）が複数ある場合は、カンマで区切って複数渡すこともできます（書式2.13）。

書式2.12 関数を作って、呼び出す（1つの引数つき）

```
def 関数名(引数):
    関数で行う処理

関数名(引数)
```

書式2.13 関数を作って、呼び出す(複数の引数つき)

```
def 関数名(引数1, 引数2):
    関数で行う処理

関数名(引数1, 引数2)
```

先ほどの**「関数化したプログラム(リスト2.14)」**の「1000」の部分を引数にして、変更できるように修正しましょう(リスト2.15)。そして、関数を呼び出すとき、引数を1000、10000、100000と変えて、少し違う仕事をさせてみます。

リスト2.15 chap2/test2_14.py

```
001 def calc(max):
002     a = 1
003     while a < max:
004         a = a * 2
005     print("2倍2倍をくり返して",max,"を超えた直後の値は",a)
006 
007 calc(1000)
008 calc(10000)
009 calc(100000)
```

関数側では、引数maxで値を受け取り、そのmaxを使って計算を行います。

関数を呼び出す側では、呼び出すときに引数で値を渡して呼び出します。1000、10000、100000と3つの違う値で呼び出してみましょう。実行すると、それぞれの結果が表示されました。

実行結果

```
2倍2倍をくり返して 1000 を超えた直後の値は 1024
2倍2倍をくり返して 10000 を超えた直後の値は 16384
2倍2倍をくり返して 100000 を超えた直後の値は 131072
```

このcalc()関数では**「関数の中で実行結果の表示」**まで行っていました。しかし、関数の中では実行結果の表示までは行わず、関数を呼び出す側で表示したり処理したりしたいときもあります。そういったときは関数の呼び出し側に値を渡します。これを**「戻り値」**といいます。関数の最後で**「return 戻り値」**と書けば、値を戻すことができます（書式2.14）。

この**戻り値**は、関数を呼び出す側で受け取って処理に使うことができます。

書式2.14 関数を作って、呼び出す（戻り値つき）

```
def 関数名(引数) :
    関数で行う処理
    return 戻り値

変数 = 関数名(引数)
```

「先ほどのプログラム（リスト2.15）」の「関数の中で結果を表示する処理」を「関数を呼び出す側で表示する処理」に修正してみましょう（リスト2.16）。

リスト2.16 chap2/test2_15.py

```
001 def calc(max):
002     a = 1
003     while a < max:
004         a = a * 2
005     return a
006 
007 ans = calc(1000)
008 print("  1000を超えた直後の値は",ans)
009 ans = calc(10000)
010 print(" 10000を超えた直後の値は",ans)
011 ans = calc(100000)
012 print("100000を超えた直後の値は",ans)
```

こうすると、関数を呼び出す側で表示の調整をしたり、計算結果をデータとして利用することもできるようになります。

実行結果

```
  1000を超えた直後の値は 1024
 10000を超えた直後の値は 16384
100000を超えた直後の値は 131072
```

通常、関数の戻り値は1つですが、**「複数の戻り値」**を返すこともできます。**return文**で戻り値をカンマで区切って返します。このとき受け取る側では、その個数の変数を、カンマ区切りで用意しておきます（書式2.15）。

書式2.15 関数から２つの戻り値を受け取る

```
変数1, 変数2 = 関数名(引数)
```

「リストからデータを番号つきで探すプログラム（リスト2.11）」を関数化して、**「探したい名前を渡すと、番号と名前が返ってくるプログラム」**に修正してみましょう。名前は見つからない場合もあります。

そのときは、-1（番号としてあり得ない数値）と「見つかりませんでした」と表示するようにします。「C子」と「A子」を探してみましょう（リスト2.17）。

リスト2.17 chap2/test2_16.py

```
001 def search(findname):
002     names = ["A太","B介","C子","D郎"]
003     for i, name in enumerate(names):
004         if name == findname:
005             return i, name
006     return -1, "見つかりませんでした。"
007 
008 n, name = search("C子")
009 print(name, n, "番")
```

```
010 n, name = search("A子")
011 print(name, n, "番")
```

こうすると、「C子」は見つかってその番号も表示され、「A子」は見つからなかったことがわかりました。

実行結果

```
C子 2 番
見つかりませんでした。 -1 番
```

基本　アプリ化

Recipe 7 Chapter 2

ライブラリは便利な関数の集まり

関数を使うと**「ひとまとまりの仕事」**を扱うことができることがわかりました。関数は、自分で作ることもできますが、他の人が作ったものも自分のプログラムの中で自分の関数と同じように使えます。**「関数の名前」、「その関数が何を行うのか」、「引数や戻り値」**がわかれば、他の人が作った関数を、自分のプログラムの一部として利用できるのです。この便利なしくみを**「ライブラリ」**といいます。

Pythonには**「標準ライブラリ」**がたくさん用意されています。数値計算用の「math」、日付や時刻に使う「datetime」や「time」「calender」、ランダム用の「random」などいろいろあります。

これらの標準ライブラリは、Pythonのインストール時にすでに一緒にインストールされています。ですから、プログラムの最初に**import文**を書くだけで、すぐ使うことができます（書式2.16）。

書式2.16　ライブラリを読み込んで、呼び出す

```
import ライブラリ名

ライブラリ名.関数名()
```

例として、標準ライブラリの**randomライブラリ**を読み込んでみましょう。importするだけで、ランダム機能を使えるようになります。**「1～6のランダムな値を表示するプログラム」**、つまり**「サイコロのプログラム」**を作ってみましょう（リスト2.18）。

リスト2.18 chap2/test2_17.py

```
001 import random
002
003 def dice():
004     r = random.randint(1, 6)
005     return r
006
007 ans = dice()
008 print(ans)
009 ans = dice()
010 print(ans)
011 ans = dice()
012 print(ans)
```

1行目で、randomライブラリをインポートします。**3～5行目**で、「サイコロの関数（dice）」を作ります。**4～5行目**で、1～6のランダムな値を作り、戻り値として戻します。**7～8行目**、**9～10行目**、**11～12行目**でdice()関数を呼び出して、その戻り値を表示します。

実行結果

```
4
6
5
```

関数を3回実行して、サイコロを3回振った状態を表示しました。

「ランダムな数を作る」というのは実は難しいプログラムが必要なのですが、ライブラリがあるので簡単に実現できました。このようにライブラリは、**「すでに他の人が作った便利な関数」**を自分のプログラムの一部として利用できる便利な機能なのです。

ライブラリには**「標準ライブラリ」**以外にも、手動でインストールする**「外部ライブラリ」**がたくさんあります。それらの外部ライブラリには、さらに便利な機能が豊富に揃っています。

本書では、表2.3のような外部ライブラリをインストールして使っていこうと思います。

表2.3 外部ライブラリ一覧

ライブラリ名	説明
PySimpleGUI	アプリを作るライブラリ
pdfminer.six	PDFを読み込むライブラリ
python-docx	Wordファイルを読み書きするライブラリ
openpyxl	Excelファイルを読み書きするライブラリ
Pillow(PIL)	画像ファイルを読み書きするライブラリ
mutagen	音声ファイルを読み書きするライブラリ
opencv-python	画像処理や動画処理を行えるライブラリ
requests	インターネット上のデータにアクセスできるライブラリ
beautifulsoup4	HTMLやXMLを解析するライブラリ

Chapter

3

アプリの作成

PySimpleGUIでアプリを作る

それではさっそく、外部ライブラリを使ってみましょう。外部ライブラリの**PySimpleGUI**を使うと、**Pythonでアプリを作る**ことができます。

PySimpleGUIライブラリは、図3.1のサイトにあります。

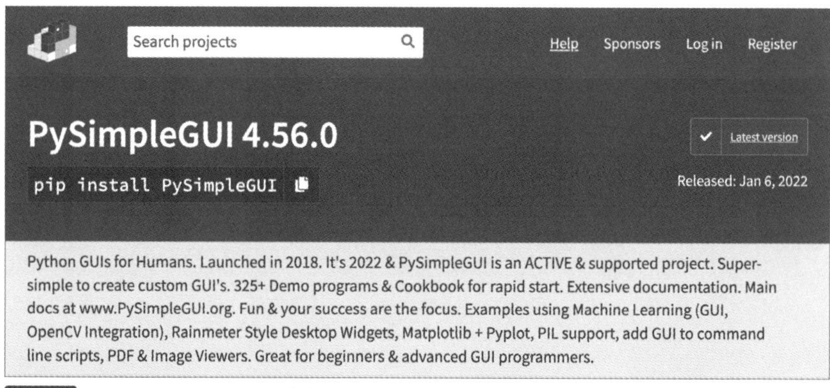

図3.1 PySimpleGUIライブラリ

https://pypi.org/project/PySimpleGUI/

※Pythonライブラリのサイトに表示される数値は更新されることがあります。

PySimpleGUIライブラリは、手動でインストールする必要があります。**Windowsなら［コマンドプロンプト］アプリ**を起動して、**macOSなら［ターミナル］アプリ**を起動して、以下のように命令してインストールを行ってください。「pip install」命令を入力するとインストールが始まりいろいろ表示されます（書式3.1、書式3.2）。しばらくするとインストールが終了するので、その後「pip list」命令で、PySimpleGUIがインストールされていることを確認しましょう。

書式3.1 PySimpleGUIライブラリのインストール（Windows）

```
py -m pip install PySimpleGUI
py -m pip list
```

書式3.2 PySimpleGUIライブラリのインストール（macOS）

```
python3 -m pip install PySimpleGUI
python3 -m pip list
```

これで、インポートして使えるようになります（書式3.3）。

書式3.3 PySimpleGUIをインポートして、sgという省略名で使う

```
import PySimpleGUI as sg
```

それでは、この**PySimpleGUIライブラリの簡単な使い方**について見ていきましょう。PySimpleGUIには、**「アプリを作る基本的な書き方」**があります。

①**画面のレイアウト**を作って、②それをもとに**アプリのウィンドウ**を作ります。③最後に**ウィンドウをずっと表示**し続けて、その中で**ユーザーが行う操作の処理**を行います。

1. 画面のレイアウトを作る。
2. ウィンドウを作って表示する。
3. ずっとくり返し表示し続けて、ユーザーが行う操作の処理を行う。

ですから、**「PySimpleGUIのシンプルなアプリ」**のプログラムは、リスト3.1のようになります。

リスト3.1 chap3/test3_1.py

```
001 import PySimpleGUI as sg
002 
003 layout = [[sg.Text("あなたの名前は？ ")], — 1.画面のレイアウトを作る
004           [sg.Input()],
```

```
005            [sg.Button("実行")]]
006
007  window = sg.Window("test1", layout)——— 2.ウィンドウを作って表示する
008  while True:———————————————————— 3.ずっとくり返し表示し続けて
009      event, values = window.read()
010      if event == None:—————————— ユーザーが行う操作の処理を行う
011          break
012  window.close()
```

1行目で、PySimpleGUIライブラリをインポートします。**3〜5行目**で、アプリ画面のレイアウトを作ります。上から**「テキスト（Text）」「入力欄（Input）」「ボタン（Button）」**を順番に並べるレイアウトです。

7行目で、アプリのウィンドウを作ります。Window()命令に、「タイトルの文字」と「画面のレイアウト」を渡して、アプリ画面を作って表示します。

8〜11行目が、このアプリの**メインループ**です。**「while True」**でアプリをずっと動かし続けます。そのままでは、強制中断しないとアプリを終了できなくなるので、ユーザーが**「ウィンドウの閉じるボタンを押したとき（None）」**を調べます。eventとしてNoneの情報がやって来たら、**break文**で、くり返しを停止します。

12行目で、くり返しが停止されたときの処理を書きます。ここに来たということは、ウィンドウの閉じるボタンが押されたときなので、ウィンドウを閉じて終了します。

これを実行しましょう。アプリ画面が表示されます。ウィンドウタイトルに「test1」と表示され、**「あなたの名前は？（テキスト）」「入力欄」「「実行」ボタン」**が並んで表示されます。

ただしこのアプリは、**ただ部品を並べただけ**の空っぽアプリです。「実行」ボタンを押しても何も動きません。ユーザーにできることは、**ウィンドウの「閉じる」ボタンを押して終了すること**だけです。［閉じる］ボタン（Windowsは右上の［×］ボタン。macOSは左上の［赤丸］ボタン）を押してみてください。終了します（図3.2）。

図3.2 実行結果（上：Windows、下：macOS）

部品をレイアウトする方法

PySimpleGUIでは、アプリの**画面レイアウト**を**「リストのリスト」**で作ることができます（図3.3）。

リストの1段目の要素が、それぞれ**画面上での1行**になっています。[テキスト] [入力欄] [ボタン] の3つの部品なので、上から [テキスト] [入力欄] [ボタン] の3行の画面レイアウトになっています。

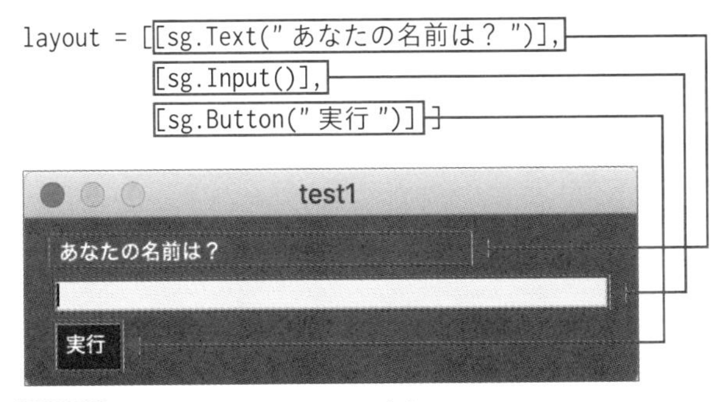

図3.3 リストのリストでレイアウト

※以降、本書ではmacOS版の画面で解説していきます。

このプログラムでは、リストの2段目（リストの中のリスト）には、それぞれ部品が1つずつしかなかったので**「1行に1つの部品」**が並んだレイアウトになりました。ですが、リストの2段目（リストの中のリスト）に、複数の部品を用意すると**「1行に複数の部品」**を並べることができます。

例えば、**「1行に複数の部品を並べたアプリ」**は、リスト3.2のようになります。

リスト3.2 chap3/test3_2.py

```
001 import PySimpleGUI as sg
002 
003 layout = [[sg.Text("1行目-1"), sg.Text("1行目-2")],
004           [sg.Text("2行目-1"), sg.Input("2行目-2")],
005           [sg.Button("3行目")]]
006 
007 window = sg.Window("test2", layout)
008 while True:
009     event, values = window.read()
010     if event == None:
011         break
012 window.close()
```

表示の1行目と2行目は、複数の部品を用意したので、アプリの画面上では、1行目と2行目に部品が横に並んで表示されます（図3.4）。

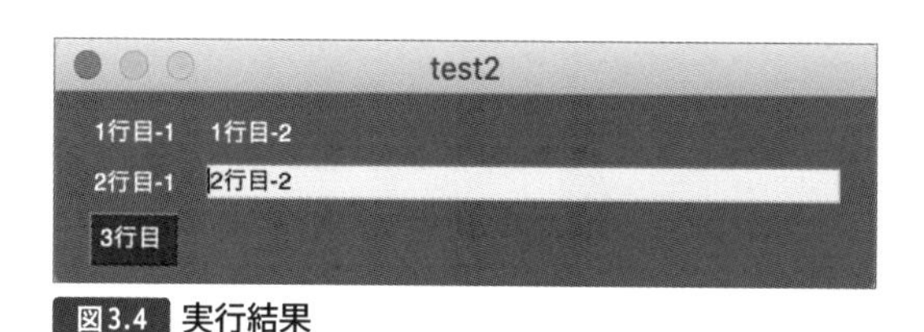

図3.4 実行結果

このように、PySimpleGUIでは、「リストの1段目」でまず**縦の行**を、その「リストの2段目（リストの中のリスト）」で**各行の横のレイアウト**を作っていきます。画面のレイアウトを**「部品の並びをリストで指定するだけで作れる」**という、作りやすい書き方になっているのです。

画面に表示できる部品は、「テキスト」「入力欄」「ボタン」以外にもいろいろあります（表3.1）。

表3.1 PySimpleGUIの部品一覧

ライブラリ名	説明
Text	テキスト
Input	入力欄
Button	ボタン
Multiline	複数行テキスト
FileBrowse	ファイル選択ボタン
FolderBrowse	フォルダ選択ボタン

基本　アプリ化

Recipe 2 Chapter 3

ボタンで実行する

画面レイアウトを作れるようになったので、次は**「ボタンを押したら、処理を実行するしくみ」**を作ってみましょう。

例えば、「実行」と表示されたボタンがあって、ユーザーが押したとき、プログラムの中では「『実行』が押されましたよ」という**メッセージ（event）**が発生するしくみになっています。

メインループでずっとアプリを表示し続けていて、この中でメッセージを受け取ります。もし**「実行」のメッセージ（event）が発生したら、対応する処理を実行**します。これで、「ボタンを押したら、処理を実行するしくみ」が作れるのです（図3.5）。

```
layout = [[sg.Text("Hello")],
          [sg.Button("実行")]]
window = sg.Window(title, layout)
while True:
    event, values = window.read()
    if event == None:
        break
    if event == "実行":
      # 実行する処理
window.close()
```

図3.5　「実行」ボタンが押されたら「実行」のevent発生

そのとき実行する処理は、簡単なものであればメインループに書いてもいいのですが、**ある程度まとまった仕事**をさせたいときは、あらかじめ関数を作っておいて、関数を呼び出すようにしましょう（図3.6）。そうすることで、プログラムをわかりやすく作ることができます。

```
def execute():
    # 実行する処理
layout = [[sg.Text("Hello")],
          [sg.Button("実行")]]
window = sg.Window(title, layout)
while True:
    event, values = window.read()
    if event == None:
        break
    if event == "実行":
        execute()
window.close()
```

関数

図3.6 「実行」ボタンが押されたら関数を実行

それでは、**「「実行」ボタンが押されたら、テキスト表示を変えるアプリ」**を作ってみたいと思うのですが、テキストの表示を変えるためには、もうひと工夫必要です。

すでに表示されている部品のテキストの中身を変更するのですから、**「どの部品を変更するのか？」**がわかるようにしておく必要があります。

それが**「key」**です。部品を作るときに**「key="key名"」**と**目印**をつけておいて、変更するときはそのkey名で、window["key名"].update(文字列)と指定して、表示を変更（update）するのです（書式3.4、図3.7）。

書式3.4 key名で指定したテキストを変更する

```
window["key名"].update(文字列)
```

```
def execute():
    msg = "ボタンが押されました"
    window["text1"].update(msg)

layout = [[sg.Text("こんにちは", key="text1")],
          [sg.Button("実行")]]
```

図3.7 keyを使って表示を変更

keyを使って、**「「実行」ボタンが押されたら、テキスト表示を変えるアプリ」**を作ってみましょう（リスト3.3）。

リスト3.3 chap3/test3_3.py

```
001 import PySimpleGUI as sg
002 
003 def execute():
004     msg = "ボタンが押されました。"
005     window["text1"].update(msg)
006 
007 title = "test3"
008 layout = [[sg.Text("こんにちは。", key="text1")],
009           [sg.Button("実行")]]
010 
011 window = sg.Window(title, layout)
012 while True:
013     event, values = window.read()
014     if event == None:
015         break
016     if event == "実行":
017       execute()
018 window.close()
```

プログラムを動かして、「実行」ボタンを押してみましょう。「こんにちは。」と表示されていた部分が（図3.8）、「ボタンが押されました。」に変わります（図3.9）。それと同時に、表示される文字数が増えたので、ウィンドウサイズも自動的に大きくなります。

図3.8 実行結果（「実行」ボタンを押す前）

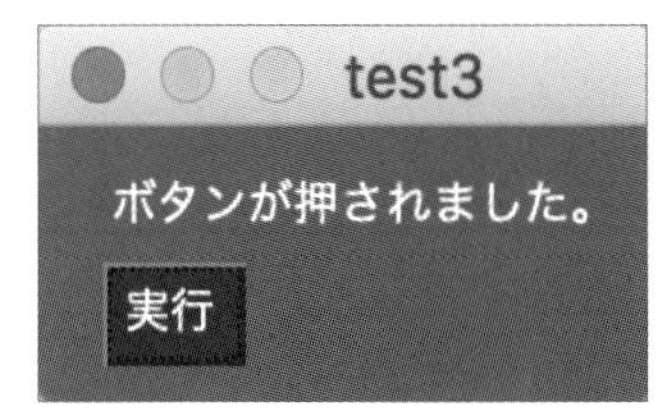

図3.9 実行結果（「実行」ボタンを押した後）

値を入力する方法

さらにkeyは、入力欄（Input）に入力された**文字列を取得するとき**にも使えます（書式3.5）。

書式3.5 key名で指定したInputの文字列を取得する

```
変数 = values["key名"]
```

「「実行」ボタンが押されたら、入力欄の文字列を取得して、その文字列でテキスト表示を変えるアプリ」を作ってみましょう。

「実行」ボタンが押されたとき、入力欄の文字列を取得して、関数の引数で渡して処理を行い、テキスト表示に出力します（リスト3.4）。

リスト3.4 chap3/test3_4.py

```
001 import PySimpleGUI as sg
002 
003 def execute(value):
004     msg = value + "さん、こんにちは。"
005     window["text1"].update(msg)
006 
007 title = "test4"
008 layout = [[sg.Text("あなたの名前は？"), sg.Input("お名前", ↵
    key="input1")],
009           [sg.Button("実行")],
010           [sg.Text(key="text1")]]
```

```
011
012 window = sg.Window(title, layout)
013 while True:
014     event, values = window.read()
015     if event == None:
016         break
017     if event == "実行":
018         execute(values["input1"])
019 window.close()
```

プログラムを動かして（図3.10）、「入力欄」に文字列を入力して（図3.11❶）、「実行」ボタンを押してみましょう（図3.11❷）。**入力された文字列values["input1"]**を使って**テキストwindow["text1"]**に表示されます（図3.11❸）。

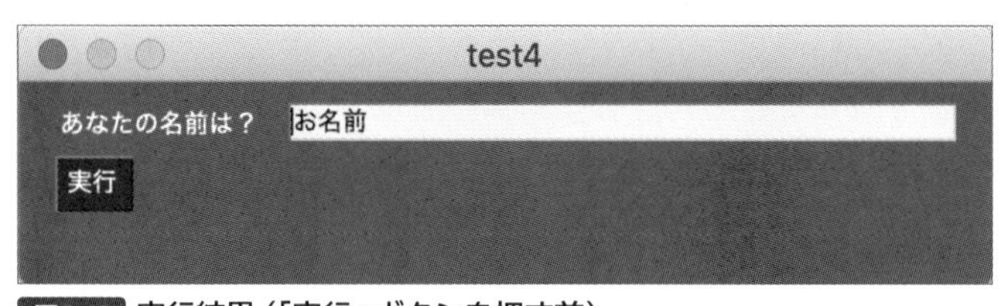

図3.10 実行結果（「実行」ボタンを押す前）

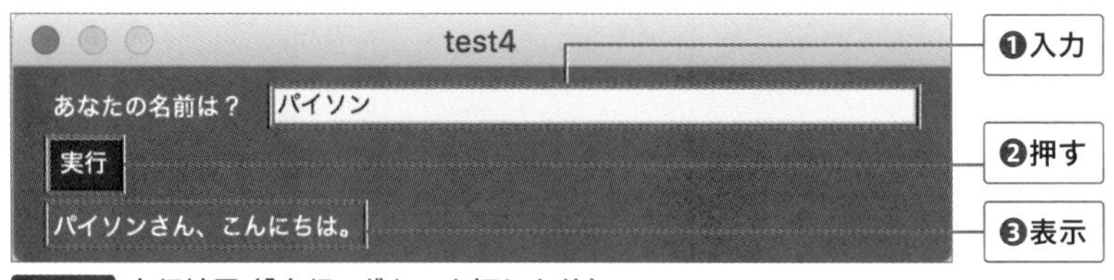

図3.11 実行結果（「実行」ボタンを押した後）

大きく表示する

せっかく仕事を楽にしてくれるアプリなので、もう少し大きく見やすくしましょう。まず、「テキスト（Text）」の代わりに「複数行テキスト（Multiline）」にすると、表示枠を大きくすることができて、表示された文字列を選択することもできます。つまり、**表示された実行結果のテキストをコピーして利用する**ことができるようになるのです。

さらに、アプリ全体の文字サイズを大きくするには、Window()命令でfont=(None,文字サイズ)を指定して変更できます（書式3.6）。

書式3.6　アプリの文字サイズを指定する

```
window = sg.Window(title, layout, font=(None,文字サイズ))
```


「テキスト」や「ボタン」や「複数行テキスト」などの部品表示の大きさは、部品を作るときに、size=(横,縦)で指定すると、さまざまなサイズにすることができます（書式3.7）。

書式3.7　部品の表示サイズを指定する

```
sg.Text("テキスト", size=(横,縦))
sg.Button("実行", size=(横,縦))
sg.Multiline(size=(横,縦))
```

表示する部品の上下左右の余白を変更したいときは、pad=(左右余白,上下余白)を指定して行います（書式3.8）。

書式3.8　部品の上下左右の余白を指定する

```
sg.Button("実行", size=(横, 縦), pad=(左右余白, 上下余白))
```

これらを使って、**「「実行」ボタンが押されたら、入力欄の文字列を取得して、その文字列でテキスト表示を変えるアプリ（リスト3.4）」**を、**大きくて見やすい表示**に変更してみましょう（リスト3.5）。

リスト3.5　chap3/test3_5.py

```
001  import PySimpleGUI as sg
002  
003  def execute(value):
```

```
004         msg = value + "さん、こんにちは。"
005         window["text1"].update(msg)
006
007     title = "test5"
008     layout = [[sg.Text("あなたの名前は？"), sg.Input("お名前", ↵
        key="input1")],
009               [sg.Button("実行", size=(20,1), pad=(5,15))],
010               [sg.Multiline(key="text1", size=(64,10))]]
011
012     window = sg.Window(title, layout, font=(None,14))
013     while True:
014         event, values = window.read()
015         if event == None:
016             break
017         if event == "実行":
018           execute(values["input1"])
019     window.close()
```

実行してみましょう。大きく見やすくなりました（図3.12）。

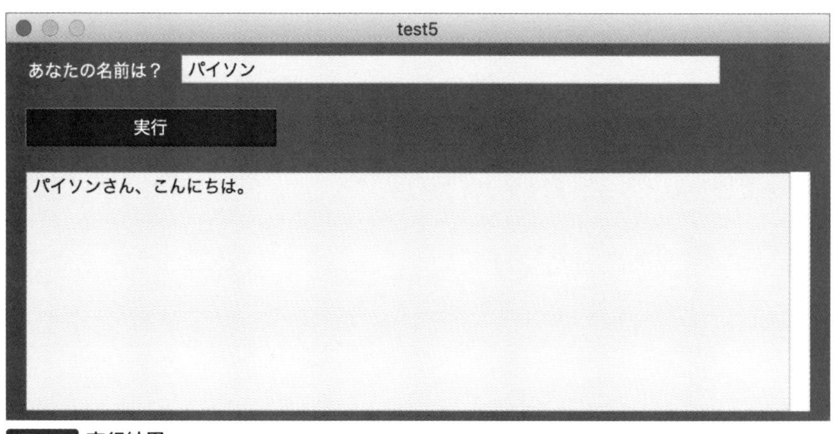

図3.12 実行結果

基本　アプリ化

Recipe 3 Chapter 3

ファイル選択ダイアログを表示

ファイル選択ダイアログを表示したいときは、「FileBrowse」を使います。ファイルの「選択」ボタンを作ることができます。

この**「選択」ボタン**を押すと、**「ファイル選択ダイアログ」**が表示されて、ファイルを選択することができます。ファイルを選択するとダイアログは閉じられますが、このとき選択したファイル名は、自動的に**「「選択」ボタンと同じ行の直前にあるTextか、またはInput」**に入ります（リスト3.6）。

リスト3.6　chap3/test3_6.py

```
001 import PySimpleGUI as sg
002 
003 title = "ファイル選択テスト"
004 layout = [[sg.Text("ファイル選択", size=(12,1)),
005            sg.Input(".", key="infile"),
006            sg.FileBrowse("選択")]]
007 
008 window = sg.Window(title, layout, font=(None,14))
009 while True:
010     event, values = window.read()
011     if event == None:
012         break
013 window.close()
```

「選択」ボタンを押すと（図3.13❶）、ファイル選択ダイアログが表示されるので、ファイルを選択します（図3.14❶❷）。すると、**ファイル名が直前の入力欄（5行目のInput）**に入ります（図3.15）。

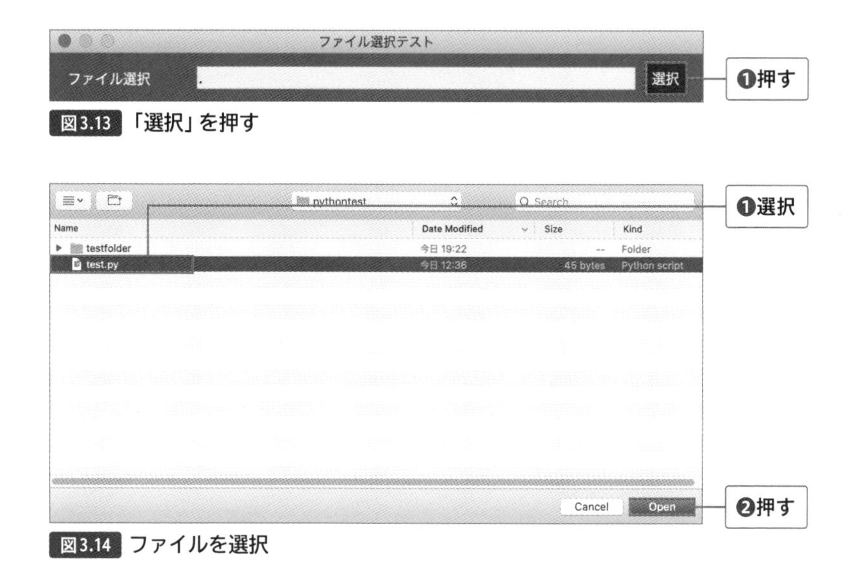

図3.13 「選択」を押す

図3.14 ファイルを選択

図3.15 選択したファイルの表示

同じように**フォルダ選択ダイアログを表示したいとき**は、「FolderBrowse」を使います。フォルダの「選択」ボタンを作ることができます。

この**「選択」ボタン**を押すと、**「フォルダ選択ダイアログ」**が表示されて、フォルダを選択することができます。フォルダを選択するとダイアログは閉じられますが、このとき選択したフォルダ名は、自動的に**「「選択」ボタンと同じ行の直前にあるTextか、またはInput」**に入ります（リスト3.7）。

リスト3.7 chap3/test3_7.py

```
001 import PySimpleGUI as sg
002
```

```
003 title = "フォルダ選択テスト"
004 layout = [[sg.Text("フォルダ選択", size=(12,1)),
005             sg.Input(".", key="infolder"),
006             sg.FolderBrowse("選択")]]
007
008 window = sg.Window(title, layout, font=(None,14))
009 while True:
010     event, values = window.read()
011     if event == None:
012         break
013 window.close()
```


実行してみましょう。「選択」ボタンを押すと（図3.16❶）、フォルダ選択ダイアログが表示されるので、フォルダを選択します（図3.17❶❷）。すると、**フォルダ名が直前の入力欄（5行目のInput）**に入ります（図3.18）。

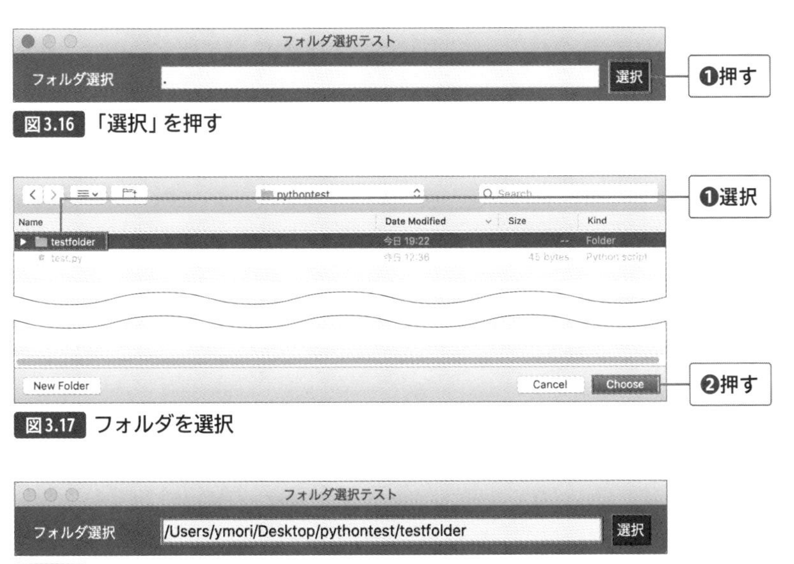

図3.16 「選択」を押す

図3.17 フォルダを選択

図3.18 選択したフォルダの表示

ダブルクリックでアプリを実行

さあ、これでアプリを作れるようになりました。ですが、作ったアプリを実際に使うときは「IDLEを起動して、Pythonファイルを Open して、実行する」といったように、少し手間がかかります。**「ファイルをダブルクリックするだけ」**でアプリが起動できるようにしたいですね。修正しましょう。

修正といっても簡単で、**拡張子を「.py」から「.pyw」に変更するだけ**です。

Pythonの公式サイトからPythonをインストールしたのであれば、基本的に**「.pyw」**は**「Pythonランチャー」**に関連づけされています。ですから、**pywファイルをダブルクリックするだけ**（図3.19、図3.20）でPythonプログラムが実行できます。そのプログラムでは、PySimpleGUIライブラリでアプリを表示しているので、**「ダブルクリックするだけでアプリが起動する」**ようになるわけです。

拡張子を「.pyw」に変えても、ファイルの中身は何も変わっていません。IDLEのメニューから［File］→［Open...］で、pywファイルを読み込むことができます。読み込んで開けば、Pythonプログラムとして確認したり、編集したりすることができます。編集後はそのまま保存すれば、そのままダブルクリックでアプリとして動きます。

Python

図3.19 Pythonランチャー（Windows）

図3.20 Pythonランチャー（macOS）

試してみましょう。**「フォルダ選択アプリのプログラム（test3_7.py）」**の拡張子を変更して、ファイル名をtest3_7.pywにしてください。そのtest3_7.pywファイルをダブルクリックすると、フォルダ選択アプリが起動します。閉じるときは、ウィンドウの「閉じる」ボタンを押します。Windowsは右上の「×」ボタン（図3.21）、macOSは左上の「赤丸」ボタンです（図3.22）。

図3.21 実行結果（Windows）

図3.22 実行結果（macOS）

ただしパソコンの環境によっては、pywファイルが別のアプリに関連づけされてしまっているなど、動かない場合があります。そのようなときは、手動で**pywファイルの関連づけ**を行ってください。次ページで説明します。

pywファイルの関連づけ（Windows）

❶pywファイルを右クリックし、「プロパティ」を選択します。

❷プログラムの関連づけを変更します（図3.23❶、図3.24❶）。

図3.23 プロパティ

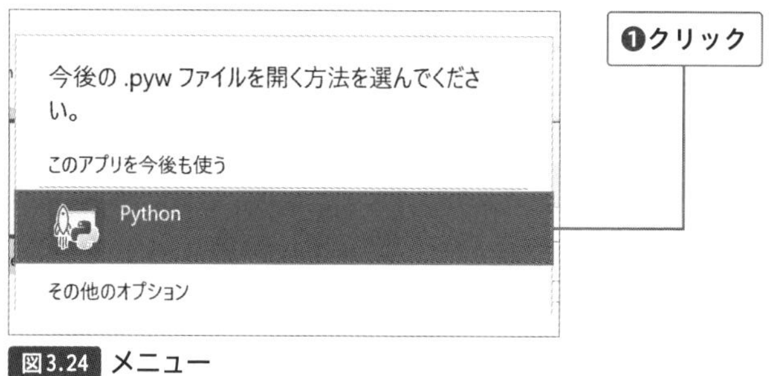

図3.24 メニュー

pywファイルの関連づけ（macOS）

❶pywファイルを右クリックし、「情報を見る」を選択します。

❷「このアプリケーションで開く」でプログラムの関連づけを変更します（図3.25❶、図3.26❶）。
すべての「pywファイル」が「Python Launcher.app」で開くようになります。

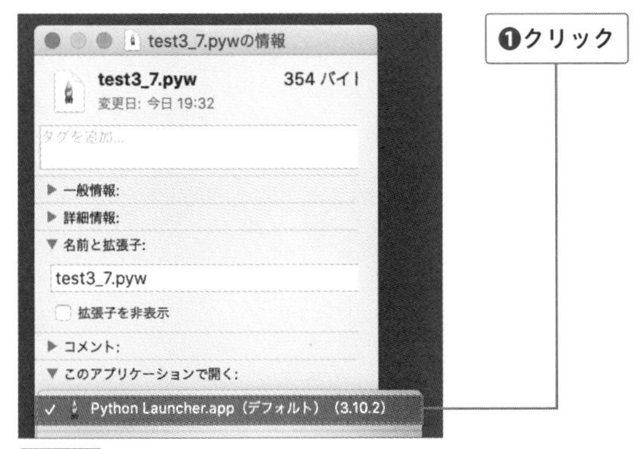

図3.25 プロパティ

図3.26 プロパティ

手動で関連づけをすれば、ダブルクリックでアプリが起動するようになります。

※この方法で作るアプリは、お使いのパソコンのPython環境を利用して実行させています。もし別のパソコンで同じアプリを使いたい場合は、pywファイルだけコピーしても、そのままでは動きません。コピー先のパソコンにも同じようにPython環境と同じライブラリをインストールする必要があるので注意してください。

基本 アプリ化

アプリのテンプレートを作る

それでは、**「仕事を自動化するアプリ」**を作るための**「テンプレートアプリ」**を作りましょう。

「入力欄で値を入力して」「関数で処理して」「実行結果をテキストに表示する」という操作で動くアプリです。画面レイアウトは、**1行目**に「入力欄の説明」と「入力欄」、**2行目**に押しやすい大きな「「実行」ボタン」、**3行目**に結果表示用の「複数行テキスト（Multiline）」で作ります（図3.27）。

図3.27 テンプレート「input1.pyw」

このアプリでは、**入力欄の文字列**を関数の引数に渡して実行して、**実行結果の文字列**をテキストに表示するというしくみになっています（図3.28）。ですから、**関数は引数も戻り値も文字列**で受け渡しを行うようにします。こうしておいて、オリジナルな関数を作るときも**「引数も戻り値も文字列」**に揃えて作れば、すぐに差し替えることができるというわけです。

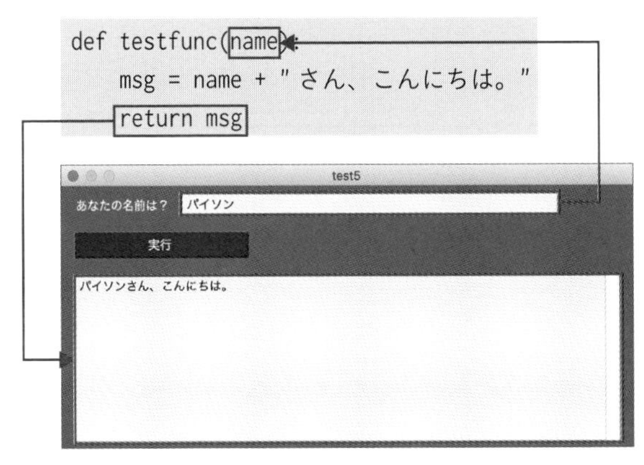

図3.28 関数は、引数も戻り値も文字列

ただし、オリジナルな関数はこのアプリのことは考えずに作っているので**「アプリの入力欄から値を取得」**したり、**「実行結果をテキストに表示」**する部分がありません。できればオリジナルな関数は修正せずに使いたいですよね。

そこで、アプリの「実行」ボタンを押したとき、直接オリジナル関数を呼び出すのではなく、このアプリ内に実行用関数（execute）を作り、それを呼び出すようにします。実行用関数の中では、**「アプリの入力欄から値を取得」**し、それをオリジナル関数に渡して呼び出し、実行後の結果を受け取って、**「実行結果をテキストに表示」**するという必要な前処理と後処理を行います。このようにすることで、**「オリジナル関数をそのままコピーして持ってくる」**ことがしやすくなります。

そのほか、何ヶ所か修正したり差し替えたりするだけで、オリジナルアプリに改造できるテンプレートを考えてみました。その基本構造が図3.29のとおりです。

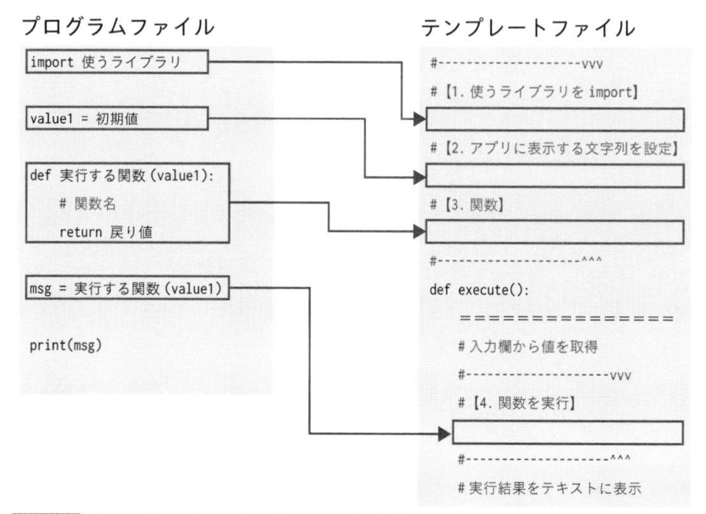

図3.29 テンプレートのプログラムの基本構造

テンプレートのこの4ヶ所を修正することで、オリジナルアプリを作れるのです。

1. 使うライブラリをimportする部分
2. アプリに表示する文字列を設定する部分
3. 関数本体
4. 関数を実行する部分

そのテンプレートのプログラムが『**入力欄1つのアプリ（テンプレートinput1.pyw）**』です（リスト3.8）。

リスト3.8 template/テンプレートinput1.pyw

```
001 import PySimpleGUI as sg
002 #--------------------vvv
003 #【1.使うライブラリをimport】
004 
005 #【2.アプリに表示する文字列を設定】
006 title = "入力欄が1つのアプリ"
```

```
007 label1, value1 = "入力欄1", "初期値1"
008 
009 # 【3.関数】
010 def testfunc(word1):
011     return "入力欄の文字列 =" + word1
012 #-------------------^^^
013 def execute():
014     value1 = values["input1"]
015     #-------------------vvv
016     # 【4.関数を実行】
017     msg = testfunc(value1)
018     #-------------------^^^
019     window["text1"].update(msg)
020 #アプリのレイアウト
021 layout = [[sg.Text(label1, size=(14,1)), sg.Input(value1, ⏎
    key="input1")],
022           [sg.Button("実行", size=(20,1), pad=(5,15), bind_⏎
    return_key=True)],
023           [sg.Multiline(key="text1", size=(60,10))]]
024 #アプリの実行処理
025 window = sg.Window(title, layout, font=(None,14))
026 while True:
027     event, values = window.read()
028     if event == None:
029         break
030     if event == "実行":
031         execute()
032 window.close()
```

実行すると、図3.30のようなアプリが表示されます。

3 アプリの作成

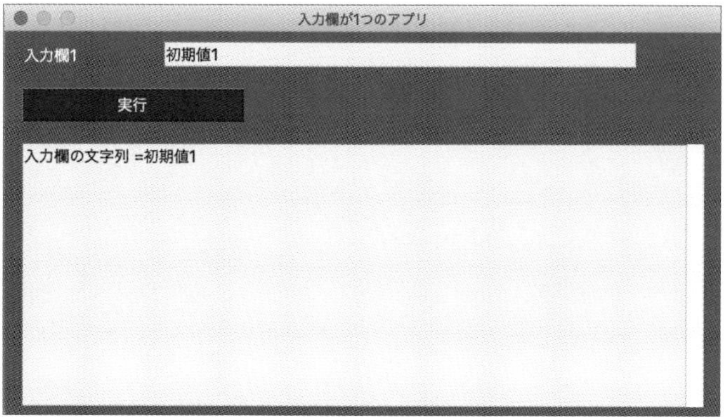

図3.30 テンプレートinput1.pyw

このテンプレートをオリジナルアプリにするときは、テンプレート上半分のリスト3.9に示す部分を修正するだけです。テンプレートの下半分は修正しません。

リスト3.9 修正箇所

```
#--------------------vvv
        この部分
#--------------------^^^


#【1.使うライブラリをimport】
#【2.アプリに表示する文字列を設定】
#【3.関数】
#【4.関数を実行】
```

ただし行う仕事によっては、このテンプレートでは対応できない場合があります。入力欄の個数が違う場合やファイルを選択して実行する場合、フォルダを選択して実行する場合もあります。

そこで、いろいろなパターンのテンプレートを考えました。図3.31から図3.41のようなパターンを用意して、いろいろなアプリに対応したいと思います。

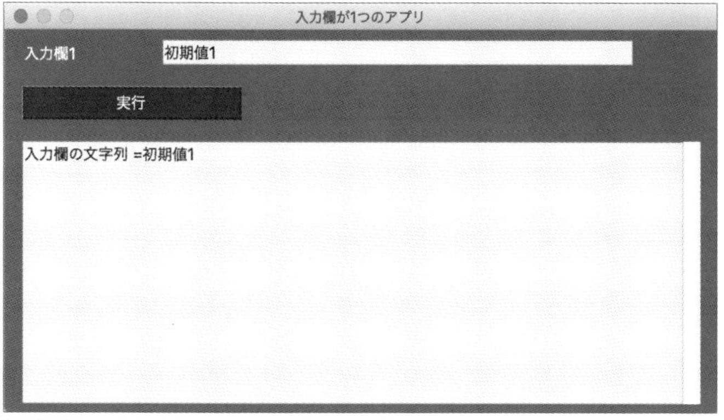

図3.31 入力欄が１つのテンプレート（テンプレートinput1.pyw）

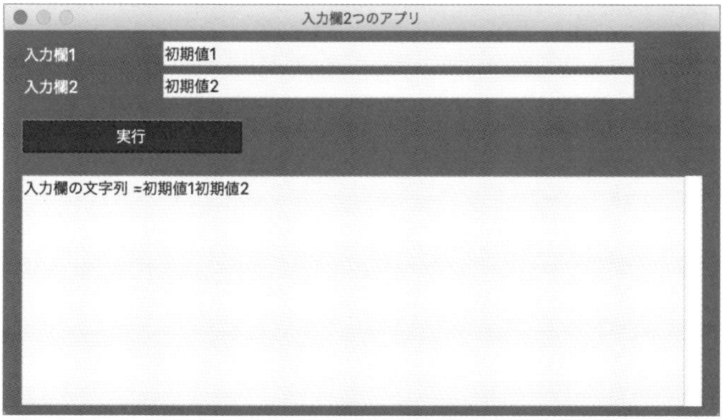

図3.32 入力欄が２つのテンプレート（テンプレートinput2.pyw）

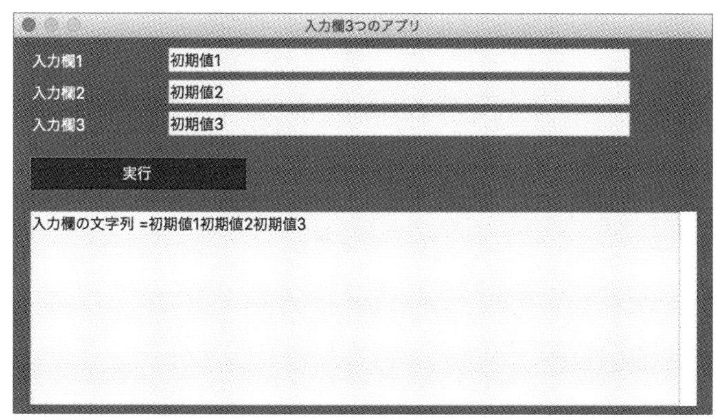

図3.33 入力欄が３つのテンプレート（テンプレートinput3.pyw）

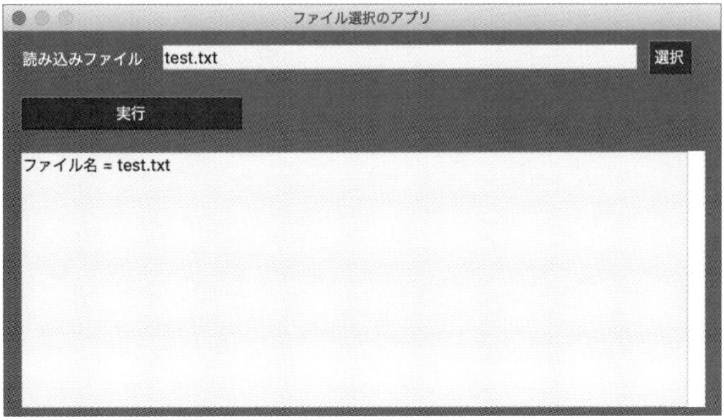

ファイル選択のアプリ
読み込みファイル
test.txt
選択
実行
ファイル名 = test.txt

図3.34 ファイル選択のみのテンプレート（テンプレートfile.pyw）

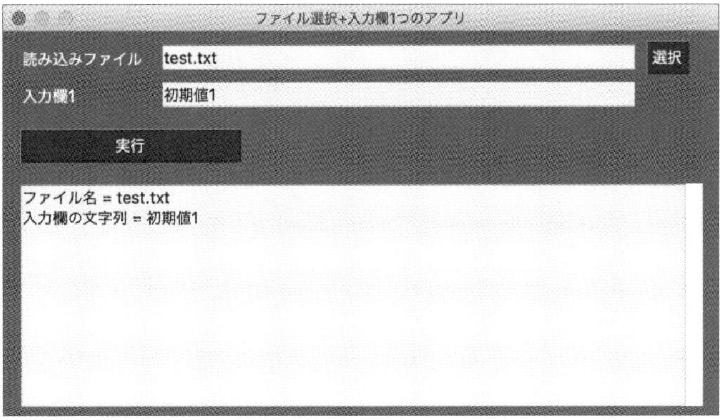

ファイル選択+入力欄1つのアプリ
読み込みファイル
test.txt
選択
入力欄1
初期値1
実行
ファイル名 = test.txt
入力欄の文字列 = 初期値1

図3.35 ファイル選択と入力欄が1つのテンプレート（テンプレートfile_input1.pyw）

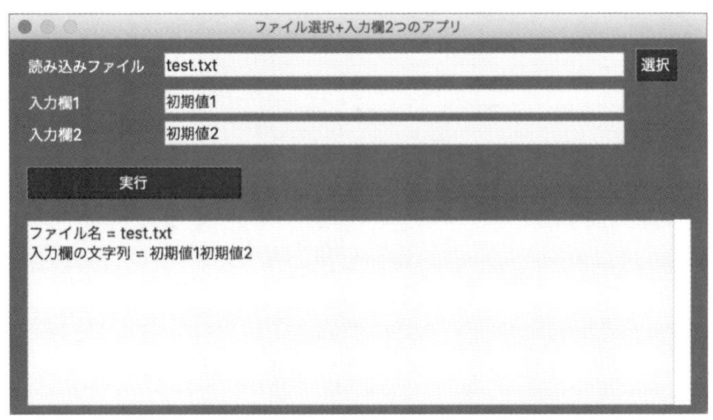

ファイル選択+入力欄2つのアプリ
読み込みファイル
test.txt
選択
入力欄1
初期値1
入力欄2
初期値2
実行
ファイル名 = test.txt
入力欄の文字列 = 初期値1初期値2

図3.36 ファイル選択と入力欄が2つのテンプレート（テンプレートfile_input2.pyw）

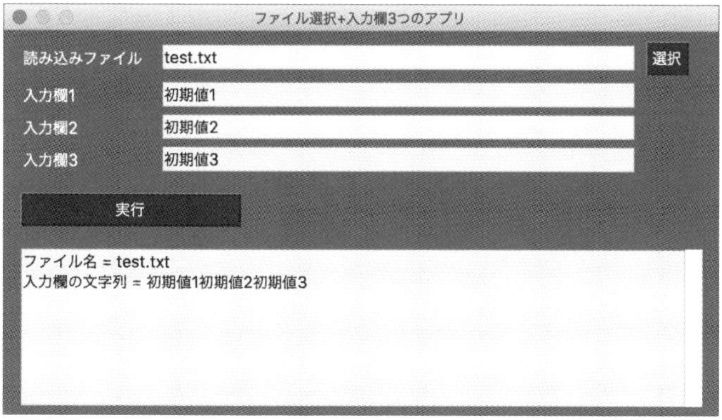

図3.37 ファイル選択と入力欄が3つのテンプレート（テンプレートfile_input3.pyw）

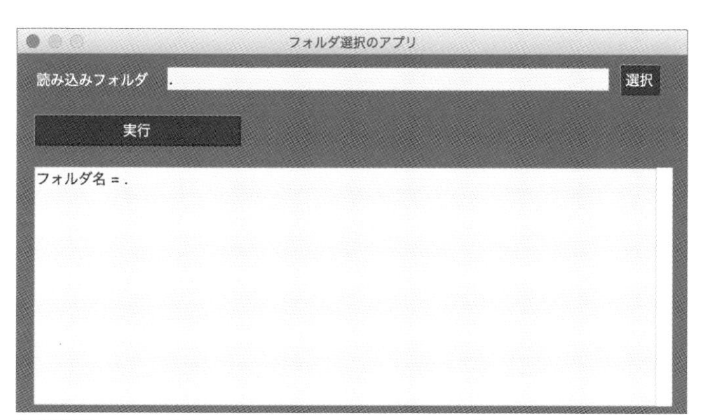

図3.38 フォルダ選択のみのテンプレート（テンプレートfolder.pyw）

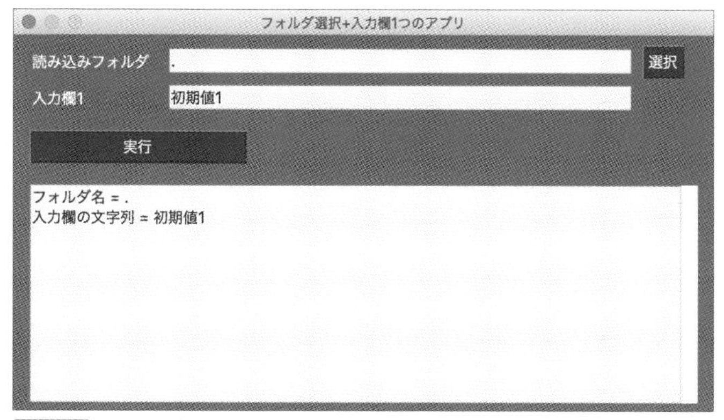

図3.39 フォルダ選択と入力欄が1つのテンプレート（テンプレートfolder_input1.pyw）

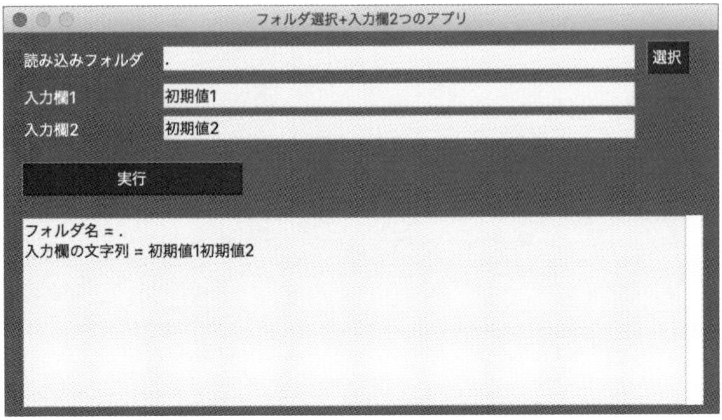

図3.40 フォルダ選択と入力欄が２つのテンプレート（テンプレートfolder_input2.pyw）

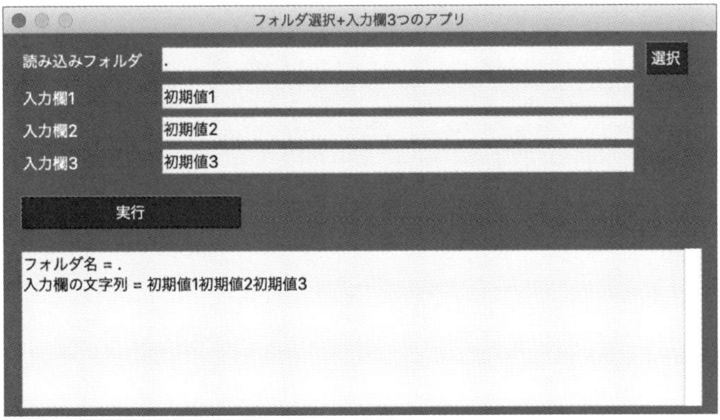

図3.41 フォルダ選択と入力欄が３つのテンプレート（テンプレートfolder_input3.pyw）

これだけテンプレートがあれば、いずれかが使えるでしょう。

これらのテンプレートの具体的なプログラムは、付録のPDFに掲載しています。また、サンプルファイルとしても用意していますので、**P.10のURLからサンプルファイルをダウンロード**できるようにしています。それをダウンロードしてお使いいただくと作りやすいと思います。

関数とアプリテンプレートを合体させて作る

さあ、これらのテンプレートがあれば、オリジナルの関数と組み合わせることで、**キットのように**アプリを作ることができます。実際にオリジナル関数を作って、その後それをアプリ化してみましょう。

例として、**「1～最大値のサイコロを振るオリジナル関数のプログラム」**を作ってみましょう（リスト3.10）。このとき関数を**「文字列で最大値を渡して、結果が文字列で返ってくる関数」**として作っておきます。

リスト3.10 chap3/dice.py

```
001 import random
002
003 value1 = "10"
004
005 def dice(value1):
006     max = int(value1)
007     r = random.randint(1, max)
008     return str(r)
009
010 msg = dice(value1)
011 print(msg)
```

3行目で、最大値を文字列で変数value1に用意します。文字列なのは、入力欄からは文字列として入ってくることになるからです。**5～8行目**が、サイコロを振る関数です。**6行目**で、入力された値を整数に変換して変数maxに入れます。**7行目**で、1〜maxの中でのランダムな整数を求めます。

8行目で、求めた数値を文字列に変換して戻り値にします。**10行目**で、サイコロを振る関数を実際に呼び出します。そのときの戻り値を変数msgに入れます。**11行目**で、関数の実行結果のmsgを表示します。

プログラムを実行するたびに、1〜10のランダムな値（文字列）が出力されます。

実行結果

```
7
9
3
```

さあ、これで**「1〜最大値のサイコロを振るオリジナル関数のプログラム」**ができました。これをアプリ化してみましょう。このプログラムでは、変数value1に「最大値」を入力して実行していました。

先ほどの**『入力欄が1つのアプリ（テンプレートinput1.pyw）』**を修正して作れそうです（図3.42）。

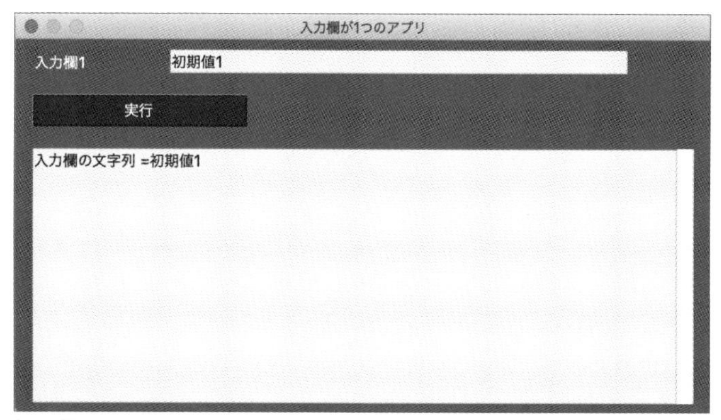

図3.42 利用するテンプレート：テンプレートinput1.pyw

今作ったdice.pyのプログラムをテンプレートに組み込んで、アプリを作っていきましょう（図3.43）。

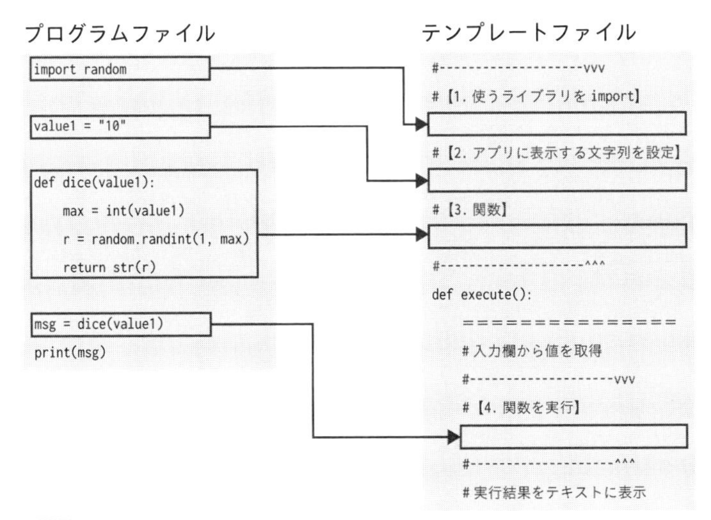

図3.43 関数をテンプレートへ組み込んで作る

手順は以下のとおりです。

❶ファイル「テンプレートinput1.pyw」をコピーして、コピーしたファイルの名前を「dice.pyw」にリネームします。

これに「dice.py」のプログラムをコピーして修正していきます。IDLEを起動し、メニューから[File]→[Open...]でdice.pywを開きましょう。

❷使うライブラリを追加します。

#【1.使うライブラリをimport】の下にimport文を追加します（リスト3.11）。

リスト3.11 テンプレートを修正：1

```
001 #【1.使うライブラリをimport】
002 import random
```

❸表示やパラメータを修正します。

titleはアプリのタイトル、label1は入力欄の説明、value1は入力欄の初期値です（リスト3.12、リスト3.13）。

リスト3.12 変更前

```
001 #【2.アプリに表示する文字列を設定】
002 title = "入力欄が1つのアプリ"
003 label1, value1 = "入力欄1", "初期値1"
```

リスト3.13 変更後

```
001 #【2.アプリに表示する文字列を設定】
002 title = "1 ～最大値のサイコロを振るアプリ"
003 label1, value1 = " 最大値", "10"
```

❹テンプレートのtestfunc()関数を、サイコロ関数(dice)に差し替えます(リスト3.14、リスト3.15)。

リスト3.14 変更前

```
001 #【3.関数】
002 def testfunc(word1):
003     return "入力欄の文字列 =" + word1
```

リスト3.15 変更後

```
001 #【3.関数: 1 ～最大値のサイコロを振る関数】
002 def dice(value1):
003     max = int(value1)
004     r = random.randint(1, max)
005     return str(r)
```

❺関数を実行する部分を修正します(リスト3.16、リスト3.17)。

リスト3.16 変更前

```
001         #【4.関数を実行】
002         msg = testfunc(value1)
```

リスト3.17 変更後

```
001    #【4.関数を実行】
002    msg = dice(value1)
```

これでアプリのできあがりです（dice.pyw）。
アプリは次のような手順で使います。

①「最大値」に、サイコロの最大値を入力します。
②「実行」ボタンを押すたびに、サイコロを振った結果が表示されます（図3.44）。

図3.44 実行結果

これで、**オリジナル関数**を作って、アプリ化することができました。本書ではこれから、このしくみを使っていろいろな仕事をするプログラムを作っていきます。

Chapter

4

ファイルの操作

ファイルやフォルダを操作するには

pathlibライブラリ

パソコン内のファイルやフォルダを調べたり操作したりしたいときは、標準ライブラリのpathlibが使えます。

「import pathlib」とインポートすれば使えますが、**「from pathlib import Path」**と指定するとさらにシンプルに使えます（書式4.1）。これは、**pathlibの中からPathだけをインポートする**という意味で、ほとんどの場合このPath()命令だけあれば間に合います。

書式4.1 pathlibの中からPathだけをインポート

```
from pathlib import Path
```

ファイルを調べる

それでは、この**Pathの簡単な使い方**について見ていきましょう。まず、ファイルやフォルダを**「オブジェクト（Pythonで取り扱える形）」**にして変数に入れるところから始めます。それが**「変数 = Path(ファイルパス名)」**です（書式4.2）。これで得られたオブジェクトからいろいろな情報を調べることができます（表4.1）。

書式4.2 ファイルをオブジェクトにする

```
p = Path(ファイルパス名)
```

表4.1 ファイルの情報を調べる

内容	命令
ファイルパス	str(p)
ファイル名	p.name
ファイル拡張子	p.suffix
ファイル拡張子以外	p.stem
フォルダ名	p.parent.name
ファイルサイズ（バイト）	p.stat().st_size

これらの命令を使って、**「ファイルの情報を調べるプログラム」**を作ってみましょう（リスト4.1）。

まず、**テスト用のファイル**を用意してください（テストができればいいのでなんでもかまいません）。P.10のURLからサンプルファイルをダウンロードすることもできます。その中の**ファイル（chap4/test1.txt）**を使ってください。

ご自分で用意したファイルを使うときは、リスト4.1の**3行目**のファイル名を変更してください。このファイルを読み込んで実行するプログラムがリスト4.1です。

プログラムからファイルを読み込むときは、**そのプログラムファイルのあるフォルダを基準にして**ファイルを探しに行きます。そのため、**test4_1.pyとtest1.txtは同じフォルダ**に置いてください。

リスト4.1 chap4/test4_1.py

```
001 from pathlib import Path
002 
003 filepath = "test1.txt"
004 p = Path(filepath)
005 print("ファイルパス        = " + str(p))
006 print("ファイル名          = " + p.name)
007 print("ファイル拡張子      = " + p.suffix)
008 print("ファイル拡張子以外 = " + p.stem)
009 print("フォルダ名          = " + p.parent.name)
010 print("ファイルサイズ      = " + str(p.stat().st_size) + "バイト")
```

4 ファイルの操作

1行目で、pathlibライブラリのPathをインポートします。**3〜4行目**で、「test1.txtというファイル」をオブジェクト化して、変数pに入れます。**5〜10行目**で、ファイルの各情報を取得して表示します。

実行すると、ファイルの情報が表示されます。

実行結果

```
ファイルパス       = test1.txt
ファイル名         = test1.txt
ファイル拡張子     = .txt
ファイル拡張子以外 = test1
フォルダ名         =
ファイルサイズ     = 7バイト
```

フォルダを作成する

フォルダを操作することもできます。フォルダもファイルと同じように、**「変数 = Path(フォルダパス名)」**と命令して、オブジェクト化します（書式4.3）。

書式4.3 フォルダをオブジェクトにする

```
p = Path(フォルダ名)
```

フォルダの中に新しいフォルダを作成することもできます。書式4.4のように命令します。

書式4.4 フォルダの中にサブフォルダを作成する

```
p = Path(フォルダ名)
p = p.joinpath(サブフォルダ名)
p.mkdir(exist_ok=True)
```

まず**Path()**命令でフォルダをオブジェクト化し、**joinpath()**命令でそのフォルダの中に作りたい「新しいフォルダ名」を追加して作ります。その状態で、

mkdir() 命令を実行すると、新しいフォルダを作成できます。

ただしフォルダを作ろうとしたとき、同じ名前のフォルダがすでに存在する場合があります。その場合エラーになってしまうのですが、「exist_ok=True」と指定すると、「新しくフォルダを作成せずそのままにする」ことでエラーにならないようにします。

例として、**「プログラムファイルがあるフォルダに、newfolderというフォルダを作成するプログラム」**を作ってみましょう（リスト4.2）。

リスト4.2 chap4/test4_2.py

```
001 from pathlib import Path
002
003 p = Path(".")
004 p = p.joinpath("newfolder")
005 p.mkdir(exist_ok=True)
```

実行すると、プログラムファイルがあるフォルダに、「newfolder」というフォルダが作成されます（図4.1）。

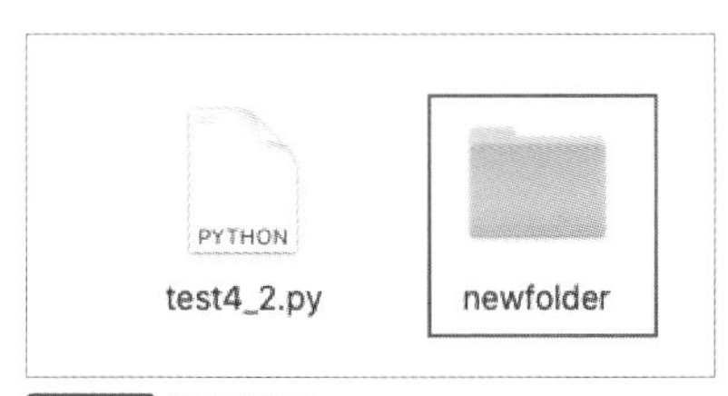

図4.1 実行結果

ファイルリストを調べる

Pathには、**「フォルダのファイルリストを取得する機能」**があります。その命令が**glob（拡張子名）**や**rglob（拡張子名）**です。

glob（拡張子名）もrglob（拡張子名）も、**「指定した拡張子名のファイルリストを取得」**します。

違いは、glob（拡張子名）が、**「指定したフォルダ内だけ」**で取得するのに対

4 ファイルの操作

して、rglob（拡張子名）は、**「指定したフォルダ以下すべて」**で取得することです。

まず、**glob（拡張子名）**を使ってみましょう（書式4.5）。これは、フォルダ内だけのファイルを調べて、さらに下の階層のフォルダの中は調べません。for文と組み合わせることで、ファイル名を1つずつ取り出すことができます（図4.2）。

書式4.5 指定したフォルダ内のみのファイルリストを表示する

```
for p in Path(フォルダ名).glob(拡張子名):
    print(str(p))
```

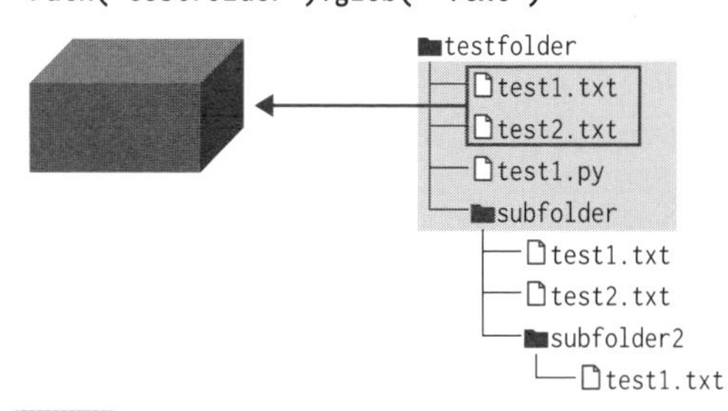

図4.2 globを使ってファイル名を取り出す

次は、**rglob(拡張子名)**を使ってみましょう（書式4.6）。これは、フォルダの中にサブフォルダがある場合、その中もすべて調べていきます（図4.3）。

書式4.6 指定したフォルダ以下すべてのファイルリストを表示する

```
for p in Path(フォルダ名).rglob(拡張子名):
    print(str(p))
```

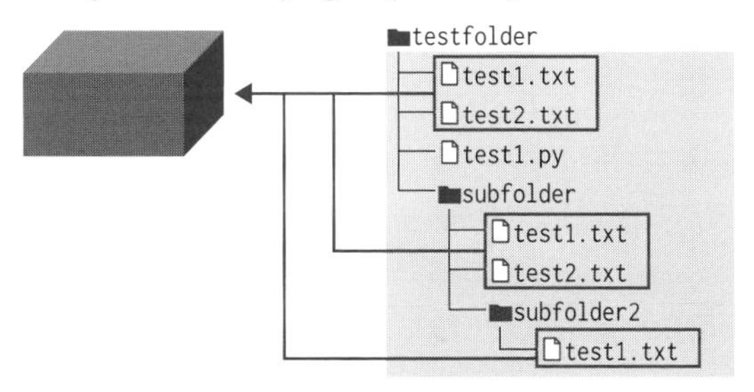

図4.3 rglobを使ってファイル名を取り出す

glob() や**rglob()** は便利な命令ですが、残念なことに返ってくるリストは「バラバラな順番」で返ってきます。そのままでは少しわかりにくいので、ソートして順番に並べ直しましょう。**sorted()** 命令を使うことで、リストを順番に並べ直すことができます（書式4.7）。

書式4.7 リストをソートして順番に並べ直す

```
変数 = sorted(リスト)
```

それでは**glob()** や**rglob()** の命令を使って、**「指定したフォルダの中のファイルのリストを取得するプログラム」**を作ってみましょう。

そのためにまず、図4.4のように**階層構造になったテスト用のフォルダ（testfolder）**を作って用意してください（テストができればいいので全く同じでなくてもかまいません）。P.10のURLからサンプルファイルをダウンロードすることもできます。その中の**フォルダ（chap4/testfolder）**を使ってください。

図4.4 フォルダ構造

```
[testfolder]
 ├ test1.txt
 ├ test2.txt
 ├ test1.py
 └ [subfolder]
```

```
  ├ test1.txt
  └ test2.txt
  └ [subfolder2]
      └ test1.txt
```

まずはglob()命令を使った指定した**「指定したフォルダ内のファイルのリストを取得するプログラム」**です（リスト4.3）。

リスト4.3 chap4/test4_3.py

```
001 from pathlib import Path
002 
003 infolder = "testfolder"
004 ext = "*.txt"
005 filelist = []
006 for p in Path(infolder).glob(ext): ― このフォルダ内のファイルを
007     filelist.append(str(p)) ――――― リストに追加して
008 for filename in sorted(filelist): ― ソートして1ファイルずつ処理
009     print(filename)
```

1行目で、pathlibライブラリのPathをインポートします。**3行目**で、「読み込むフォルダ名」を変数infolderに入れます。このプログラムは「なんとか.txt」のリストを作るので、**4行目**で、ファイルの拡張子を変数extに入れます。

5行目で、見つけたファイルの名前をリスト形式で入れておくため、空のリストを用意します。**6〜7行目**で、フォルダ内のファイル名をfilelistに追加していきます（図4.5）。**8〜9行目**で、filelist内の要素をソートして1ファイルずつ表示します。

実行すると、指定したフォルダの中のファイル名だけが表示されます。指定したフォルダ内だけなので、サブフォルダ内のファイル名は表示されません。

実行結果

```
testfolder/test1.txt
testfolder/test2.txt
```

※ファイルパスの区切り文字は、macOSやUnixではスラッシュ(/)が使われていて、日本語のWindowsでは円マーク(¥)が使われています。本書では、区切り文字はスラッシュ(/)を使って表記していますので、日本語のWindowsをお使いの方は円マーク(¥)に読み替えてください。

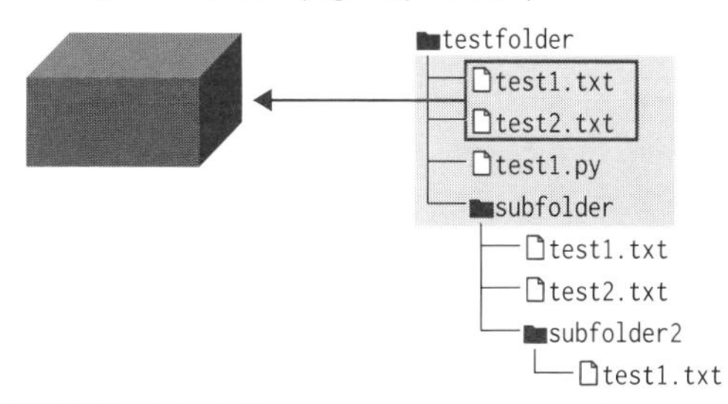

図4.5 globを使ってファイル名を取り出す

次は**rglob()**命令を使った**「指定したフォルダ以下すべてのファイルのリストを取得するプログラム」**です(リスト4.4)。

リスト4.4 chap4/test4_4.py

```
001 from pathlib import Path
002 
003 infolder = "testfolder"
004 ext = "*.txt"
005 filelist = []
006 for p in Path(infolder).rglob(ext): ――― このフォルダ以下すべてのファイルを
007     filelist.append(str(p)) ――― リストに追加して
008 for filename in sorted(filelist): ――― ソートして1ファイルずつ処理
009     print(filename)
```

4 ファイルの操作

1〜5行目は、リスト4.3と同じです。**6行目**は、指定したフォルダ以下すべてのファイルを調べるように、「rglob」に変更しました（図4.6）。**7〜9行目**は、リスト4.3と同じです。

実行すると、指定したフォルダ以下のすべてのファイルのリストが表示されました。

実行結果

```
testfolder/subfolder/subfolder2/test1.txt
testfolder/subfolder/test1.txt
testfolder/subfolder/test2.txt
testfolder/test1.txt
testfolder/test2.txt
```

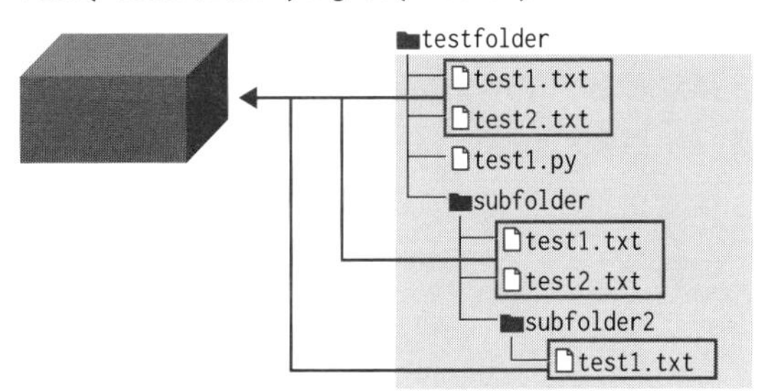

図4.6 rglobを使ってファイル名を取り出す

これらを踏まえて、ファイルに関する具体的な問題を解決していきましょう。

基本 アプリ化

Recipe 2 Chapter 4

ファイルリストを表示するには：show_filelist

こんな問題を解決したい！

ファイルがたくさんあるのでファイル名をメモしておこう。でもサブフォルダの中にもファイルがあるからめんどうだなあ

こんな困ったときは、プログラムで解決しましょう。

どんな方法で解決するのか？

ある問題を解決したいとき、プログラムはどのように考えていけば作れるでしょうか？

もし、あなたが行うはずだった作業をコンピュータが代わりに行うとしたら、どのようになるのか？　と考えるところからはじめましょう。整理すると、以下のように考えられます。

①あなたは、調べたいフォルダを指示する。
②コンピュータは、そのフォルダのテキストファイルをリストアップして、メモできるように表示する。

次にこれを、コンピュータ側の視点で考えましょう。コンピュータの立場で考えると、主に以下の2つの処理を行うことで実現できると考えられます（図4.7)。

①フォルダ以下すべてのテキストファイル名を取得する。
②各ファイルのファイル名を表示する。

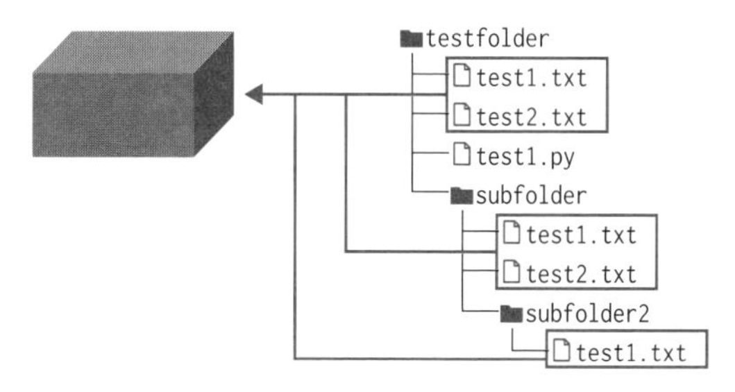

図4.7 ファイル名を取り出す

解決に必要な命令は？

主な作業が見えたので、次はこれを実現するのに、具体的にどんな命令があればいいかを考えましょう。

まず①の「指定したフォルダ以下すべてのテキストファイル名を取得」するには、**rglob()** 命令で実現できます。さらに、これで取得したファイル名のリストを表示することで、②の「各ファイルのファイル名を表示」もできます。

プログラムを作ろう！

rglob() 命令を使ったプログラム（リスト4.4）を利用して、**「指定したフォルダ以下すべてのテキストファイルの名前を取得して表示するプログラム」**を作りましょう。

このとき、ただ手順をプログラムで書いていくだけではなく、「行う仕事」を「関数」にまとめておきます（図4.8）。こうすることで「その関数を呼ぶだけで、仕事が実行できるプログラム」として使えるようになります。今回はlistfilesという関数名にしましょう。さらに、違うパラメータを渡すだけで違った仕事ができるように、関数には引数を渡して違う仕事ができるようにしておきます。

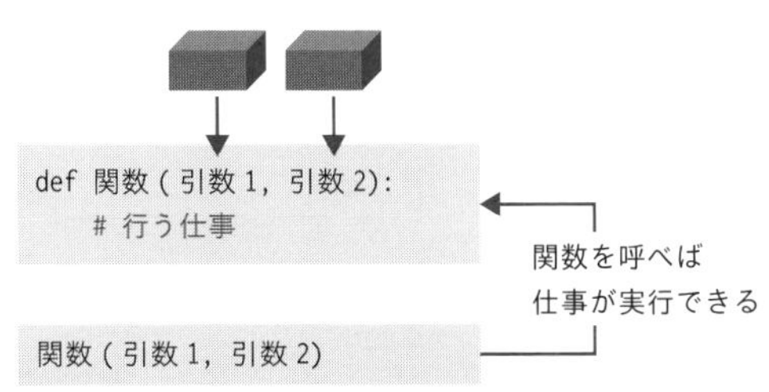

図4.8 その関数を呼ぶだけで仕事が実行できるプログラム

「どのフォルダの中を調べるか」は任意に指定できるようにしておきましょう。そのため、引数には**「調べるフォルダ名」**を用意しておきます。

また、ファイルリストを調べたいのは、「テキストファイル(.txt)」だけとは限りません。「Excelファイル(.xlsx)」や「画像ファイル(.png)」や「Pythonファイル(.py)」のファイルを調べたい場合もあります。ですから、**「ファイルの拡張子」**も引数を用意しておいて変更できるようにしたいと思います。

つまり、**「フォルダ名」**と**「ファイルの拡張子」**を引数として入力すると、**「そのフォルダ以下すべての指定したファイルのリストを取得する関数」**ができます(リスト4.5)。

リスト4.5 chap4/show_filelist.py

```
001 from pathlib import Path
002 
003 infolder = "testfolder"
004 value1 = "*.txt"
005 
006 #【関数: ファイルリストを作成する】
007 def listfiles(infolder, ext):
008     msg = ""
009     filelist = []
010     for p in Path(infolder).rglob(ext): ― このフォルダ以下すべてのファイルを
011         filelist.append(str(p))―――――― リストに追加して
012     for filename in sorted(filelist):――― ソートして1ファイルずつ処理
```

4 ファイルの操作

```
013            msg += filename + "\n"
014        msg = "ファイル数 = " + str(len(filelist)) + "\n" + msg
015        return msg
016
017    #【関数を実行】
018    msg = listfiles(infolder, value1)
019    print(msg)
```

1行目で、pathlibライブラリのPathをインポートします。**3〜4行目**で、「読み込みフォルダ名」を変数infolderに、「調べるファイルの拡張子」を変数value1に入れます。

7〜15行目で、「ファイルリストを作成する関数（listfiles）」を作ります。**8行目**で、最終的に出力するファイルリストを入れる変数msgを用意します。**9行目**で、一時的にファイルリストを入れておくリストfilelistを用意します。

10〜11行目で、指定したフォルダ以下すべてのファイル名をfilelistに取得します。**12〜13行目**で、ソートして1ファイルずつmsgに改行つきで追加していきます。**14〜15行目**で、ファイルの個数をmsgに追加し、関数から返します。**18〜19行目**で、関数を実行し、返ってきた値を表示します。

実行すると、フォルダの中のテキストファイルのリストが表示されます。

実行結果

```
ファイル数 = 5
testfolder/subfolder/subfolder2/test1.txt
testfolder/subfolder/test1.txt
testfolder/subfolder/test2.txt
testfolder/test1.txt
testfolder/test2.txt
```

3〜4行目の「infolder」と「value1」の値を書き換えてみましょう。いろいろなファイルリストを調べることができます。

 アプリ化しよう！

このshow_filelist.pyを、さらにアプリ化しましょう。

show_filelist.pyでは、「フォルダ名」を選択し、「調べるファイルの拡張子」を入力して実行します。第3章で紹介した**『フォルダ選択+入力欄1つのアプリ（テンプレートfolder_input1.pyw）』**を修正して作れそうです（図4.9、図4.10、図4.11）。

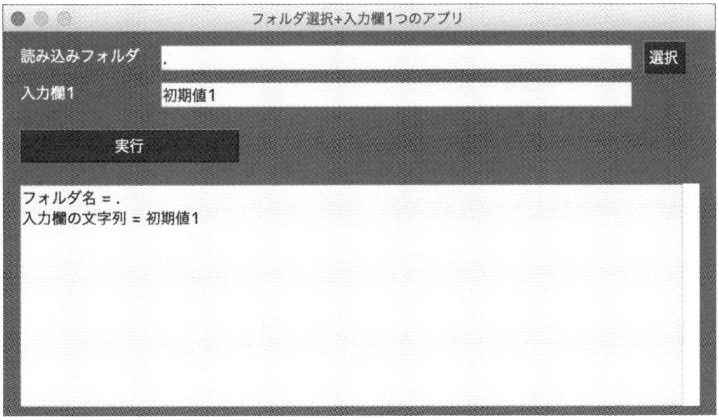

図4.9 利用するテンプレート：テンプレートfolder_input1.pyw

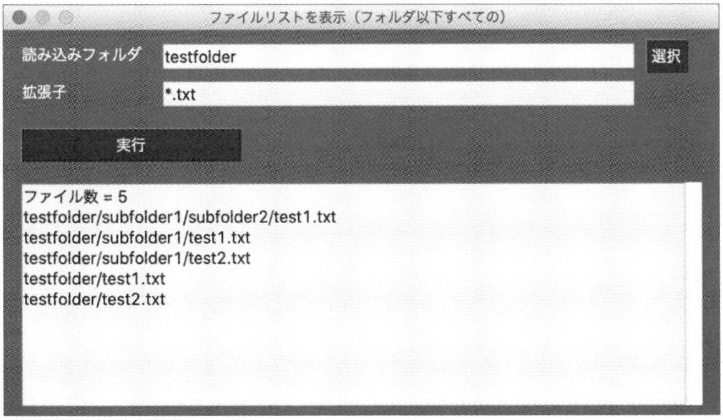

図4.10 アプリの完成予想図

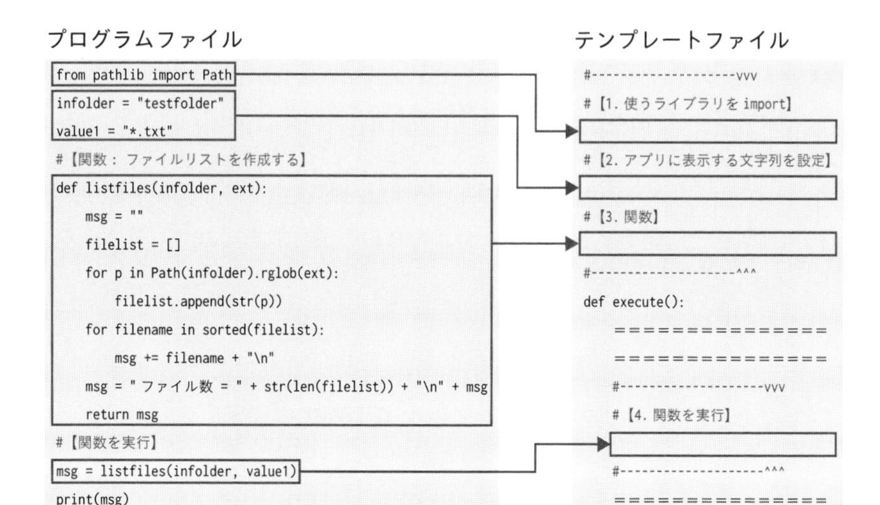

図4.11 プログラムをテンプレートへコピーして作る

❶ファイル「テンプレートfolder_input1.pyw」をコピーして、コピーしたファイルの名前を「show_filelist.pyw」にリネームします。

これに「show_filelist.py」で動いているプログラムをコピーして修正していきます。

❷使うライブラリを追加します（リスト4.6）。

リスト4.6 テンプレートを修正：1

```
001  #【1.使うライブラリをimport】
002  from pathlib import Path
```

❸表示やパラメータを修正します。

いろいろな環境で使いやすいように、infolderには「今いるフォルダ」を表す「.」を入れておきます（リスト4.7）。

こうしておけば、**このpywファイルを調べたいフォルダに移動させて、ダブルクリックして実行するだけ**で、そのフォルダの中をすぐに調べることができる、という便利アプリになります。

リスト4.7 テンプレートを修正：2

```
001 #【2.アプリに表示する文字列を設定】
002 title = "ファイルリストを表示（フォルダ以下すべての）"
003 infolder = "."
004 label1, value1 = "拡張子", "*.txt"
```

❹関数を差し替えます（リスト4.8）。

リスト4.8 テンプレートを修正：3

```
001 #【3.関数:ファイルリストを作成する】
002 def listfiles(infolder, ext):
003     msg = ""
004     filelist = []
005     for p in Path(infolder).rglob(ext): ― このフォルダ以下すべてのファイルを
006         filelist.append(str(p))―――――― リストに追加して
007     for filename in sorted(filelist):――― ソートして1ファイルずつ処理
008         msg += filename + "\n"
009     msg = "ファイル数 = " + str(len(filelist)) + "\n" + msg
010     return msg
```

❺関数を実行します（リスト4.9）。

リスト4.9 テンプレートを修正：4

```
001 #【4.関数を実行】
002 msg = listfiles(infolder, value1)
```

これでできあがりです（show_filelist.pyw）。

アプリは次のような手順で使います。

①「選択」ボタンを押して、「読み込みフォルダ」を選択します（選択しなければ、このプログラムファイルが置かれたフォルダから下を調べます）。
②「実行」ボタンを押すと、選択したフォルダから下のファイルリストを表示します。
③「拡張子」を変更すると、指定した拡張子を持つファイルリストを表示します（図4.12）。

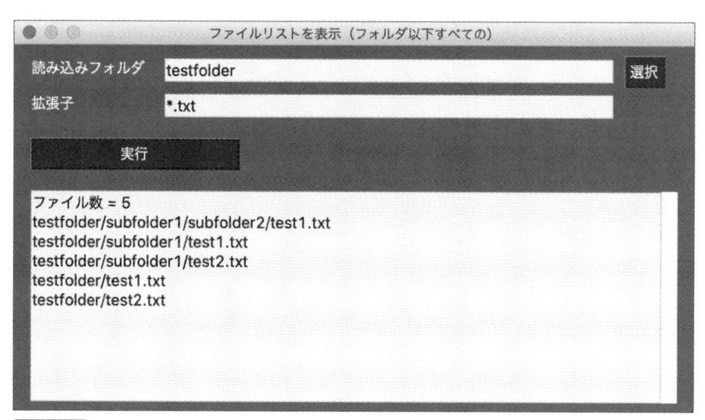

図4.12 実行結果

※「選択」ボタンを押して「読み込みフォルダ」を選択した場合、実行結果は「絶対パス」で表示されます。「読み込みフォルダ」に直接フォルダ名を入力した場合、実行結果は「相対パス」で表示されます。

ファイルリストが取得できたよ！

基本　アプリ化

ファイルの合計サイズを表示するには：show_filesize

こんな問題を解決したい！

大きいファイルがたくさんあるなあ。どれぐらいのファイルサイズで、全部でどのくらいになるか調べたいけれどめんどうだなあ

どんな方法で解決するのか？

もし、あなたが行うはずだった作業をコンピュータが代わりに行うとしたら、どのようにすればいいでしょうか？　整理すると、以下のように考えられます。

①あなたは、調べたいフォルダを指示する。
②コンピュータは、そのフォルダの各ファイルのファイルサイズや、合計サイズを見やすく表示する。

次にこれを、コンピュータ側の視点で考えましょう。コンピュータの立場で考えると、主に以下の4つの処理を行うことで実現できると考えられます（図4.13）。

①指定したフォルダ以下にあるすべてのファイル名を取得する。
②各ファイルのファイルサイズを調べて表示する。
③合計サイズを表示する。
④ファイルサイズは、読みやすい単位で表示させる（例えば、123456バイトだと読みにくいので120KBのように表示する）。

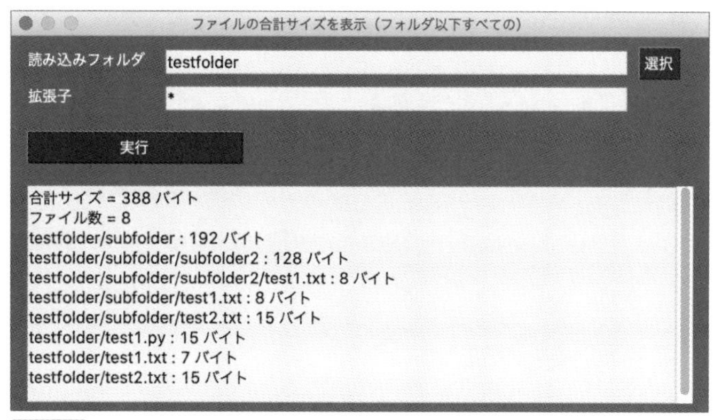

図4.13 アプリの完成予想図

解決に必要な命令は？

さらに、具体的にどんな命令があればいいかを考えましょう。

まず①の「指定したフォルダ以下にあるすべてのファイル名を取得」するには、**rglob()** 命令で実行できます。

次に②の「各ファイルのファイルサイズを調べて表示」するには、できたファイルリストを順番に見ていき、各ファイルにp.stat().st_size（表4.1）を使うことで実現できます。

さらに③の「合計サイズを表示」するには、あらかじめ合計用の変数を用意しておき、各ファイルサイズを調べるとき足していけば、合計サイズは求められます。

まずは、これらを使って**「フォルダの中の各ファイルのファイルサイズと合計サイズを求めるプログラム」**を作ってみましょう（リスト4.10）。

リスト4.10 chap4/test4_5.py

```
001 from pathlib import Path
002 
003 infolder = "testfolder"
004 ext = "*.txt"
005 allsize = 0
```

```
006 filelist = []
007 for p in Path(infolder).rglob(ext): ――― このフォルダ以下すべてのファイルを
008     filelist.append(str(p)) ――― リストに追加して
009 for filename in sorted(filelist): ――― ソートして1ファイルずつ処理
010     size = Path(filename).stat().st_size
011     print(filename + " = " + str(size) + "バイト")
012     allsize += size
013 print("allsize = " + str(allsize) + "バイト")
```

5行目で、合計サイズを入れる変数allsizeを用意して0を入れてリセットしておきます。**6～8行目**で、フォルダ以下すべてのファイルをfilelistに取得します。

9～12行目で、各ファイルのファイルサイズを調べて表示し、allsizeにファイルサイズを追加していきます。**13行目**で、合計サイズを表示します。

実行すると、フォルダの中の各ファイルのファイルサイズと合計サイズが表示されます。

実行結果

```
testfolder/subfolder/subfolder2/test1.txt = 8バイト
testfolder/subfolder/test1.txt = 8バイト
testfolder/subfolder/test2.txt = 15バイト
testfolder/test1.txt = 7バイト
testfolder/test2.txt = 15バイト
allsize = 53バイト
```

最後に④の「ファイルサイズは、読みやすい単位で表示」させる方法です。この例では「53バイト」のような小さいファイルサイズだったので問題ありませんでしたが、例えば「123456バイト」のように大きいファイルサイズのときは読みにくくなります。そんなときは「120KB」のように単位換算をして読みやすく表示させたいのですが、このような関数はなさそうですので自作しましょう（リスト4.11）。

「関数を自作する」といっても難しいことではなく、手順を考えれば作れます。ファイルサイズの単位は1024ごとに、「バイト → KB → MB → GB → TB」と上がっていきます（コンピュータで扱うバイトの単位は1000ごとではなく1024ごとに上がります）。

もし数値が1024以上なら、1024で割って1つ上の単位に換算します。1つ上の単位にしても数値がまだ1024より大きければ、さらに上の単位に換算します。これをくり返し、数値が1024以下になれば、それが人間に読みやすい単位です。この方法で**「ファイルサイズを人間に読みやすくする関数」**を作りましょう。関数名はhuman_sizeにします。

リスト4.11 chap4/test4_6.py

```
001 def human_size(size):
002     units = ["バイト","KB","MB","GB","TB","PB","EB"]
003     n = 0
004     while size > 1024:
005         size = size / 1024.0
006         n += 1
007     return str(int(size)) + " " + units[n]
008 
009 print(human_size(123))
010 print(human_size(123456))
011 print(human_size(123456789))
012 print(human_size(123456789012))
```

2行目で、1つずつ上がる単位をリストunitsに用意します。単位は、KB（キロバイト）、MB（メガバイト）、GB（ギガバイト）、TB（テラバイト）と続き、この上もまだありますが、これ以上はあまり現実的な単位ではありません。ここでは、とりあえずPB（ペタバイト）、EB（エクサバイト）ぐらいまで用意しておきます。

3行目で、今どの単位なのかを表す変数nを用意し、最初は0を入れておきます。**4〜6行目**で、数値が1024以上のときは、数値を1024で割って、1つ上の単位に上げて、この処理をくり返します。

7行目で、見やすくするため「数字の整数部分」に「単位」を足して表示します。**9〜12行目**で、いろいろなサイズでどうなるかをテストして、表示します。

実行結果

```
123 バイト
120 KB
117 MB
114 GB
```

実行すると、読みやすい単位で表示されたことがわかります。

プログラムを作ろう！

「フォルダの中の各ファイルのファイルサイズと合計サイズを求めるプログラム（リスト4.10）」と「ファイルサイズを人間に読みやすくする関数（リスト4.11）」ができました。これらを組み合わせて、**「フォルダの中の各ファイルのファイルサイズと合計サイズを、読みやすく表示するプログラム」**（リスト4.12）を作りましょう。

リスト4.12 chap4/show_filesize.py

```
001 from pathlib import Path
002 
003 infolder = "testfolder"
004 value1 = "*"
005 
006 #【関数: ファイルサイズを最適単位で返す】
007 def format_bytes(size):
008     units = ["バイト","KB","MB","GB","TB","PB","EB"]
009     n = 0
```

```
010     while size > 1024:
011         size = size / 1024.0
012         n += 1
013     return str(int(size)) + " " + units[n]
014 
015 #【関数: フォルダ以下のファイルのサイズ合計を求める】
016 def foldersize(infolder, ext):
017     msg = ""
018     allsize = 0
019     filelist = []
020     for p in Path(infolder).rglob(ext): ― このフォルダ以下すべてのファイルを
021         if p.name[0] != ".": ――――――――― 隠しファイルでなければ
022             filelist.append(str(p))――― リストに追加して
023     for filename in sorted(filelist):―― ソートして1ファイルずつ処理
024         size = Path(filename).stat().st_size
025         msg += filename + " : "+format_bytes(size)+"\n"
026         allsize += size
027     filesize = "合計サイズ = " + format_bytes(allsize) + "\n"
028     filesize += "ファイル数 = " + str(len(filelist))+ "\n"
029     msg = filesize + msg
030     return msg
031 
032 #【関数を実行】
033 msg = foldersize(infolder, value1)
034 print(msg)
```

1行目で、pathlibライブラリのPathをインポートします。**3~4行目**で、「読み込みフォルダ名」を変数infolderに、「調べるファイルの拡張子」を変数

value1に入れます。すべてのファイルを調べるので"*"としておきます。

7~13行目で、「ファイルサイズを人間に読みやすく変換する関数（format_bytes）」を作ります。**16~30行目**で、「フォルダの中の各ファイルのファイルサイズと合計サイズを求める関数（foldersize）」を作ります。

20~22行目で、ファイルが隠しファイルでない場合はリストfilelistに追加していきます。隠しファイルは先頭が「.」なので、p.name[0] != "."でチェックします。

24~25行目で、ファイルサイズを取得して、ファイル名とファイルサイズを、最終的に出力する変数msgに追加します。**26行目**で、ファイルサイズを合計値に追加します。**33~34行目**で、関数を実行し、返ってきた値を表示します。

実行すると、フォルダ以下すべてのファイルサイズと合計サイズが表示されます。

実行結果

```
合計サイズ = 388 バイト
ファイル数 = 8
testfolder/subfolder : 192 バイト
testfolder/subfolder/subfolder2 : 128 バイト
testfolder/subfolder/subfolder2/test1.txt : 8 バイト
testfolder/subfolder/test1.txt : 8 バイト
testfolder/subfolder/test2.txt : 15 バイト
testfolder/test1.py : 15 バイト
testfolder/test1.txt : 7 バイト
testfolder/test2.txt : 15 バイト
```

3~4行目の「infolder」と「value1」の値を書き換えてみましょう。いろいろなファイルサイズを調べることができます。

アプリ化しよう！

このshow_filesize.pyを、さらにアプリ化しましょう。

このshow_filesize.pyでは、「フォルダ名」を選択し、「調べるファイルの拡張子」を入力して実行します。**『フォルダ選択+入力欄1つのアプリ（テンプレートfolder_input1.pyw）』**を修正して作れそうです（図4.14、図4.15）。

フォルダ選択+入力欄1つのアプリ
読み込みフォルダ　.　選択
入力欄1　初期値1
実行
フォルダ名 = .
入力欄の文字列 = 初期値1

図4.14 利用するテンプレート：テンプレートfolder_input1.pyw

ファイルの合計サイズを表示（フォルダ以下すべての）
読み込みフォルダ　testfolder　選択
拡張子　*
実行
合計サイズ = 388 バイト
ファイル数 = 8
testfolder/subfolder : 192 バイト
testfolder/subfolder/subfolder2 : 128 バイト
testfolder/subfolder/subfolder2/test1.txt : 8 バイト
testfolder/subfolder/test1.txt : 8 バイト
testfolder/subfolder/test2.txt : 15 バイト
testfolder/test1.py : 15 バイト
testfolder/test1.txt : 7 バイト
testfolder/test2.txt : 15 バイト

図4.15 アプリの完成予想図

❶ファイル「テンプレートfolder_input1.pyw」をコピーして、コピーしたファイルの名前を「show_filesize.pyw」にリネームします。

これに「show_filesize.py」で動いているプログラムをコピーして修正していきます。

❷使うライブラリを追加します（リスト4.13）。

リスト4.13 テンプレートを修正：1

```
001 #【1.使うライブラリをimport】
002 from pathlib import Path
```

❸表示やパラメータを修正します（リスト4.14）。

いろいろな環境で使いやすいように、infolderには「今いるフォルダ」を表す「.」を入れておきます。

リスト4.14 テンプレートを修正：2

```
001 #【2.アプリに表示する文字列を設定】
002 title = "ファイルの合計サイズを表示（フォルダ以下すべての）"
003 infolder = "."
004 label1, value1 = "拡張子", "*"
```

❹関数を差し替えます（リスト4.15）。

format_bytes()とfoldersize()の2つの関数を追加します。

リスト4.15 テンプレートを修正：3

```
001 #【3.関数:ファイルサイズを最適単位で返す】
002 def format_bytes(size):
003     units = ["バイト","KB","MB","GB","TB","PB","EB"]
004     n = 0
005     while size > 1024:
006         size = size / 1024.0
007         n += 1
008     return str(int(size)) + " " + units[n]
009 #【3.関数:フォルダ以下のファイルのサイズ合計を求める】
010 def foldersize(infolder, ext):
011     msg = ""
```

```
012         allsize = 0
013         filelist = []
014         for p in Path(infolder).rglob(ext): ― このフォルダ以下すべてのファイルを
015             if p.name[0] != ".": ―――――― 隠しファイルでなければ
016                 filelist.append(str(p))――― リストに追加して
017         for filename in sorted(filelist):―― ソートして1ファイルずつ処理
018             size = Path(filename).stat().st_size
019             msg += filename + " : "+format_bytes(size)+"\n"
020             allsize += size
021         filesize = "合計サイズ = " + format_bytes(allsize) + "\n"
022         filesize += "ファイル数 = " + str(len(filelist))+ "\n"
023         msg = filesize + msg
024         return msg
```

❺関数を実行します（リスト4.16）。

リスト4.16 テンプレートを修正：4

```
001 #【4.関数を実行】
002 msg = foldersize(infolder, value1)
```

これでできあがりです（show_filesize.pyw）。
アプリは次のような手順で使います。

①「選択」ボタンを押して、「読み込みフォルダ」を選択します（選択しなければ、このプログラムファイルが置かれたフォルダから下を調べます）。
②「実行」ボタンを押すと、選択したフォルダから下にあるファイルの合計サイズと、ファイル数と、各ファイルのサイズを表示します（図4.16）。
③「拡張子」を変更すると、指定した拡張子を持つファイルリストを表示します。

ファイルの合計サイズを表示（フォルダ以下すべての）

読み込みフォルダ　testfolder　選択

拡張子　*

実行

合計サイズ = 388 バイト
ファイル数 = 8
testfolder/subfolder : 192 バイト
testfolder/subfolder/subfolder2 : 128 バイト
testfolder/subfolder/subfolder2/test1.txt : 8 バイト
testfolder/subfolder/test1.txt : 8 バイト
testfolder/subfolder/test2.txt : 15 バイト
testfolder/test1.py : 15 バイト
testfolder/test1.txt : 7 バイト
testfolder/test2.txt : 15 バイト

図4.16 実行結果

ファイル名を検索するには：find_filename

こんな問題を解決したい！

ファイル名を忘れてしまった！　「ファイル名の一部分」は覚えているけれど、さてなんだったかなあ

どんな方法で解決するのか？

もし、あなたが行うはずだった作業をコンピュータが代わりに行うとしたら、どのようにすればいいでしょうか？　整理すると、以下のように考えられます。

①あなたは、調べたいフォルダと覚えているファイル名の一部分の文字列を指示する。
②コンピュータは、そのフォルダで、指示された文字列が含まれるファイル名を探して表示する。

次にこれを、コンピュータ側の視点で考えましょう。コンピュータの立場で考えると、主に以下の２つの処理を行うことで実現できると考えられます（図4.17）。

①指定したフォルダ以下にあるすべてのファイル名を取得する。
②ファイル名に指定した文字列が含まれていたら表示する。

ファイル名を検索（フォルダ以下すべての）
読み込みフォルダ testfolder 選択
検索文字 test
実行
ファイル数 = 6
testfolder/subfolder/subfolder2/test1.txt
testfolder/subfolder/test1.txt
testfolder/subfolder/test2.txt
testfolder/test1.py
testfolder/test1.txt
testfolder/test2.txt

図4.17 アプリの完成予想図

解決に必要な命令は？

さらに、具体的にどんな命令があればいいかを考えましょう。

まず①の「指定したフォルダ以下にあるすべてのファイル名を取得」するには、**rglob()** の命令が使えます。

次に②の「ファイル名に指定した文字列が含まれていたら表示」するには、**「ある文字列に、特定の文字列が使われているか」**を調べる必要があります。これには、**「文字列.count()」**命令が使えます（書式4.8）。見つかった個数が返ってくるので、1個以上なら見つかった、0個なら見つからなかったとわかります。

書式4.8 ある文字列に、特定の文字列が使われているか検索する

```
変数 = 文字列.count(検索文字列)
```

それでは、例として**「文字列を検索するプログラム」**を作ってみましょう。"abcde.txt" という文字列の中に "abc" や "xyz" の文字列があるかを調べます（リスト4.17）。

リスト4.17 chap4/test4_7.py

```
001 text = "abcde.txt"
002 word1 = "abc"
003 word2 = "xyz"
004
005 count1 = text.count(word1)
006 print(word1, ":", count1, "個")
007 count2 = text.count(word2)
008 print(word2, ":", count2, "個")
```

1行目で、「調べる文字列」を変数textに入れます。**2〜3行目**で、「検索文字列」を変数word1、word2に入れます。

5〜6行目で、word1が何個あるか調べて表示します。**7〜8行目**で、word2が何個あるか調べて表示します。

実行すると、「abc」は1個ありますが、「xyz」はないことがわかりますね。

実行結果

```
abc : 1 個
xyz : 0 個
```

プログラムを作ろう！

「指定したフォルダ以下にあるすべてのファイルリストを取得するプログラム（リスト4.4）」と「文字列を検索するプログラム（リスト4.17）」を組み合わせて、**「指定したフォルダ以下にあるすべてのファイル名から、検索文字が含まれているものを見つけるプログラム」**を作りましょう（リスト4.18）。

リスト4.18 chap4/find_filename.py

```
001 from pathlib import Path
002
```

```
003 infolder = "testfolder"
004 value1 = "test"
005
006 #【関数: フォルダ内のファイル名で検索文字が含まれているかを調べる】
007 def findfilename(infolder, findword):
008     cnt = 0
009     msg = ""
010     filelist = []
011     for p in Path(infolder).rglob("*.*"): ── このフォルダ以下すべての
    ファイルを
012         if p.name[0] != ".": ──────── 隠しファイルでなければ
013             filelist.append(str(p))──── リストに追加して
014     for filename in sorted(filelist):── ソートして1ファイルずつ処理
015         if filename.count(findword) > 0: ─ もし検索文字が1つ以上あったら
016             msg += filename + "\n"
017             cnt += 1
018     msg = "ファイル数 = " + str(cnt) + "\n" + msg
019     return msg
020
021 #【関数を実行】
022 msg = findfilename(infolder, value1)
023 print(msg)
```


1行目で、pathlibライブラリからPathをインポートします。**3～4行目**で、「読み込みフォルダ名」を変数infolderに、「検索する文字列」を変数value1に入れます。**7～19行目**で、「フォルダ以下にあるファイル名を検索する関数(findfilename)」を作ります。

8行目で、見つかったファイル数を入れる変数cntに0を入れて準備しておきます。**9行目**で、最終的に出力するファイルリストを入れる変数msgを用意します。**10行目**で、一時的にファイルリストを入れておくリストfilelistを用意します。

11～13行目で、指定したフォルダ以下すべてのファイル名をfilelistに取得します。このとき、ファイル名の先頭（0番目）の文字が「.」だと、隠しファイルなので取得しないようにします。

14～17行目で、ソートして1ファイルずつ調べ、もし検索文字が見つかったら変数msgに追加していきます。**18～19行目**で、見つかったファイル数を追加し、関数から返します。**22～23行目**で、関数を実行し、返ってきた値を表示します。

実行すると、指定したフォルダ以下にあるすべてのファイルのリストが表示されます。

実行結果

```
ファイル数 = 6
testfolder/subfolder/subfolder2/test1.txt
testfolder/subfolder/test1.txt
testfolder/subfolder/test2.txt
testfolder/test1.py
testfolder/test1.txt
testfolder/test2.txt
```

アプリ化しよう！

このfind_filename.pyを、さらにアプリ化しましょう。

このfind_filename.pyでは、「フォルダ名」を選択し、「調べるファイルの拡張子」を入力して実行します。**『フォルダ選択+入力欄1つのアプリ（テンプレートfolder_input1.pyw）』**を修正して作れそうです（図4.18、図4.19）。

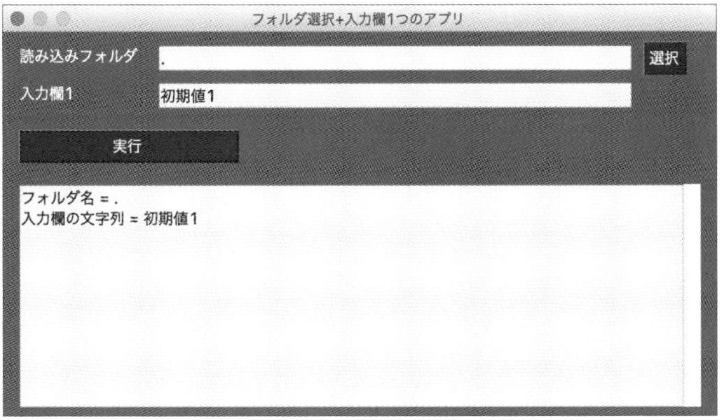

図4.18 利用するテンプレート：テンプレートfolder_input1.pyw

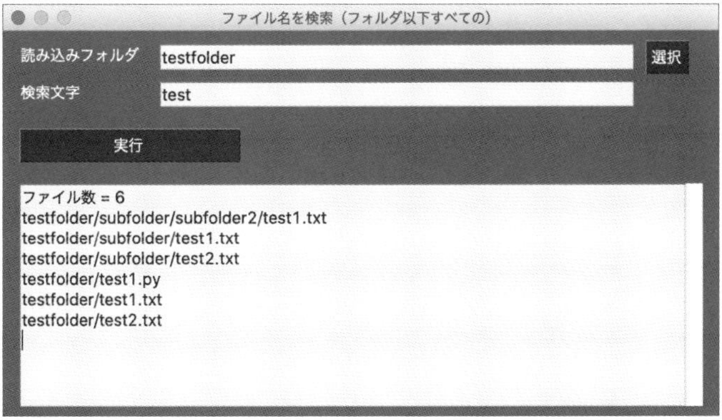

図4.19 アプリの完成予想図

❶ファイル「テンプレートfolder_input1.pyw」をコピーして、コピーしたファイルの名前を「find_filename.pyw」にリネームします。

これに「find_filename.py」で動いているプログラムをコピーして修正していきます。

❷使うライブラリを追加します（リスト4.19）。

リスト4.19 テンプレートを修正：1

```
001 #【1.使うライブラリをimport】
002 from pathlib import Path
```

❸表示やパラメータを修正します（リスト4.20）。

いろいろな環境で使いやすいように、infolderには「今いるフォルダ」を表す「.」を入れておきます。

リスト4.20 テンプレートを修正：2

```
001 #【2.アプリに表示する文字列を設定】
002 title = "ファイル名を検索（フォルダ以下すべての）"
003 infolder = "."
004 label1, value1 = "検索文字", "test"
```

❹関数を差し替えます（リスト4.21）。

リスト4.21 テンプレートを修正：3

```
001 #【3.関数:フォルダ内のファイル名で検索文字が含まれているかを調べる】
002 def findfilename(infolder, findword):
003     cnt = 0
004     msg = ""
005     filelist = []
006     for p in Path(infolder).rglob("*.*"): ― このフォルダ以下すべての
    ファイルを
007         if p.name[0] != ".": ――――――― 隠しファイルでなければ
008             filelist.append(str(p))――― リストに追加して
009     for filename in sorted(filelist):―― ソートして1ファイルずつ処理
010         if filename.count(findword) > 0: ― もし検索文字が1つ以上あったら
011             msg += filename + "\n"
012             cnt += 1
013     msg = "ファイル数 = " + str(cnt) + "\n" + msg
014     return msg
```

❺関数を実行します（リスト4.22）。

リスト4.22 テンプレートを修正：4

```
001 # 【4.関数を実行】
002 msg = findfilename(infolder, value1)
```

これでできあがりです（find_filename.pyw）。

アプリは次のような手順で使います。

①「選択」ボタンを押して、「読み込みフォルダ」を選択します（選択しなければ、このプログラムファイルが置かれたフォルダから下を調べます）。
②「検索文字」に、探したいファイル名の文字列を入力します。
③「実行」ボタンを押すと、選択したフォルダから下にある、ファイル名に検索文字に指定された文字が使われたファイルリストを表示します（図4.20）。

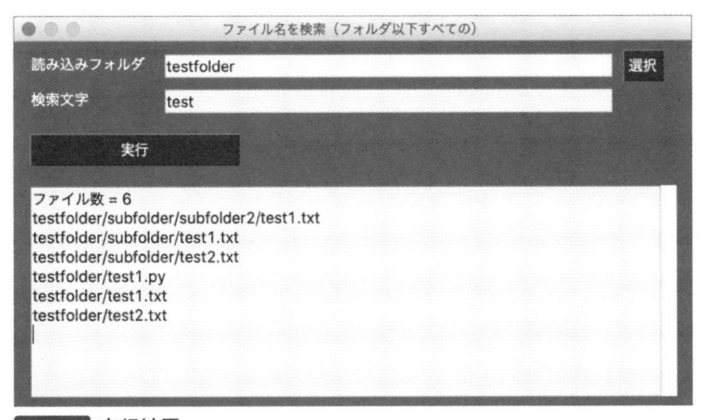

図4.20 実行結果

ファイルが検索できたよ！

基本　アプリ化

名簿ファイルで、フォルダを作成するには：makefolders_csv

こんな問題を解決したい！

私が受け持っているクラスの学生数は100名だ。提出物を入れておくために学生一人一人の名前でフォルダを作りたいけれど、手作業でフォルダを作っていくのはめんどうだなあ

どんな方法で解決するのか？

もし、あなたが行うはずだった作業をコンピュータが代わりに行うとしたら、どのようにすればいいでしょうか？　整理すると、以下のように考えられます。

①あなたは、名簿のCSVファイルを渡す。
②コンピュータは、CSVファイルの各要素を取り出して、その名前のフォルダを作る。

次にこれを、コンピュータ側の視点で考えましょう。コンピュータの立場で考えると、主に以下の2つの処理を行うことで実現できると考えられます（図4.21）。

①名簿リストのCSVファイルの各要素を取り出す。
②その要素の名前を使って、フォルダを作る。

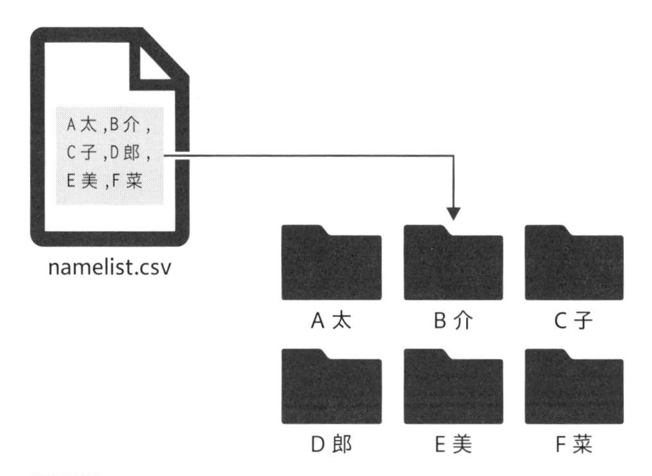

図4.21 名簿ファイルからフォルダを作成

解決に必要な命令は？

さらに、具体的にどんな命令があればいいかを考えましょう。

まず①の「名簿リストのCSVファイルの各要素を取り出す」には、まず、ファイルを開く必要があります。これは、**「変数 = Path(ファイルパス名).open(encoding="UTF-8")」**と命令すると（書式4.9）、ファイルを開いて読み書きできるようになります（UTF-8形式のCSVファイルを読み込みます）。

書式4.9 ファイルを開く

```
f = Path(ファイルパス名).open(encoding="UTF-8")
```

CSVファイルを読み込みたいときは、Python標準ライブラリのcsvが使えます。

標準ライブラリですので**「import csv」**とインポートするだけで、CSVファイルの各要素を取り出すことができるようになります（書式4.10）。

書式4.10 CSVファイルの各要素を取り出す

```
import csv
dataReader = csv.reader(f)
for row in dataReader:
    for value in row:
        print(value)
```

それでは、**「CSVファイルの各要素を取り出すプログラム」**を作ってみましょう。そのためにまず、以下のようなCSVファイル（namelist.csv）を作って用意しておきます。テキストエディタで作るか、ExcelなどでCSV出力をして作ってください。

データファイル chap4/namelist.csv

```
A太,B介,C子
D郎,E美,F菜
```

このCSVファイルを読み込む**「CSVファイルの各要素を取り出すプログラム」**がリスト4.23です。

リスト4.23 chap4/test4_8.py

```
001 from pathlib import Path
002 import csv
003 
004 infile = "namelist.csv"
005 f = Path(infile).open(encoding="UTF-8")
006 dataReader = csv.reader(f)
007 for row in dataReader:——— 1行ずつ取り出して
008     for value in row:——— カンマ区切りで値を取り出す
009         print(value)
```

2行目で、csvライブラリをインポートします。**4行目**で、読み込むファイル名を変数infileに入れます。**5行目**で、そのファイルを開きます。**6〜9行目**で、そのCSVファイルから各要素を取り出して表示します。

実行すると、CSVファイルの各要素が表示されます。

実行結果

```
A太
B介
C子
D郎
E美
F菜
```


ただし、**「外部のファイルを読み込む」**ので注意することがあります。もしかしたら、指定した外部ファイルが存在しないかもしれないし、ファイルが壊れているかもしれないからです。もしファイルが読み込めない状態だったら、エラーが出てプログラムが止まってしまいます。

例えば、変数infileに存在しないファイル名としてわざと「XXXXX.csv」を入れて（リスト4.24）、実行してみましょう。

リスト4.24 リストの修正（4行目）

```
001 infile = "XXXXX.csv"
```

すると、エラーが起こってプログラムが強制中断されてしまいます。

実行結果

```
FileNotFoundError: [Errno 2] No such file or directory: 'XXXXX.csv'
```

そこで、エラーが起こってもプログラムが強制中断されないようにするため、**「try 〜 except」**を使います。**「try 〜 except」**では、エラーが起こりそうな処理を**「try:」**のブロックに書いておき、エラーが起こったときの処理を

「**except:**」のブロックに書いておきます。こうすることで、もしエラーが起こったときは「**except:**」のブロックの処理へと進み、プログラムを強制中断しないようにすることができるのです（書式4.11）。

書式4.11　エラーが起こったときに対応する

```
try:
    エラーが起こりそうな処理
except:
    エラー時の処理
```

これらを使って、**「CSVファイルの各要素を取り出すプログラム」**を修正してみましょう。「**try:**」のブロックに、ファイルを読み込んで処理する部分を書いて、「**except:**」のブロックには、エラーが起こったときの命令を書きます。「失敗しました。」と表示させてみましょう（リスト4.25）。

リスト4.25　chap4/test4_9.py

```
001 from pathlib import Path
002 import csv
003 
004 infile = "namelist.csv"
005 try:
006     f = Path(infile).open(encoding="UTF-8")
007     dataReader = csv.reader(f)
008     for row in dataReader:——— 1行ずつ取り出して
009         for value in row:——— カンマ区切りで値を取り出す
010             print(value)
011 except:
012     print("失敗しました。")
```

5〜10行目の「try:」ブロックに、エラーが起こりそうな処理として、CSVファイルを読み込んで表示する処理を入れます。**11〜12行目**の「except:」ブロックでは、エラー時の処理として、「失敗しました。」と表示させます。

エラーなく実行されると、CSVファイルの各要素が表示されます。

実行結果

```
A太
B介
C子
D郎
E美
F菜
```

さらに、4行目の変数infileに存在しないファイル名としてわざと「XXXXX.csv」を入れて、実行してみましょう（リスト4.26）。

リスト4.26 リストの修正（4行目）

```
001  infile = "XXXXX.csv"
```

すると、「失敗しました。」と表示されて、プログラムが強制中断されることはなくなりました。

実行結果

```
失敗しました。
```

プログラムを作ろう！

これで、**「CSVファイルの各要素を取り出すプログラム」**ができました。さらに、「②その要素の名前を使って、フォルダを作る」必要がありますが、これは、**mkdir()** 命令を使った**「プログラムファイルがあるフォルダに、newfolderというフォルダを作成するプログラム（リスト4.2）」**が利用できます。

これらを組み合わせて、**「名簿のCSVファイルを読み込んで、その要素の名前を使ってフォルダを作るプログラム」**を作りましょう（リスト4.27）。

リスト4.27 chap4/makefolders_csv.py

```
001 from pathlib import Path
002 import csv
003 
004 infile = "namelist.csv"
005 value1 = "outputfolder"
006 
007 #【関数: CSVからフォルダを作成する】
008 def makefolders(readfile, savefolder):
009     try:
010         msg = ""
011         Path(savefolder).mkdir(exist_ok=True)— 書き出しフォルダを作る
012         f = Path(infile).open(encoding="UTF-8")— ファイルを開いて
013         csvdata = csv.reader(f)———— CSVデータを読み込んで
014         for row in csvdata:———— 1行ずつ取り出して
015             for foldername in row:———— 1要素ずつ取り出して
016                 newfolder = Path(savefolder).⏎
joinpath(foldername)
017                 newfolder.mkdir(exist_ok=True)- フォルダを作る
018                 msg += savefolder + "に、" + foldername + " ⏎
を作成しました。\n"
019         return msg
020     except:
021         return readfile + "：失敗しました。"
022 
023 #【関数を実行】
024 msg = makefolders(infile, value1)
025 print(msg)———— 結果表示
```

※行番号がついていない行は、前の行の続きです。誌面上では改行されていますが、パソコン上では改行せずに前の行に続けて入力してください。

2行目で、csvライブラリをインポートします。**4～5行目**で、「CSVファイル名」を変数infileに、「書き出しフォルダ名」を変数value1に入れます。

8～21行目で、「CSVファイルを読み込んで、その要素の名前を使ってフォルダを作る関数（makefolders）」を作ります。**10行目**で、出力する変数msgを用意します。**11行目**で、書き出すフォルダのオブジェクトを作ります。

12～15行目で、CSVファイルを読み込み、各要素をくり返し変数foldernameに取り出します。**16～17行目**で、書き出すフォルダの中に「各要素の名前のフォルダ」を作ります。

18行目で、作成したフォルダ名を変数msgに追加します。**24～25行目**で、関数を実行し、返ってきた値を表示します。

実行すると、CSVファイルの各要素の名前のついたフォルダが作成されます。さらに、どこに何というフォルダが作成されたかも表示されます（図4.22）。

実行結果

```
outputfolderに、A太 を作成しました。
outputfolderに、B介 を作成しました。
outputfolderに、C子 を作成しました。
outputfolderに、D郎 を作成しました。
outputfolderに、E美 を作成しました。
outputfolderに、F菜 を作成しました。
```

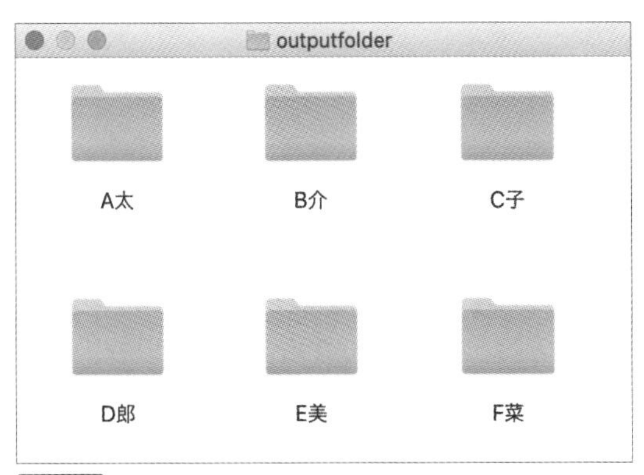

図4.22 実行結果

アプリ化しよう！

このmakefolders_csv.pyを、さらにアプリ化しましょう。

このmakefolders_csv.pyでは、「ファイル名」を選択し、「書き出しフォルダ名」を入力して実行します。**『ファイル選択＋入力欄1つのアプリ（テンプレートfile_input1.pyw）』**を修正して作れそうです（図4.23、図4.24）。

図4.23 利用するテンプレート：テンプレートfile_input1.pyw

図4.24 アプリの完成予想図

❶ファイル「テンプレートfile_input1.pyw」をコピーして、コピーしたファイルの名前を「makefolders_csv.pyw」にリネームします。

これに「makefolders_csv.py」で動いているプログラムをコピーして修正していきます。

❷使うライブラリを追加します（リスト4.28）。

リスト4.28 テンプレートを修正：1

```
001 #【1.使うライブラリをimport】
002 from pathlib import Path
003 import csv
```

❸表示やパラメータを修正します（リスト4.29）。

いろいろな環境で使いやすいように、infolderには「今いるフォルダ」を表す「.」を入れておきます。

リスト4.29 テンプレートを修正：2

```
001 #【2.アプリに表示する文字列を設定】
002 title = "名簿のCSVファイルで、フォルダを作成"
003 infile = "namelist.csv"
004 label1, value1 = "書き出しフォルダ", "outputfolder"
```

4 ファイルの操作

❹関数を差し替えます（リスト4.30）。

リスト4.30 テンプレートを修正：3

```
001 #【3.関数:CSVからフォルダを作成する】
002 def makefolders(readfile, savefolder):
003   try:
004     msg = ""
005     Path(savefolder).mkdir(exist_ok=True)— 書き出しフォルダを作る
006     f = Path(infile).open(encoding="UTF-8")—— ファイルを開いて
007     csvdata = csv.reader(f)———————— CSVデータを読み込んで
008     for row in csvdata:———————— 1行ずつ取り出して
009       for foldername in row:———————— 1要素ずつ取り出して
010         newfolder = Path(savefolder).joinpath(foldername)
011         newfolder.mkdir(exist_ok=True)—— フォルダを作る
012         msg += savefolder + "に、" + foldername + " を作成 ↵
しました。\n"
```

```
013        return msg
014      except:
015        return readfile + "：失敗しました。"
```

❺関数を実行します（リスト4.31）。

リスト4.31 テンプレートを修正：4

```
001 #【4.関数を実行】
002 msg = makefolders(infile, value1)
```

これでできあがりです（makefolders_csv.pyw）。
アプリは次のような手順で使います。

①「選択」ボタンを押して、名簿のCSVファイル名を選択します。
②「書き出しフォルダ」に、書き出しフォルダ名を入力します（書き出しフォルダが存在しない場合はフォルダが新規作成され、存在する場合はそのフォルダ内に書き出します）。
③「実行」ボタンを押すと、書き出しフォルダの中に各要素の名前のついたフォルダを作成します（図4.25）。

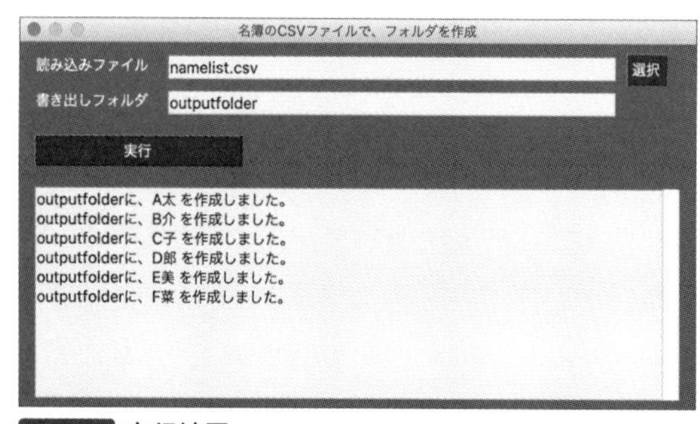

図4.25 実行結果

簡単にフォルダを作成できたよ！

Chapter

5

テキストファイルの検索・置換

基本 アプリ化

テキストファイルを読み込むには

こんな問題を解決したい！

文書のファイル名を忘れてしまった！　文書の中に「ある文字が使われている」ぐらいは覚えているけれど、どれだったかなあ

どんな方法で解決するのか？

もし、あなたが行うはずだった作業をコンピュータが代わりに行うとしたら、どのようにすればいいでしょうか？　整理すると、以下のように考えられます。

①あなたは、調べたいフォルダ、検索する文字列を指示する。
②コンピュータは、そのフォルダの文書ファイルを調べて、指示された文字列が入っていたら、その文書のファイル名を表示する。

次にこれを、コンピュータ側の視点で考えましょう。コンピュータの立場で考えると、主に以下の2つの処理を行うことで実現できると考えられます（図5.1）。

①指定したフォルダ以下すべての文書ファイル名を取得し調べる。
②文書ファイルの文書内に指定した文字列が含まれていたらその文書のファイル名を表示する。

テキストファイルを検索（フォルダ以下すべての）
読み込みフォルダ testfolder 選択
検索文字列 これは
拡張子 *.txt
実行
testfolder/subfolder/subfolder2/test1.txt：1個見つかりました。
testfolder/subfolder/test1.txt：1個見つかりました。
testfolder/subfolder/test2.txt：1個見つかりました。
testfolder/test1.txt：1個見つかりました。
testfolder/test2.txt：1個見つかりました。

図5.1 アプリの完成予想図

ただし、**「文書ファイル」**の種類はいろいろあります。**テキストファイル**、**Wordファイル**、**PDFファイル**、**Excelファイル**など、データの形式が違うので、全く同じ方法で調べることはできません。

そこでこの第5章では、まず一番シンプルな**「テキストファイルを検索するプログラム」**を作っていき、第6〜8章はこれを応用して他のデータ形式の文書ファイルのプログラムを作っていきます。そのため、**この章は重要ですのでしっかり作ってください。**

 解決に必要な命令は？

まず①の「指定したフォルダ以下すべての文書ファイル名を取得し調べる」には、第4章で使った**rglob()**命令が使えます。

次に②の「文書ファイルの文書内に指定した文字列が含まれていたらその文書のファイル名を表示する」には、ファイルを開く必要があります。これは、**「変数 = Path(ファイルパス名).open()」**と命令することで、ファイルを開いて読み書きできるようになります。その文書ファイルにread_text()命令を使うことで、テキストを変数に読み込むことができます（書式5.1）。

まずは、テキストファイルについて、これらを使ったプログラムを作成していきます。

書式5.1 テキストファイルのテキストを変数に読み込む

```
from pathlib import Path
p = Path(ファイルパス名)
変数 = p.read_text(encoding="UTF-8")
```

ただし日本語のテキストには注意点があります。日本語の文字コードにはいろいろな種類があり、一般的には「UTF-8形式」の文字コードがよく使われています。ですから、基本的に「変数 = p.read_text(encoding="UTF-8")」と命令して読み込みましょう。

ただし、少し昔のWindowsなどの「Shift-JIS形式」のテキストを読み込むと、文字化けしてしまいます。その場合は、「変数 = p.read_text(encoding="shift_jis")」と指定してください。

それでは、**「テキストファイルを読み込むプログラム」**を作ってみましょう。そのためにまず、テスト用のテキストファイル（test.txt）をテキストエディタなどで作って用意しておきましょう。

データファイル test.txt

```
これはテストデータです。
```

このテキストファイルを読み込むプログラムがリスト5.1です。

リスト5.1 chap5/test5_1.py

```
001  from pathlib import Path
002
003  infile = "test.txt"                              読み込みファイル名
004  try:
005      p = Path(infile)                             テキストファイルの
006      text = p.read_text(encoding="UTF-8")         テキストを読み込んで
007      print(text)                                  表示する
008  except:
009      print("失敗しました。")                       エラーが出たとき
```

1行目で、pathlibライブラリのPathをインポートします。**3行目**で、「読み込みファイル名」を変数infileに入れます。**5~7行目**で、テキストファイルのテキストを変数textに読み込んで表示します。**9行目**は、もしエラーが起こったときの命令です。

実行すると、テキストを読み込み、中身を表示します。

実行結果

```
これはテストデータです。
```

テキストファイルからテキストを読み込めるようになったので、「そのテキストに指定した文字列が含まれているか」を調べましょう。それには第4章で使った**「文字列.count()」**命令が使えます。

プログラムを作ろう！

それでは、**「フォルダ内のテキストファイルを検索するプログラム」**を作りましょう。プログラムを作っていく前にまず、図5.2のように**階層構造になったテスト用のフォルダ（testfolder）**を作って用意してください（テストができればいいので全く同じでなくてもかまいません）。P.10のURLからサンプルファイルをダウンロードすることもできます。その中の**フォルダ（chap5/testfolder）**と、その中身を使ってください。

図5.2 フォルダ構造

```
[testfolder]
 ├ test1.txt
 ├ test2.txt
 ├ test1.py
 └ [subfolder]
     ├ test1.txt
     └ test2.txt
     └ [subfolder2]
         └ test1.txt
```

サンプルフォルダでは、以下のようなテキストファイル（test1.txt、test2.txt）と、Pythonのプログラムファイル（test1.py）を用意しています。

サンプルファイル test1.txt

```
これはテストファイルの１行目です。ＡＢＣ
「全角１２．３」「全角Ａｂｃ！（＠）」「半角ｶﾀｶﾅ」「丸数字①②③」「記号㌍」
```

サンプルファイル test2.txt

```
これはテストファイルの１行目です。ＡＢＣ
あれはテストファイルの２行目です。ＤＥＦ
「全角１２．３」「全角Ａｂｃ！（＠）」「半角ｶﾀｶﾅ」「丸数字①②③」「記号㌍」
```

サンプルファイル test1.py

```
print("これはPythonファイルです。")
```

データの準備ができたら、「指定したフォルダ以下のファイルのリストを取得するプログラム」（リスト4.4）と「テキストファイルを読み込むプログラム」（リスト5.1）と「count()」を組み合わせて、**「テキストファイルを検索するプログラム（find_texts.py）」**（リスト5.2）を作りましょう。

リスト5.2 chap5/find_texts.py

```
001 from pathlib import Path
002 
003 infolder = "testfolder"
004 value1 = "これは"
005 value2 = "*.txt"
006 
007 #【関数：テキストファイルを検索する】
008 def findfile(readfile, findword):
009     try:
010         msg = ""
```

```
011         p = Path(readfile)————————————— テキストファイルの
012         text = p.read_text(encoding="UTF-8")—— テキストを読み込んで
013         cnt = text.count(findword)—————————— 文字列を検索し
014         if cnt > 0: ——————————————————————— もし見つかったら
015             msg = readfile+"：" +str(cnt)+"個見つかりました。\n"
016         return msg
017     except:
018         return readfile + "：失敗しました。"
019 #【関数: フォルダ以下すべてのテキストファイルを検索する】
020 def findfiles(infolder, findword, ext):
021     msg = ""
022     filelist = []
023     for p in Path(infolder).rglob(ext): — このフォルダ以下すべてのファイルを
024         filelist.append(str(p))————————— リストに追加して
025     for filename in sorted(filelist):——— ソートして1ファイルずつ処理
026         msg += findfile(filename, findword)
027     return msg
028 
029 #【関数を実行】
030 msg = findfiles(infolder, value1, value2)
031 print(msg)
```

1行目で、pathlibライブラリのPathをインポートします。**3~5行目**で、「読み込むフォルダ名」を変数infolderに入れて、「検索文字列」を変数value1に入れて、「ファイルの拡張子」を変数value2に入れます。

8~18行目で、「テキストファイルを検索する関数（findfile）」を作ります。**11~12行目**で、テキストファイルのテキストを読み込みます。**13~15行目**で、そのテキストに指定した文字列が含まれていたら、「ファイル名と文字列が何個見つかったか」を表示するための変数msgに追加します。

20～27行目で、「フォルダ以下すべてのテキストファイルを検索する関数(findfiles)」を作ります。**23～24行目**で、フォルダ内のファイルリストをfilelistに追加していきます。**25～26行目**で、ファイルリストをソートして1ファイルずつ調べていきます。

30～31行目で、findfiles()関数を実行して、その結果を表示します。

実行してみます。testfolderフォルダと、そのサブフォルダのテキストファイルも検索されます。test1.txtには「これは」が1つ、test2.txtには「これは」が2つ入っているので、きちんと個数が表示されています。

実行結果

```
testfolder/subfolder/subfolder2/test1.txt：1個見つかりました。
testfolder/subfolder/test1.txt：1個見つかりました。
testfolder/subfolder/test2.txt：1個見つかりました。
testfolder/test1.txt：1個見つかりました。
testfolder/test2.txt：1個見つかりました。
```

アプリ化

テキストファイルを検索するには：find_texts

アプリ化しよう！

このfind_texts.pyを、さらにアプリ化しましょう。

find_texts.pyでは、「フォルダ名」を選択し、「検索文字列」と「ファイルの拡張子」を入力して実行します。**『フォルダ選択＋入力欄2つのアプリ（テンプレートfolder_input2.pyw）』**を修正して作れそうです（図5.3、図5.4、図5.5）。

フォルダ選択+入力欄2つのアプリ
読み込みフォルダ　.　選択
入力欄1　初期値1
入力欄2　初期値2
実行
フォルダ名 = .
入力欄の文字列 = 初期値1初期値2

図5.3 利用するテンプレート：テンプレートfolder_input2.pyw

テキストファイルを検索（フォルダ以下すべての）
読み込みフォルダ　testfolder　選択
検索文字列　これは
拡張子　*.txt
実行
testfolder/subfolder/subfolder2/test1.txt：1個見つかりました。
testfolder/subfolder/test1.txt：1個見つかりました。
testfolder/subfolder/test2.txt：1個見つかりました。
testfolder/test1.txt：1個見つかりました。
testfolder/test2.txt：1個見つかりました。

図5.4 アプリの完成予想図

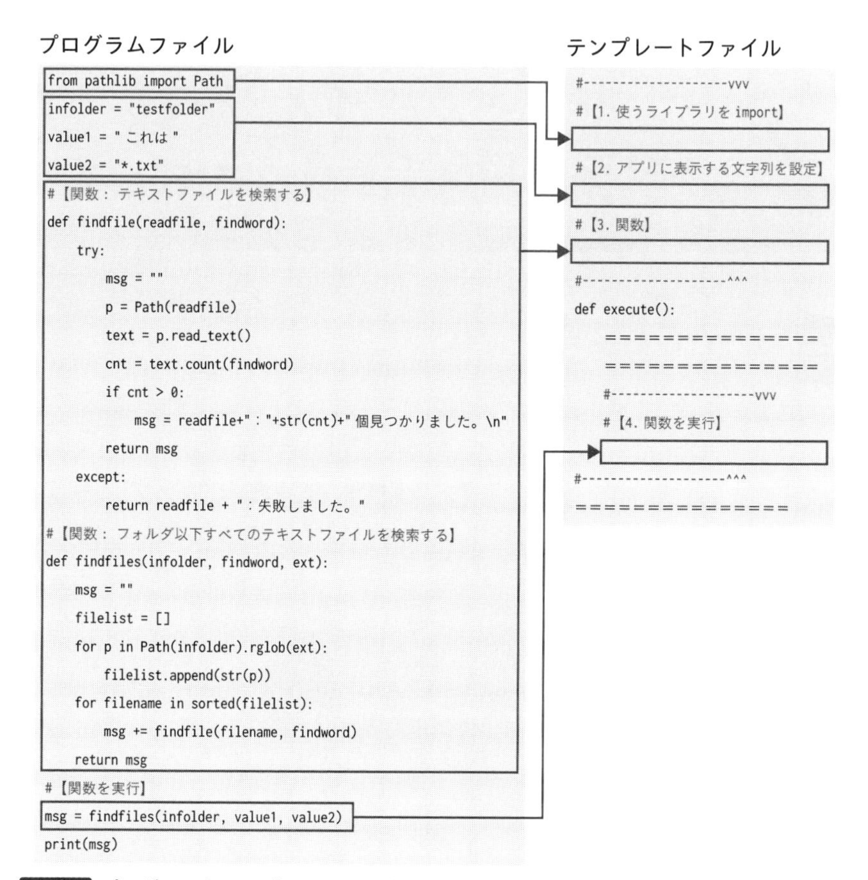

図5.5 プログラムをテンプレートへコピーして作る

❶ファイル「テンプレートfolder_input2.pyw」をコピーして、コピーしたファイルの名前を「find_texts.pyw」にリネームします。

これに「find_texts.py」で動いているプログラムをコピーして修正していきます。

❷使うライブラリを追加します（リスト5.3）。

リスト5.3 テンプレートを修正：1

```
001 #【1.使うライブラリをimport】
002 from pathlib import Path
```

❸表示やパラメータを修正します（リスト5.4）。

いろいろな環境で使いやすいように、infolderには「今いるフォルダ」を表す「.」を入れておきます。

リスト5.4 テンプレートを修正：2

```
001 #【2.アプリに表示する文字列を設定】
002 title = "テキストファイルを検索（フォルダ以下すべての）"
003 infolder = "."
004 label1, value1 = "検索文字列", "これは"
005 label2, value2 = "拡張子", "*.txt"
```

❹関数を差し替えます（リスト5.5）。

リスト5.5 テンプレートを修正：3

```
001 #【3.関数: テキストファイルを検索する】
002 def findfile(readfile, findword):
003     try:
004         msg = ""
005         p = Path(readfile)―――――――――――― テキストファイルの
006         text = p.read_text(encoding="UTF-8")―― テキストを読み込んで
007         cnt = text.count(findword)――――――― 文字列を検索し
008         if cnt > 0:――――――――――――― もし見つかったら
009             msg = readfile+"：" +str(cnt)+"個見つかりました。\n"
010         return msg
011     except:
012         return readfile + "：失敗しました。"
013 #【3.関数: フォルダ以下すべてのテキストファイルを検索する】
014 def findfiles(infolder, findword, ext):
015     msg = ""
016     filelist = []
```

```
017        for p in Path(infolder).rglob(ext): ― このフォルダ以下すべてのファイルを
018            filelist.append(str(p))―――――― リストに追加して
019        for filename in sorted(filelist):――― ソートして1ファイルずつ処理
020            msg += findfile(filename, findword)
021        return msg
```

❺関数を実行します（リスト5.6）。

リスト5.6 テンプレートを修正：4

```
001  #【4.関数を実行】
002  msg = findfiles(infolder, value1, value2)
```

これでできあがりです（find_texts.pyw）。
アプリは次のような手順で使います。

①「選択」ボタンを押して、「読み込みフォルダ」を選択します。（選択しなければ、このプログラムファイルが置かれたフォルダから下を調べます）。
②「検索文字列」に調べたい文字列を入力します。
③「実行」ボタンを押すと、検索文字が含まれるテキストファイルを表示します（図5.6）。

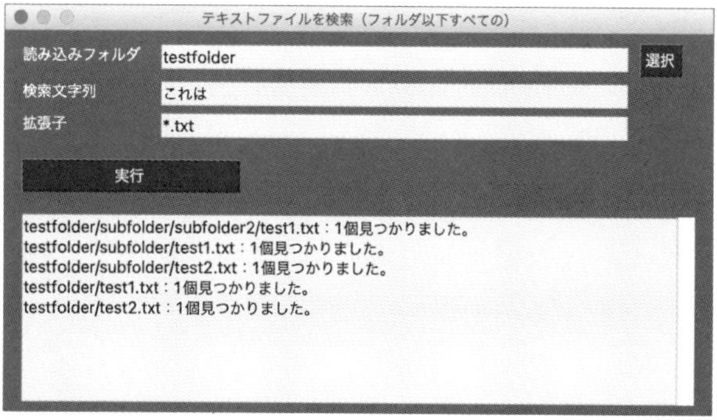

テキストファイルを検索（フォルダ以下すべての）
読み込みフォルダ　testfolder　選択
検索文字列　これは
拡張子　*.txt
実行
testfolder/subfolder/subfolder2/test1.txt：1個見つかりました。
testfolder/subfolder/test1.txt：1個見つかりました。
testfolder/subfolder/test2.txt：1個見つかりました。
testfolder/test1.txt：1個見つかりました。
testfolder/test2.txt：1個見つかりました。

図5.6 実行結果

④「拡張子」を変更すると、「txt」の拡張子以外のテキストファイルを検索できます。

例えば、多くのプログラムのファイルがテキストファイルでできています。Python は「py」、PHP は「php」、C は「c」、C# は「cs」、JavaScript は「js」、HTML は「html」などの拡張子を持っていますが、中身はテキスト形式です。それぞれの拡張子を指定することで「プログラムファイルの検索」を指定することができます（図5.7）。

図5.7 実行結果

基本　アプリ化

テキストファイルを置換するには：replace_texts

こんな問題を解決したい！

テキストファイルをたくさん作ったけれど、言葉を勘違いして書いていた！　すべてのテキストファイルの「これは」を「あれは」に置換したいけれどめんどうだなあ

どんな方法で解決するのか？

もし、あなたが行うはずだった作業をコンピュータが代わりに行うとしたら、どのようにすればいいでしょうか？　整理すると、以下のように考えられます。

①あなたは、調べたいフォルダ、検索する文字列、置換する文字列、書き出すフォルダを指示する。
②コンピュータは、そのフォルダのテキストファイルの中身を調べて、検索する文字列が入っていたら、指定する文字列に置換して、指定したフォルダに書き出す。

次にこれを、コンピュータ側の視点で考えましょう。コンピュータの立場で考えると、主に以下の2つの処理を行うことで実現できると考えられます（図5.8）。

①指定したフォルダ以下にあるすべてのテキストファイルの名前を取得し調べる。
②テキストファイルの中身に検索した文字列が含まれていたら、指定する文字列に置換して書き出す。

テキストファイルを置換（フォルダ内の）

読み込みフォルダ testfolder 選択

検索文字列 これは

置換文字列 あれは

書き出しフォルダ outputfolder

実行

outputfolderに、test1.txt を書き出しました。
outputfolderに、test2.txt を書き出しました。

図5.8 アプリの完成予想図

解決に必要な命令は？

具体的にどんな命令があればいいかを考えましょう。

プログラムは「テキストファイルの検索」とほとんど同じように作れますが、**「文字列を置換する処理」**と**「テキストファイルを書き出す処理」**が違います。この2つの命令を追加しましょう。

まず、**「文字列を置換する」**には、**replace()**命令が使えます（書式5.2）。検索する文字列と、置換する文字列を渡すだけで、文字列を置き換えてくれます。

書式5.2 文字列を検索して、見つかった文字を置換する

```
変数 = テキストの変数.replace(検索文字列,置換文字列)
```

次に、**「テキストファイルを書き出す処理」**ですが、write_text()命令を使って、以下の書式で書き出すことができます（書式5.3）。

書式5.3 テキストファイルをUTF-8形式で書き出す

```
from pathlib import Path
p = Path(ファイル名)
p.write_text(テキスト, encoding="UTF-8")
```

それでは、例として**「文字列を置換するプログラム」**を作ってみましょう（リスト5.7）。"これはテストデータです。"という文字列の中の、"これは"を、"あれは"に置換します。

リスト5.7 chap5/test5_2.py

```
001 text = "これはテストデータです。"
002 word1 = "これは"
003 word2 = "あれは"
004
005 print("置換前 :", text)
006 text = text.replace(word1, word2)
007 print("置換後 :", text)
```

1行目で、「調べる文字列」を変数textに入れます。**2〜3行目**で、「検索文字列」と「置換文字列」を変数word1、word2に入れます。

5行目で、置換前の調べる文字列を表示します。**6行目**で、word1をword2に置換します。**7行目**で、置換後の文字列を表示します。

実行すると、「これは」が「あれは」に置換されるのがわかりますね。

実行結果

```
置換前 : これはテストデータです。
置換後 : あれはテストデータです。
```

プログラムを作ろう！

これまでで紹介した命令や手法を組み合わせて、**「テキストファイルを置換するプログラム（replace_texts.py）」**を作りましょう（リスト5.8）。ただし「ファイルを書き出すプログラム」なので、2点注意が必要です。

1点目は**「書き出すとき、元のファイルを上書きしない」**という点です。もしうっかり間違った文字列を指示して実行してしまうと、元のファイルが壊れてしまって、元に戻せなくなってしまいます。ですから別フォルダを作り、そこに同じファイル名で新しいファイルとして書き出したいと思います。

2点目は、**「書き出すときに調べる範囲はフォルダ内だけにする」**です。これも、うっかり間違いを想定しての仕様です。もしサブフォルダに大量にファイルがあることに気がつかずに実行してしまった場合、不要な大量のファイルを書き出してしまうことになり大変です。

そこで、本書では**「調べるときは、フォルダの下すべて」**を調べますが、**「書き出すときは、フォルダ内だけ」**を調べるようにしたいと思います。

これらをもとに、**「フォルダ内のテキストファイルを調べていって、検索で指定した文字列が入っていたら、置換に指定した文字列と置換してテキストファイルを書き出すプログラム」**を作ります。

リスト5.8 chap5/replace_texts.py

```
001 from pathlib import Path
002 
003 infolder = "testfolder"
004 value1 = "これは"
005 value2 = "あれは"
006 value3 = "outputfolder"
007 ext = "*.txt"
008 
009 #【関数: テキストファイルを置換する】
010 def replacefile(readfile, findword, newword, savefolder):
011     try:
012         msg = ""
013         p1 = Path(readfile)―――――――――――― テキストファイルを
014         text = p1.read_text(encoding="UTF-8")― 読み込んで
015         text = text.replace(findword, newword)- 置換する
016         savedir = Path(savefolder)
017         savedir.mkdir(exist_ok=True)――― 書き出し用フォルダを作って
```

```
018            filename = p1.name―――――――― このファイル名を使って
019            p2 = Path(savedir.joinpath(filename))― 新しいファイルを作り
020            p2.write_text(text, encoding="UTF-8")― 書き出す
021            msg = savefolder+"に、"+ filename + " を書き出しました。⏎
\n"
022            return msg
023        except:
024            return readfile + "：失敗しました。"
025    #【関数: フォルダ内のテキストファイルを置換する】
026    def replacefiles(infolder, findword, newword, savefolder):
027        msg = ""
028        filelist = []
029        for p in Path(infolder).glob(ext):―― このフォルダ内のファイルを
030            filelist.append(str(p))―――――― リストに追加して
031        for filename in sorted(filelist):―― ソートして1ファイルずつ処理
032            msg += replacefile(filename, findword, newword, ⏎
savefolder)
033        return msg
034
035    #【関数を実行】
036    msg = replacefiles(infolder, value1, value2, value3)
037    print(msg)
```

1行目で、pathlibライブラリのPathをインポートします。**3～6行目**で、「読み込みフォルダ名」を変数infolderに入れて、「検索文字列」を変数value1に入れて、「置換文字列」をvalue2に入れ、「書き出しフォルダ名」をvalue3に入れます。

10～24行目で、「テキストファイルを置換する関数（replacefile)」を作ります。**13～14行目**で、テキストファイルのテキストを読み込みます。**15行目**で、

検索文字列を置換文字列に置換します。

16～17行目で、書き出しフォルダを作ります。**18～20行目**で、そのフォルダに置換したテキストでファイルを書き出します。**21行目**で、書き出したファイル名を変数msgに追加します。

26～33行目で、「フォルダ内のテキストファイルを置換する関数（replacefiles）」を作ります。**29～30行目**で、フォルダ内のファイルリストをfilelistに追加していきます。**31～32行目**で、ファイルリストをソートして1ファイルずつ調べていきます。

36～37行目で、replacefiles()関数を実行して、その結果を表示します。

実行すると、置換したファイルを書き出して、そのファイル名を表示します。

実行結果

```
outputfolderに、test1.txt を書き出しました。
outputfolderに、test2.txt を書き出しました。
```

書き出されたファイルは置換されています。

データファイル outputfolder/test1.txt

```
あれはテストファイルの１行目です。ＡＢＣ
「全角１２．３」「全角Ａｂｃ！（＠）」「半角ｶﾀｶﾅ」「丸数字①②③」「記号㌫」
```

データファイル outputfolder/test2.txt

```
あれはテストファイルの１行目です。ＡＢＣ
それはテストファイルの２行目です。ＤＥＦ
「全角１２．３」「全角Ａｂｃ！（＠）」「半角ｶﾀｶﾅ」「丸数字①②③」「記号㌫」
```

 アプリ化しよう！

このreplace_texts.pyを、さらにアプリ化しましょう。

replace_texts.pyでは、「フォルダ名」を選択し、「検索文字列」と「置換文字列」と「書き出しフォルダ名」の3つを入力して実行します。**『フォルダ選択＋入力欄3つのアプリ（テンプレートfolder_input3.pyw）』**を修正して作れそうです（図5.9、図5.10）。

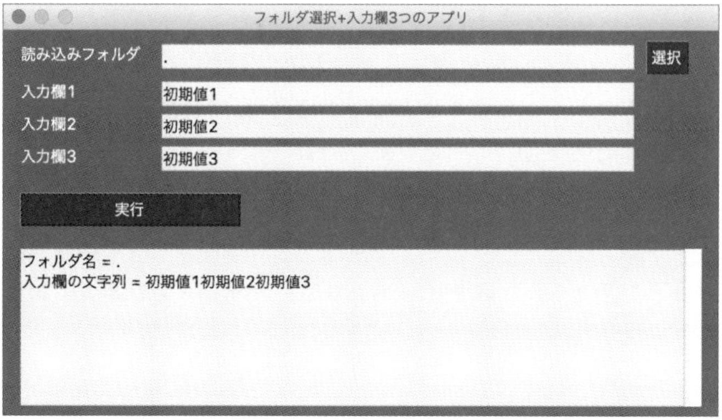

フォルダ選択+入力欄3つのアプリ

読み込みフォルダ　.　選択
入力欄1　初期値1
入力欄2　初期値2
入力欄3　初期値3
実行

フォルダ名 = .
入力欄の文字列 = 初期値1初期値2初期値3

図5.9 利用するテンプレート：テンプレートfolder_input3.pyw

テキストファイルを置換（フォルダ内の）

読み込みフォルダ　testfolder　選択
検索文字列　これは
置換文字列　あれは
書き出しフォルダ　outputfolder
実行

outputfolderに、test1.txt を書き出しました。
outputfolderに、test2.txt を書き出しました。

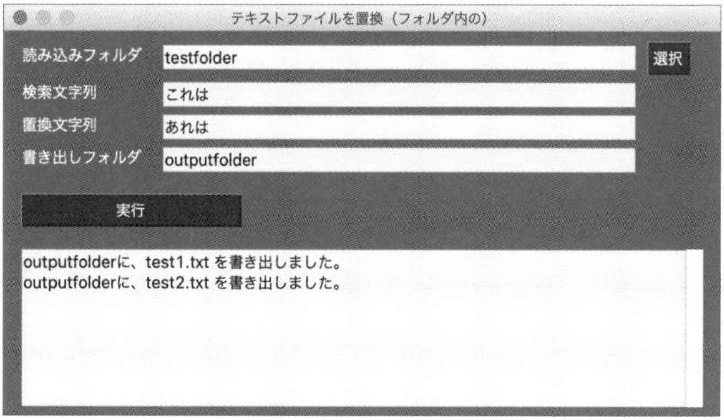

図5.10 アプリの完成予想図

❶ファイル「テンプレートfolder_input3.pyw」をコピーして、コピーしたファイルの名前を「replace_texts.pyw」にリネームします。

これに「replace_texts.py」で動いているプログラムをコピーして修正していきます。

❷使うライブラリを追加します（リスト5.9）。

リスト5.9 テンプレートを修正：1

```
001 #【1.使うライブラリをimport】
002 from pathlib import Path
```

❸表示やパラメータを修正します（リスト5.10）。

いろいろな環境で使いやすいように、infolderには「今いるフォルダ」を表す「.」を入れておきます。

リスト5.10 テンプレートを修正：2

```
001 #【2.アプリに表示する文字列を設定】
002 title = "テキストファイルを置換（フォルダ内の）"
003 infolder = "."
004 label1, value1 = "検索文字列", "これは"
005 label2, value2 = "置換文字列", "あれは"
006 label3, value3 = "書き出しフォルダ", "outputfolder"
007 ext = "*.txt"
```

❹関数を差し替えます（リスト5.11）。

リスト5.11 テンプレートを修正：3

```
001 #【3.関数：テキストファイルを置換する】
002 def replacefile(readfile, findword, newword, savefolder):
003     try:
004         msg = ""
005         p1 = Path(readfile) ―――――――――― テキストファイルを
006         text = p1.read_text(encoding="UTF-8")― 読み込んで
007         text = text.replace(findword, newword)― 置換する
008         savedir = Path(savefolder)
009         savedir.mkdir(exist_ok=True)――― 書き出し用フォルダを作って
```

```
010            filename = p1.name ―――――― このファイル名を使って
011            p2 = Path(savedir.joinpath(filename))― 新しいファイルを作り
012            p2.write_text(text, encoding="UTF-8")― 書き出す
013            msg = savefolder+"に、"+ filename + " を書き出しました。↵
    \n"
014            return msg
015        except:
016            return readfile + "：失敗しました。"
017    #【3.関数: フォルダ内のテキストファイルを置換する】
018    def replacefiles(infolder, findword, newword, savefolder):
019        msg = ""
020        filelist = []
021        for p in Path(infolder).glob(ext):―― このフォルダ内のファイルを
022            filelist.append(str(p)) ――――― リストに追加して
023        for filename in sorted(filelist):―― ソートして1ファイルずつ処理
024            msg += replacefile(filename, findword, newword, ↵
    savefolder)
025        return msg
```

❺関数を実行します（リスト5.12）。

リスト5.12 テンプレートを修正：4

```
001    #【4.関数を実行】
002    msg = replacefiles(infolder, value1, value2, value3)
```

これでできあがりです（replace_texts.pyw）。

アプリは次のような手順で使います。

①「選択」ボタンを押して、「読み込みフォルダ」を選択します（選択しなければ、このプログラムファイルが置かれたフォルダから下を調べます）。
②「検索文字列」と「置換文字列」を入力します。
③「書き出しフォルダ」に、書き出しフォルダ名を入力します（書き出しフォルダが存在しない場合はフォルダが新規作成され、存在する場合はそのフォルダ内に書き出します）。
④「実行」ボタンを押すと、選択した読み込みフォルダ内のテキストファイルの文字列を置換し、書き出しフォルダに書き出します（図5.11）。

図5.11 実行結果

テキストが置換できたよ！

基本　アプリ化

テキストファイルを正規表現で検索するには：regfind_texts

こんな問題を解決したい！

また、テキストファイル名を忘れてしまった！　しかも「どんな文字が使われているか」をあいまいにしか覚えていない。どうしよう

どんな方法で解決するのか？

もし、あなたが行うはずだった作業をコンピュータが代わりに行うとしたら、どのようにすればいいでしょうか？　整理すると、以下のように考えられます。

①あなたは、調べたいフォルダ、あいまいな文字列を指示する。
②コンピュータは、そのフォルダのファイルを調べて、指示されたあいまいな文字列が入っていたら、そのファイル名を表示する。

次にこれを、コンピュータ側の視点で考えましょう。コンピュータの立場で考えると、主に以下の2つの処理を行うことで実現できると考えられます（図5.12）。

①指定したフォルダ以下すべてのテキストファイル名を取得し調べる。
②テキストファイルに指示されたあいまいな文字列が含まれていたら表示する。

テキストファイルを正規表現で検索（フォルダ以下すべての）
読み込みフォルダ testfolder 選択
検索文字列 .れは
拡張子 *.txt
実行
testfolder/subfolder/subfolder2/test1.txt：1個見つかりました。
testfolder/subfolder/test1.txt：1個見つかりました。
testfolder/subfolder/test2.txt：2個見つかりました。
testfolder/test1.txt：1個見つかりました。
testfolder/test2.txt：2個見つかりました。

図5.12 アプリの完成予想図

解決に必要な命令は？

さらに、具体的にどんな命令があればいいかを考えましょう。

まず①の「指定したフォルダ以下すべてのテキストファイル名を取得し調べる」のは、**rglob()** の命令で実現できます。

問題は②にある「あいまいな文字列」です。コンピュータでは、あいまいな検索を行うとき「ワイルドカード」や「正規表現」が使われます。**ワイルドカード**は、ファイル検索のときに「*.txt」などと使われる表現で、ざっくりとした検索を行うときに使われます。一方、**正規表現**はもう少し細かい条件を指定して検索を行うことができます。

例えば、「第●回」という文字列を探したいとき、「第3回」や「第30回」や「第300回」の場合があります。正規表現の「第\d+回」を使うと、これらをまとめて検索することができるのです。「\d+」が「1桁以上の数字」を表していて、その前後に「第」と「回」をつけることで、「第何回」を検索できるのです。

正規表現の表記方法について、少しですが表5.1に具体例を紹介します。

表5.1 正規表現の具体例

あいまいな検索	例	正規表現
ダブルクォーテーションで囲まれた文字列	"こんにちは"	"(.*?)"
カギカッコで囲まれた文字列	「こんにちは」	「(.*?)」
第何回	第12回	第\d+回
令和何年	令和4年	令和\d+年
西暦何年	西暦2022年	西暦\d+年
何時何分何秒	10:25:30	\d{2}:{2}:{2}
郵便番号	123-4567	\d{3}-\d{4}
金額(カンマ区切り)	¥123,456-	¥(\d{1,3}(,\d{3})*)-
メールアドレス	aaa@bbb.com	[\w-.]+@[\w-.]+.[a-zA-Z]+

さて、Pythonの標準ライブラリには、**re**という正規表現の検索ができるライブラリがありますので、すぐに使うことができます。

それでは、例として**「あいまいな文字列を検索するプログラム」**を作ってみましょう(リスト5.13)。"これは、あれは、それは、どれは"という文字列の中に、**"こ?は"**と、**"?れは"**という文字列が何文字あるか検索します。正規表現では、「1文字の何かの文字」を「.(ピリオド)」で表しますので「こ.は」「.れは」で検索します。

リスト5.13 chap5/test5_3.py

```
001 import re
002
003 text = "これは、あれは、それは、どれは"
004 word1 = "こ.は"
005 word2 = ".れは"
006
007 pattern = re.compile(word1)
008 count = len(re.findall(pattern, text))
009 print(word1, ":", count, "個")
010
```

```
011 pattern = re.compile(word2)
012 count = len(re.findall(pattern, text))
013 print(word2, ":", count, "個")
```

1行目で、reライブラリをインポートします。**3行目**で、「調べる文字列」を変数textに入れます。**4~5行目**で、「正規表現の検索文字列」を変数word1、word2に入れます。

7行目で、word1から検索パターンを作ります。**8~9行目**で、textに検索パターンの文字列が何個あるか調べて、表示します。

11行目で、word2から検索パターンを作ります。**12~13行目**で、textに検索パターンの文字列が何個あるか調べて、表示します。

実行すると、「こ.は」は1個、「.れは」は4個検索されたのがわかります。

実行結果

```
こ.は : 1 個
.れは : 4 個
```

プログラムを作ろう！

「指定したフォルダ以下すべてのファイルのリストを取得するプログラム（リスト4.4）」と「あいまいな文字列を検索するプログラム（リスト5.13）」を組み合わせて、**「テキストファイルを正規表現で検索するプログラム（regfind_texts.py）」**を作りましょう（リスト5.14）。

リスト5.14 chap5/regfind_texts.py

```
001 from pathlib import Path
002 import re
003 
004 infolder = "testfolder"
005 value1 = ".れは"
```

```
006  value2 = "*.txt"
007
008  #【関数: テキストファイルを正規表現で検索する】
009  def findfile(readfile, findword):
010      try:
011          msg = ""
012          ptn = re.compile(findword)———————— 検索パターンを作る
013          p = Path(readfile)———————————— テキストファイルの
014          text = p.read_text(encoding="UTF-8")—— テキストを読み込んで
015          cnt = len(re.findall(ptn, text))——— 文字列を検索し
016          if cnt > 0:—————————————————— もし見つかったら
017              msg = readfile+" : "+str(cnt)+"個見つかりました。\n"
018          return msg
019      except:
020          return readfile + " : 失敗しました。"
021  #【関数: フォルダ以下のすべてのテキストファイルを正規表現で検索する】
022  def findfiles(infolder, findword, ext):
023      msg = ""
024      filelist = []
025      for p in Path(infolder).rglob(ext): — このフォルダ以下すべてのファイルを
026          filelist.append(str(p))——————— リストに追加して
027      for filename in sorted(filelist):—— ソートして1ファイルずつ処理
028          msg += findfile(filename, findword)
029      return msg
030  #【関数を実行】
031  msg = findfiles(infolder, value1, value2)
032  print(msg)
```

2行目で、reライブラリをインポートします。**4〜6行目**で、「読み込みフォルダ名」を変数infolderに、「正規表現の文字列」を変数value1に、「ファイルの拡張子」をvalue2に入れます。

9〜20行目で、「フォルダ内のファイル名を検索する関数（findfile）」を作ります。**12行目**で、検索パターンを作ります。**13〜14行目**で、テキストファイルのテキストを読み込みます。

15行目で、textに検索パターンの文字列が何個あるか調べます。**16〜17行目**で、そのテキストに文字列が含まれていたら、「ファイル名と文字列が何個見つかったか」を表示するための変数msgに追加します。

21〜29行目で、「フォルダ以下すべてのテキストファイルを正規表現で検索する関数（fildfiles）」を作ります。**25〜26行目**で、フォルダ以下すべてのファイルをリスト化します。**27〜28行目**で、そのリストをソートして1ファイルずつ、findfile()関数を実行していきます。**31〜32行目**で、関数を実行し、返ってきた値を表示します。

実行すると、検索されたテキストファイルのリストが表示されます。

実行結果

```
testfolder/subfolder/subfolder2/test1.txt：1個見つかりました。
testfolder/subfolder/test1.txt：1個見つかりました。
testfolder/subfolder/test2.txt：2個見つかりました。
testfolder/test1.txt：1個見つかりました。
testfolder/test2.txt：2個見つかりました。
```

アプリ化しよう！

このregfind_texts.pyを、さらにアプリ化しましょう。

regfind_texts.pyでは、「フォルダ名」を選択し、「検索する正規表現の文字列」と「ファイルの拡張子」を入力して実行します。**『フォルダ選択＋入力欄2つのアプリ（テンプレートfolder_input2.pyw）』**を修正して作れそうです（図5.13、図5.14）。

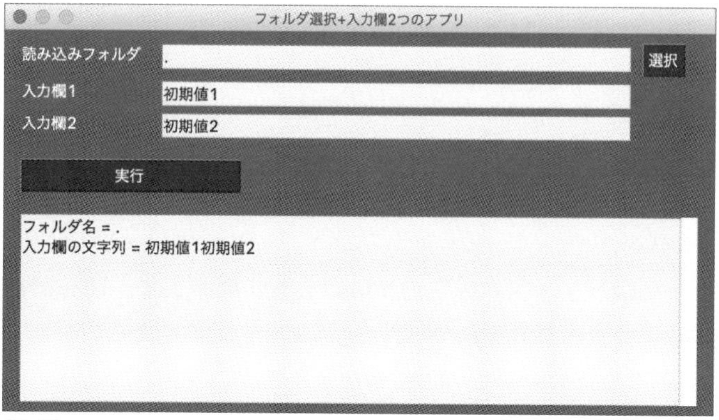

図5.13 利用するテンプレート：テンプレートfolder_input2.pyw

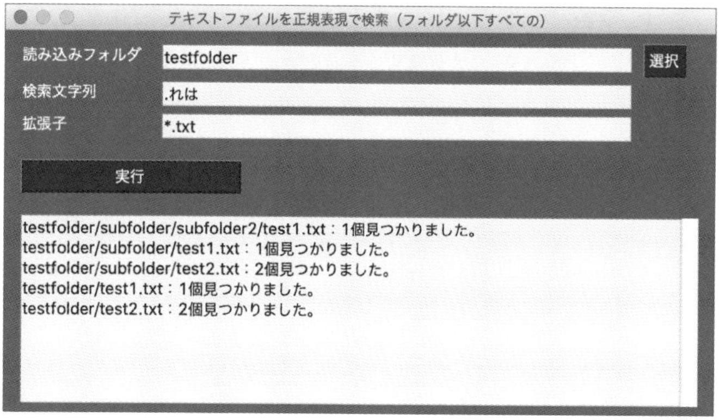

図5.14 アプリの完成予想図

❶ファイル「テンプレートfolder_input2.pyw」をコピーして、コピーしたファイルの名前を「regfind_texts.pyw」にリネームします。

これに「regfind_texts.py」で動いているプログラムをコピーして修正していきます。

❷使うライブラリを追加します（リスト5.15）。

リスト5.15 テンプレートを修正：1

```
001 #【1.使うライブラリをimport】
002 from pathlib import Path
003 import re
```

❸表示やパラメータを修正します（リスト5.16）。

いろいろな環境で使いやすいように、infolderには「今いるフォルダ」を表す「.」を入れておきます。

リスト5.16 テンプレートを修正：2

```
001 #【2.アプリに表示する文字列を設定】
002 title = "テキストファイルを正規表現で検索（フォルダ以下すべての）"
003 infolder = "."
004 label1, value1 = "検索文字列", ".れは"
005 label2, value2 = "拡張子", "*.txt"
```

❹関数を差し替えます（リスト5.17）。

リスト5.17 テンプレートを修正：3

```
001 #【3.関数: テキストファイルを正規表現で検索する】
002 def findfile(readfile, findword):
003     try:
004         msg = ""
005         ptn = re.compile(findword)――――――――検索パターンを作る
006         p = Path(readfile)―――――――――――テキストファイルの
007         text = p.read_text(encoding="UTF-8")――テキストを読み込んで
008         cnt = len(re.findall(ptn, text))――――文字列を検索し
009         if cnt > 0:――――――――――――――もし見つかったら
010             msg = readfile+"：" +str(cnt)+"個見つかりました。\n"
011         return msg
012     except:
013         return readfile + "：失敗しました。"
014 #【3.関数: フォルダ以下のすべてのテキストファイルを正規表現で検索する】
015 def findfiles(infolder, findword, ext):
016     msg = ""
```

```
017       filelist = []
018       for p in Path(infolder).rglob(ext): ― このフォルダ以下すべてのファイルを
019           filelist.append(str(p)) ――――― リストに追加して
020       for filename in sorted(filelist): ―― ソートして1ファイルずつ処理
021           msg += findfile(filename, findword)
022       return msg
```

❺関数を実行します（リスト5.18）。

リスト5.18 テンプレートを修正：4

```
001  #【4.関数を実行】
002  msg = findfiles(infolder, value1, value2)
```

これでできあがりです（regfind_texts.pyw）。

アプリは次のような手順で使います。

①「選択」ボタンを押して、「読み込みフォルダ」を選択します。

②「検索文字列」に調べたい文字列を正規表現で入力します。

③「実行」ボタンを押すと、正規表現で検索して見つかったテキストファイルを表示します（図5.15）。

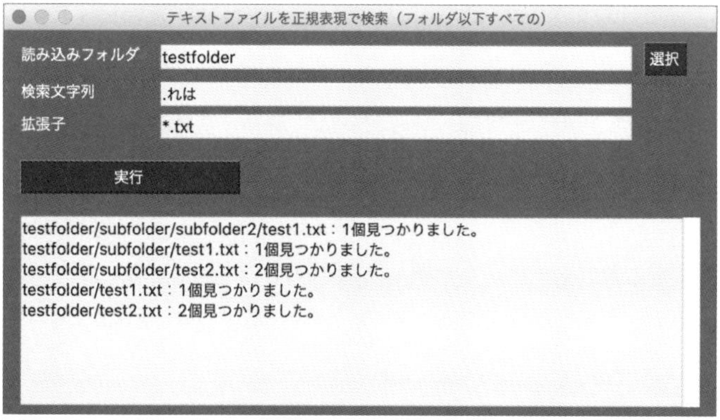

図5.15 実行結果

④「拡張子」を変更すると、「txt」以外の拡張子のテキストファイルを検索できます。例えば、「*.py」と指定すると、Pythonのプログラムファイルの検索ができます（図5.16）。

テキストファイルを正規表現で検索（フォルダ以下すべての）
読み込みフォルダ testfolder 選択
検索文字列 .れは
拡張子 *.py
実行
testfolder/test1.py：1個見つかりました。

図5.16 実行結果

ファイル内で使われている文字列をあいまいにしか覚えていないファイルを見つけられたよ！

基本 アプリ化

テキストファイルを正規表現で置換するには：regreplace_texts

こんな問題を解決したい！

また、テキストファイルをたくさん作ったけれど、言葉を勘違いして書いていた！　しかも、すべてのテキストファイルの「？れは」というパターンに当てはまる文字を「あれは」に置換したいけれどめんどうだなあ

どんな方法で解決するのか？

もし、あなたが行うはずだった作業をコンピュータが代わりに行うとしたら、どのようにすればいいでしょうか？　整理すると、以下のように考えられます。

①あなたは、調べたいフォルダ、検索する正規表現の文字列、置換する文字列、書き出すフォルダを指示する。
②コンピュータは、そのフォルダのテキストファイルの中身を調べて、正規表現で検索して置換して、書き出すフォルダに書き出す。

次にこれを、コンピュータ側の視点で考えましょう。コンピュータの立場で考えると、主に以下の2つの処理を行うことで実現できると考えられます（図5.17）。

①指定したフォルダ以下にあるすべてのテキストファイルの名前を取得し調べる。
②テキストファイル内を正規表現で検索して、置換して書き出す。

テキストファイルを正規表現で置換（フォルダ内の）

読み込みフォルダ testfolder 選択

検索文字列 .れは

置換文字列 あれは

書き出しフォルダ outputfolder

実行

outputfolderに、test1.txt を書き出しました。
outputfolderに、test2.txt を書き出しました。

図5.17 アプリの完成予想図

解決に必要な命令は？

具体的にどんな命令があればいいかを考えましょう。

まず基本的なしくみは「テキストファイルを置換」を利用すれば作れます。

問題は、「正規表現で検索して、置換する」という処理ですが、これは「結果 = re.sub(検索パターン, 置換文字列, 調べる文字列)」という命令で実現できます。

例として**「正規表現で検索して、置換するプログラム」**を作ってみましょう（リスト5.19）。"これはテストデータです。"という文字列を正規表現の**"こ.は"**で検索して、「これは」を「あれは」に置換します。

リスト5.19 chap5/test5_4.py

```
001 import re
002 
003 text = "これはテストデータです。"
004 word1 = ".れは"
005 word2 = "あれは"
006 
007 print("置換前 :", text)
008 pattern = re.compile(word1)
009 text = re.sub(pattern, word2, text)
010 print("置換後 :", text)
```

1行目で、reライブラリをインポートします。**3行目**で、「調べる文字列」を変数textに入れます。**4~5行目**で、「正規表現の検索文字列」と「置換文字列」を変数word1、word2に入れます。

7行目で、置換前の調べる文字列を表示します。**8行目**で、word1から検索パターンを作ります。**9行目**で、textを検索パターンで検索して、見つかったらword2に置換します。**10行目**で、置換後の文字列を表示します。

実行すると、「これは」が「あれは」に置換されたことがわかります。

実行結果

```
置換前 : これはテストデータです。
置換後 : あれはテストデータです。
```

プログラムを作ろう！

以上の命令や手法を組み合わせて、**「テキストファイル内の文字列を、正規表現で検索&置換をして、書き出すプログラム(regreplace_texts.py)」**を作りましょう(リスト5.20)。「testfolder」の中のテキストファイル内の「(なにか1文字)れは」を「あれは」に置換します。

リスト5.20 chap5/regreplace_texts.py

```
001 from pathlib import Path
002 import re
003 
004 infolder = "testfolder"
005 value1 = ".れは"
006 value2 = "あれは"
007 value3 = "outputfolder"
008 ext = "*.txt"
009 
010 #【関数: テキストファイルを正規表現で置換する】
```

```
011 def replacefile(readfile, findword, newword, savefolder):
012     try:
013         msg = ""
014         ptn = re.compile(findword)———————— 検索パターンを作る
015         p1 = Path(readfile)————————————— テキストファイルの
016         text = p1.read_text(encoding="UTF-8")— テキストを読み込んで
017         text = re.sub(ptn, newword, text)——— 置換する
018         savedir = Path(savefolder)
019         savedir.mkdir(exist_ok=True)——— 書き出し用フォルダを作って
020         filename = p1.name——————————— このファイル名を使って
021         p2 = Path(savedir.joinpath(filename))— 新しいファイルを作り
022         p2.write_text(text, encoding="UTF-8")— ファイルを書き出す
023         msg = savefolder+"に、"+ filename + " を書き出しました。⏎
\n"
024         return msg
025     except:
026         return readfile + "：失敗しました。"
027 #【関数: フォルダ内のテキストファイルを置換する】
028 def replacefiles(infolder, findword, newword, savefolder):
029     msg = ""
030     filelist = []
031     for p in Path(infolder).glob(ext):—— このフォルダ内のファイルを
032         filelist.append(str(p))———————— リストに追加して
033     for filename in sorted(filelist):—— ソートして1ファイルずつ処理
034         msg += replacefile(filename, findword, newword, ⏎
savefolder)
035     return msg
036
```

```
037 #【関数を実行】
038 msg = replacefiles(infolder, value1, value2, value3)
039 print(msg)────────────── 結果表示
```

1～2行目で、pathlibライブラリのPathと、reライブラリをインポートします。**4～8行目**で、「読み込むフォルダ名」を変数infolderに、「ファイルの拡張子」を変数extに、「検索文字列」を変数value1に、「置換文字列」を変数value2に入れます。「書き出すフォルダ名」を変数value3に入れます。

11～26行目で、「テキストファイルを正規表現で置換する関数（replacefile）」を作ります。**14行目**で、検索パターンを作ります。**15～16行目**で、テキストファイルのテキストを読み込みます。**17行目**で、検索文字列を置換文字列に置換します。

18～19行目で、書き出しフォルダを作ります。**20～22行目**で、そのフォルダに置換したテキストでファイルを書き出します。**23行目**で、書き出したファイル名を変数msgに追加します。

28～35行目で、「フォルダ内のテキストファイルを置換する関数（replacefiles）」を作ります。**31～32行目**で、フォルダ内のファイルリストをfilelistに追加していきます。**33～34行目**で、ファイルリストをソートして1ファイルずつ調べていきます。

38～39行目で、replacefiles()関数を実行して、その結果を表示します。

実行すると、置換したファイルを書き出して、そのファイル名を表示します。

実行結果

```
outputfolderに、test1.txt を書き出しました。
outputfolderに、test2.txt を書き出しました。
```

書き出されたファイルは置換されています。

データファイル outputfolder/test1.txt

```
あれはテストファイルの１行目です。ＡＢＣ
「全角１２.３」「全角Ａｂｃ！（＠）」「半角ｶﾀｶﾅ」「丸数字①②③」「記号㌫㌶」
```

データファイル outputfolder/test2.txt

```
あれはテストファイルの１行目です。ＡＢＣ
```

あれはテストファイルの２行目です。ＤＥＦ

「全角１２．３」「全角Ａｂｃ！（＠）」「半角ｶﾀｶﾅ」「丸数字①②③」「記号㌶」

アプリ化しよう！

このregreplace_texts.pyを、さらにアプリ化しましょう。

regreplace_texts.pyでは、「フォルダ名」を選択し、「検索文字列」と「置換文字列」と「書き出しフォルダ名」を入力して実行します。**『フォルダ選択＋入力欄3つのアプリ（テンプレートfolder_input3.pyw）』**を修正して作れそうです（図5.18、図5.19）。

フォルダ選択+入力欄3つのアプリ
読み込みフォルダ　.　選択
入力欄1　初期値1
入力欄2　初期値2
入力欄3　初期値3
実行
フォルダ名 = .
入力欄の文字列 = 初期値1初期値2初期値3

図5.18 利用するテンプレート：テンプレートfolder_input3.pyw

テキストファイルを正規表現で置換（フォルダ内の）
読み込みフォルダ　testfolder　選択
検索文字列　.れは
置換文字列　あれは
書き出しフォルダ　outputfolder
実行
outputfolderに、test1.txt を書き出しました。
outputfolderに、test2.txt を書き出しました。

図5.19 アプリの完成予想図

❶ファイル「テンプレートfolder_input3.pyw」をコピーして、コピーしたファイルの名前を「regreplace_texts.pyw」にリネームします。

これに「regreplace_texts.py」で動いているプログラムをコピーして修正していきます。

❷使うライブラリを追加します（リスト5.21）。

リスト5.21 テンプレートを修正：1

```
001 #【1.使うライブラリをimport】
002 from pathlib import Path
003 import re
```

❸表示やパラメータを修正します（リスト5.22）。

いろいろな環境で使いやすいように、infolderには「今いるフォルダ」を表す「.」を入れておきます。

リスト5.22 テンプレートを修正：2

```
001 #【2.アプリに表示する文字列を設定】
002 title = "テキストファイルを正規表現で置換（フォルダ内の）"
003 infolder = "."
004 ext = "*.txt"
005 label1, value1 = "検索文字列", ".れは"
006 label2, value2 = "置換文字列", "あれは"
007 label3, value3 = "書き出しフォルダ", "outputfolder"
```

❹関数を差し替えます（リスト5.23）。

リスト5.23 テンプレートを修正：3

```
001 #【3.関数: テキストファイルを正規表現で置換する】
002 def replacefile(readfile, findword, newword, savefolder):
003     try:
004         msg = ""
```

```
005         ptn = re.compile(findword)————————— 検索パターンを作る
006         p1 = Path(readfile)——————————————— テキストファイルの
007         text = p1.read_text(encoding="UTF-8")— テキストを読み込んで
008         text = re.sub(ptn, newword, text)——— 置換する
009         savedir = Path(savefolder)
010         savedir.mkdir(exist_ok=True)——— 書き出し用フォルダを作って
011         filename = p1.name————————————————— このファイル名を使って
012         p2 = Path(savedir.joinpath(filename))— 新しいファイルを作り
013         p2.write_text(text, encoding="UTF-8")— ファイルを書き出す
014         msg = savefolder+"に、"+ filename + " を書き出しました。⏎
\n"
015         return msg
016     except:
017         return readfile + "：失敗しました。"
018 #【3.関数: フォルダ内のテキストファイルを置換する】
019 def replacefiles(infolder, findword, newword, savefolder):
020     msg = ""
021     filelist = []
022     for p in Path(infolder).glob(ext):—— このフォルダ内のファイルを
023         filelist.append(str(p))—————— リストに追加して
024     for filename in sorted(filelist):——— ソートして1ファイルずつ処理
025         msg += replacefile(filename, findword, newword, ⏎
savefolder)
026     return msg
```

❺関数を実行します（リスト5.24）。

リスト5.24 テンプレートを修正：4

```
001 #【4.関数を実行】
002 msg = replacefiles(infolder, value1, value2, value3)
```

これでできあがりです（regreplace_texts.pyw）。

アプリは次のような手順で使います。

①「選択」ボタンを押して、「読み込みフォルダ」を選択します（選択しなければ、このプログラムファイルが置かれたフォルダから下を調べます）。
②「検索文字列」と「置換文字列」を入力します。
③「書き出しフォルダ」に、書き出しフォルダ名を入力します（書き出しフォルダが存在しない場合はフォルダは新規作成され、存在する場合はそのフォルダ内に書き出します）。
④「実行」ボタンを押すと、フォルダ内のテキストファイルを正規表現で検索し、置換して書き出しフォルダに書き出します（図5.20）。

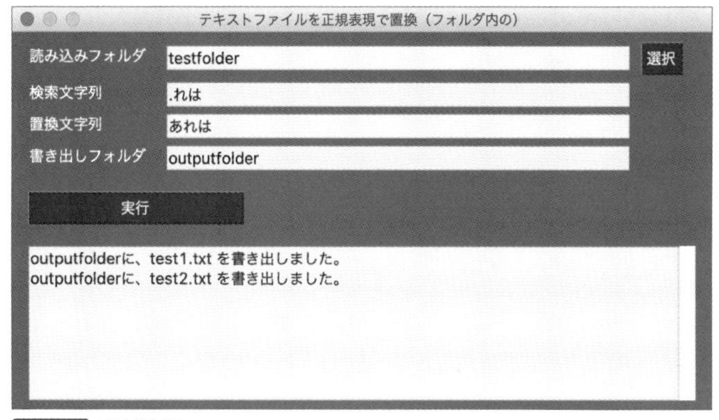

図5.20 実行結果

複数のテキストファイルの文字列をまとめて置換できたよ！

基本　アプリ化

テキストファイルをunicode正規化するには：normalize_texts

こんな問題を解決したい！

また、テキストファイルをたくさん作ったけれど、半角文字と全角文字が混ざってしまっていた！　すべてのテキストファイルで「全角の英数字や記号は半角に」「半角カタカナは全角カタカナに」「丸数字①②③は、半角数字に」修正してきれいにしたいけれどめんどうだなあ

どんな方法で解決するのか？

もし、あなたが行うはずだった作業をコンピュータが代わりに行うとしたら、どのようになるでしょうか？　整理すると、以下のように考えられます。

①あなたは、読み込むフォルダ、書き出すフォルダを指示する。
②コンピュータは、読み込むフォルダのテキストファイルで、「全角の英数字や記号は半角に」「半角カタカナは全角カタカナに」「丸数字①②③は、半角数字に」修正して、書き出すフォルダに書き出す。

次にこれを、コンピュータ側の視点で考えましょう。コンピュータの立場で考えると、主に以下の2つの処理を行うことで実現できると考えられます（図5.21）。

①読み込むフォルダ以下すべてのテキストファイル名を取得する。

②各ファイルの内容を、「全角の英数字や記号は半角に」「半角カタカナは全角カタカナに」「丸数字①②③は、半角数字に」修正して、指定したフォルダに書き出す。

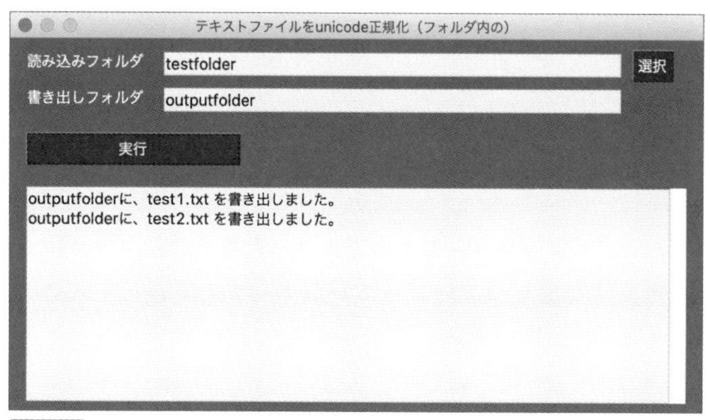

図5.21 アプリの完成予想図

解決に必要な命令は？

具体的にどんな命令があればいいかを考えましょう。

まず①の「読み込むフォルダ以下すべてのテキストファイル名を取得」するのは、**rglob()** の命令で実現できます。

問題は②の「各ファイルの内容を、修正して書き出す」という処理ですが、「全角の英数字や記号は半角に」「半角カタカナは全角カタカナに」「丸数字①②③は、半角数字に」修正する処理を**unicode正規化**といいます。コンピュータ上の日本語表記にはゆれがあり、それを統一的な表現に変換します。

Pythonの標準ライブラリには、**unicodedata**というライブラリがあり、この中のnormalize()命令で変換できます（書式5.4）。

書式5.4 テキストをunicode正規化する

```
変数 = unicodedata.normalize("NFKC", テキスト)
```

このプログラムでは、NFKC（Normalization Form Compatibility Composition）という形式の正規化を行っています。

例として**「unicode正規化するプログラム」**を作ってみましょう（リスト5.25）。「全角の英数字や記号は半角に」「半角カタカナは全角カタカナに」「丸数字①②③は、半角数字に」「㌶などの単位記号は、全角カタカナに」に変換します。

リスト5.25 chap5/test5_5.py

```
001 import unicodedata
002 
003 text = "「全角１２.３」「全角Ａｂｃ！（＠）」「半角ｶﾀｶﾅ」「丸数字①②③」↵
    「記号㌶」"
004 
005 print("変換前 :", text)
006 text = unicodedata.normalize("NFKC", text)
007 print("変換後 :", text)
```

1行目で、unicodedataライブラリをインポートします。**3行目**で、「調べる文字列」を変数textに入れます。**5行目**で、変換前の文字列を表示します。**6行目**で、unicode正規化します。**7行目**で、変換後の文字列を表示します。

実行すると、変換されたことがわかります。

実行結果

```
変換前 :「全角１２.３」「全角Ａｂｃ！（＠）」「半角ｶﾀｶﾅ」「丸数字①②③」「記号㌶」
変換後 :「全角12.3」「全角Abc!(@)」「半角カタカナ」「丸数字123」「記号ヘクタール
```

プログラムを作ろう！

以上の命令や手法を使って、**「テキストファイルをunicode正規化するプログラム（normalize_texts.py）」**を作りましょう（リスト5.26）。

リスト5.26 chap5/normalize_texts.py

```
001 from pathlib import Path
002 import unicodedata
003 
004 infolder = "testfolder"
005 value1 = "outputfolder"
006 value2 = "*.txt"
007 
008 #【関数: unicode正規化する】
009 def normalizefile(readfile, savefolder):
010     try:
011         msg = ""
012         p1 = Path(readfile)―――――――――――― テキストファイルを
013         text = p1.read_text(encoding="UTF-8")― 読み込んで
014         text = unicodedata.normalize("NFKC", text)
    ――― Unicode正規化する
015         savedir = Path(savefolder)
016         savedir.mkdir(exist_ok=True)――― 書き出し用フォルダを作って
017         filename = p1.name――――――――― このファイル名を使って
018         p2 = Path(savedir.joinpath(filename))― 新しいファイルを作り
019         p2.write_text(text, encoding="UTF-8")― ファイルを書き出す
020         msg = savefolder+"に、"+ filename + " を書き出しました。↵
\n"
021         return msg
022     except:
023         return readfile + "：失敗しました。"
024 #【関数: フォルダ内のテキストファイルをunicode正規化する】
025 def normalizefiles(infolder, savefolder, ext):
026     msg = ""
```

```
027        filelist = []
028        for p in Path(infolder).glob(ext):—— このフォルダ内のファイルを
029            filelist.append(str(p))———— リストに追加して
030        for filename in sorted(filelist):—— ソートして1ファイルずつ処理
031            msg += normalizefile(filename, savefolder)
032        return msg
033
034    #【関数を実行】
035    msg = normalizefiles(infolder, value1, value2)
036    print(msg)
```

1～2行目で、pathlibライブラリのPathと、unicodedataライブラリをインポートします。**4～6行目**で、「読み込みフォルダ名」を変数infolderに入れて、「書き出しフォルダ名」をvalue1に、「ファイルの拡張子」をvalue2に入れます。

9～23行目で、「ファイルをunicode正規化する関数（normalizefile）」を作ります。**12～13行目**で、テキストファイルのテキストを読み込みます。**14行目**で、unicode正規化します。

15～16行目で、書き出しフォルダを作ります。**17～19行目**で、そのフォルダに置換したテキストでファイルを書き出します。**20行目**で、書き出したファイル名を変数msgに追加します。

25～32行目で、「フォルダ内のテキストファイルをunicode正規化する関数（normalizefiles）」を作ります。**28～29行目**で、フォルダ内のファイルリストをfilelistに追加していきます。**30～31行目**で、ファイルリストをソートして1ファイルずつnormalizefile()関数を実行していきます。

35～36行目で、normalizefiles()関数を実行して、その結果を表示します。

実行すると、unicode正規化したファイルを書き出して、そのファイル名を表示します。

実行結果

```
outputfolderに、test1.txt を書き出しました。
outputfolderに、test2.txt を書き出しました。
```

書き出されたファイルはunicode正規化されています。

データファイル　outputfolder/test1.txt

```
これはテストファイルの1行目です。ABC
「全角12.3」「全角Abc!(@)」「半角カタカナ」「丸数字123」「記号ヘクタール」
```

データファイル　outputfolder/test2.txt

```
あれはテストファイルの１行目です。ＡＢＣ
あれはテストファイルの２行目です。ＤＥＦ
「全角１２．３」「全角Ａｂｃ！（＠）」「半角ｶﾀｶﾅ」「丸数字①②③」「記号㌶」
```

アプリ化しよう！

このnormalize_texts.pyを、さらにアプリ化しましょう。

normalize_texts.pyでは、「フォルダ名」を選択し、「書き出しフォルダ名」を入力して実行します。**『フォルダ選択＋入力欄1つのアプリ（テンプレートfolder_input1.pyw）』**を修正して作れそうです（図5.22、図5.23）。

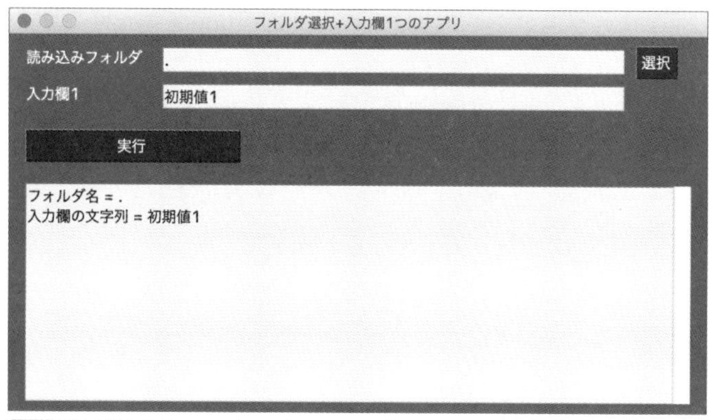

図5.22 利用するテンプレート：テンプレートfolder_input1.pyw

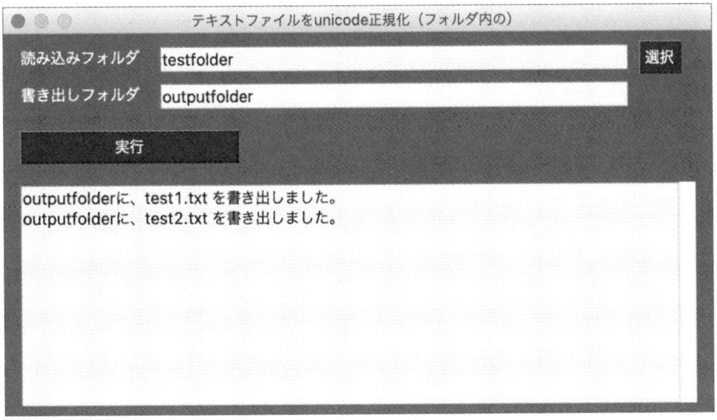

テキストファイルをunicode正規化（フォルダ内の）

読み込みフォルダ	testfolder	選択
書き出しフォルダ	outputfolder	

実行

outputfolderに、test1.txt を書き出しました。
outputfolderに、test2.txt を書き出しました。

図5.23 アプリの完成予想図

❶ファイル「テンプレートfolder_input1.pyw」をコピーして、コピーしたファイルの名前を「normalize_texts.pyw」にリネームします。

これに「normalize_texts.py」で動いているプログラムをコピーして修正していきます。

❷使うライブラリを追加します（リスト5.27）。

リスト5.27 テンプレートを修正：1

```
001 #【1.使うライブラリをimport】
002 from pathlib import Path
003 import unicodedata
```

❸表示やパラメータを修正します（リスト5.28）。

いろいろな環境で使いやすいように、infolderには「今いるフォルダ」を表す「.」を入れておきます。

リスト5.28 テンプレートを修正：2

```
001 #【2.アプリに表示する文字列を設定】
002 title = "テキストファイルをunicode正規化（フォルダ内の）"
003 infolder = "."
```

```
004 label1, value1 = "書き出しフォルダ", "outputfolder"
005 label2, value2 = "拡張子", "*.txt"
```

❹関数を差し替えます（リスト5.29）。

リスト5.29 テンプレートを修正：3

```
001 #【3.関数: unicode正規化する】
002 def normalizefile(readfile, savefolder):
003     try:
004         msg = ""
005         p1 = Path(readfile)———————————— テキストファイルを
006         text = p1.read_text(encoding="UTF-8")— 読み込んで
007         text = unicodedata.normalize("NFKC", text)
———— Unicode正規化する
008         savedir = Path(savefolder)
009         savedir.mkdir(exist_ok=True)——— 書き出し用フォルダを作って
010         filename = p1.name—————————— このファイル名を使って
011         p2 = Path(savedir.joinpath(filename))— 新しいファイルを作り
012         p2.write_text(text, encoding="UTF-8")— ファイルを書き出す
013         msg = savefolder+"に、"+ filename + " を書き出しました。↵
\n"
014         return msg
015     except:
016         return readfile + "：失敗しました。"
017 #【3.関数: フォルダ内のテキストファイルをunicode正規化する】
018 def normalizefiles(infolder, savefolder, ext):
019     msg = ""
020     filelist = []
021     for p in Path(infolder).glob(ext):—— このフォルダ内のファイルを
```

```
022            filelist.append(str(p))———— リストに追加して
023        for filename in sorted(filelist):—— ソートして1ファイルずつ処理
024            msg += normalizefile(filename, savefolder)
025        return msg
```

❺関数を実行します（リスト5.30）。

リスト5.30 テンプレートを修正：4

```
001  #【4.関数を実行】
002  msg = normalizefiles(infolder, value1, value2)
```

これでできあがりです（normalize_texts.pyw）。

アプリは次のような手順で使います。

①「選択」ボタンを押して、「読み込みフォルダ」を選択します（選択しなければ、このプログラムファイルが置かれたフォルダから下を調べます）。

②「書き出しフォルダ」に、書き出しフォルダ名を入力します（書き出しフォルダが存在しない場合はフォルダが新規作成され、存在する場合はそのフォルダ内に書き出します）。

③「実行」ボタンを押すと、選択した読み込みフォルダから下のテキストファイルをunicode正規化し、指定したフォルダに書き出します（図5.24）。

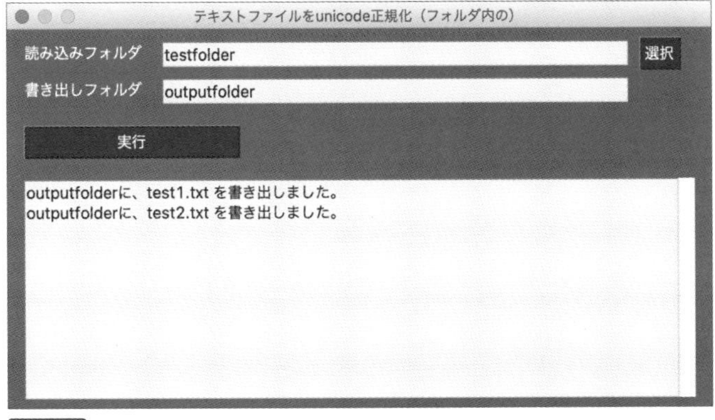

図5.24 実行結果

文字の種類を統一できたよ！

Chapter

6

PDFファイルの検索

基本 アプリ化

PDFファイルからテキストを抽出するには

PDFファイルを読み込むライブラリ

PDF（Portable Document Format）とは、文字や、図形や、表などのレイアウトをそのまま保存できるファイル形式で、ハードウェアやOSなどが変わっても同じように表示されるので見やすく、ビジネス文書や取扱説明書、申請書、明細書などいろいろな場面で使われています。

Adobeが開発した電子文書の規格で、とても便利に使えるのですが、セキュリティで編集できないようにすることもできるため、一般の人がファイルの中身を扱うのは難しくなっています。

そんな**PDFファイルのテキストを抽出したいとき**は、**pdfminer.six ライブラリ**のextract_text命令が使えます（図6.1）。PDFファイルのテキストが抽出できるので、「このPDFの中でどんな文字が使われているか」などを調べることができます。

※ただし、PDFの複雑さやフォーマットによっては、テキストの抽出がうまくいかなかったり、文字化けする場合もあります。また、パスワードがかかっているものはパスワードを解除しないと抽出できません。

図6.1 pdfminer.sixライブラリ

https://pypi.org/project/pdfminer.six/

※Pythonライブラリのサイトに表示される数値は更新されることがあります。

pdfminer.six ライブラリは、標準ライブラリではないので、手動でインストールする必要があります。基本的にpipコマンドでインストールできますが、パソコン内に複数バージョンのPythonがインストールされている場合、違うPython環境にインストールされてしまう可能性があります。

IDLEの環境にインストールするには、Windowsなら［コマンドプロンプト］アプリを起動して、macOSなら［ターミナル］アプリを起動して、以下のように命令してインストールを行ってください（書式6.1、書式6.2）。その後、「pip list」命令で、pdfminer.sixがインストールされていることを確認しましょう。

書式6.1 pdfminer.six ライブラリのインストール（Windows）

```
py -m pip install pdfminer.six
```

```
py -m pip list
```

書式6.2 pdfminer.six ライブラリのインストール（macOS）

```
python3 -m pip install pdfminer.six
```

```
python3 -m pip list
```

これで、ライブラリをインポートして使えるようになります。また、テキストの抽出は、pdfminer.sixの中のhigh_levelの中のextract_text()命令だけで実現できるので、書式6.3のように指定してインポートします。

書式6.3 pdfminer.sixの中からextract_textをインポート

```
from pdfminer.high_level import extract_text
```

それではここで、この**pdfminer.sixライブラリのextract_textの簡単な使い方**について見ていきましょう。例として**「PDFファイルからテキストを抽出するプログラム」**を作ってみます。

まず、**テスト用のPDFファイル**を用意してください。P.10のURLからサンプルファイルをダウンロードすることもできます。その中の**ファイル（chap6/test.pdf）**を使ってください（図6.2）。ご自分で用意したファイルを使うときは、リスト6.1の3行目のファイル名を変更してください。このファイルを読み込んで実行するプログラムがリスト6.1です。

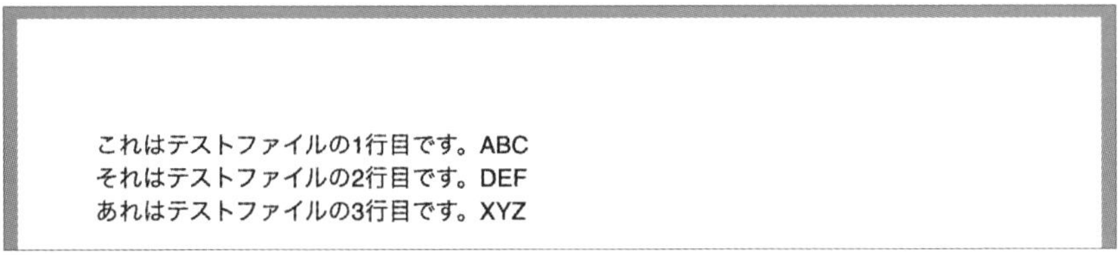

これはテストファイルの1行目です。ABC
それはテストファイルの2行目です。DEF
あれはテストファイルの3行目です。XYZ

図6.2 サンプルファイル：test.pdf

※この章では正規表現での検索を行うので、サンプルファイルではわざと「これは」「それは」「あれは」という言葉を使っています。

リスト6.1 chap6/test6_1.py

```
001 from pdfminer.high_level import extract_text
002 
003 infile = "test.pdf"
004 try:
005     text = extract_text(infile)―― テキストを抽出
006     print(text)
007 except:
008     print("失敗しました")
```

1行目で、pdfminer.sixライブラリのextract_textをインポートします。**3行目**で、「読み込むファイル名」を変数infileに入れます。**5~6行目**で、テキストを抽出し、表示します。

実行すると、PDFのテキストが表示されます。

実行結果

```
これはテストファイルの1行目です。ABC
それはテストファイルの2行目です。DEF
あれはテストファイルの3行目です。XYZ
```

パソコンやPDFファイルの違いや、図や表の入り方によっては、本文のテキスト以外の文字が表示される場合もあります。

このような、**テスト用のPDFファイル**を用意してください。P.10のURLからサンプルファイルをダウンロードすることもできます。その中の**ファイル(chap6/sample.pdf)** を使ってください(図6.3)。

これはテストファイルの1行目です。ABC

表見出し1	表見出し2	表見出し3
1	2	3
100	200	300

図6.3 サンプルファイル：sample.pdf

infileに入れるファイル名を変更して実行します(リスト6.2)。

リスト6.2 infileに入れるファイル名を変更

```
001 infile = "sample.pdf"
```

すると、テキスト部分だけが取り出されて表示されます(実際はもう少し改行が多く入ります)。

実行結果

```
これはテストファイルの1行目です。ABC
表見出し1
表見出し2
表見出し3
1
100
2
200
3
300
吹き出し
```

これらを踏まえて、PDFファイルに関する具体的な問題を解決していきましょう。

PDFファイルを検索するには：find_PDFs

こんな問題を解決したい！

ファイル名を忘れてしまった！　PDFファイルだ。文書の中に「ある文字が使われている」ぐらいは覚えているけれど、どれだったかなあ

どんな方法で解決するのか？

これは、第5章の「**テキストファイルを検索するプログラム（find_texts.py）**」と、そっくりです。違うのは、扱うファイルが「テキストファイル」か「PDFファイル」かという点です（図6.4）。

図6.4 アプリの完成予想図

つまり、**テキストファイルからテキストを読み込む処理**（リスト6.3）を、**PDFファイルからテキストを抽出する処理**（リスト6.4）に修正することで作れるのです。

リスト6.3　変更前：テキストファイルからテキストを読み込む処理

```
001 p = Path(readfile)
002 text = p.read_text(encoding="UTF-8")
```

リスト6.4　変更後：PDFファイルからテキストを抽出する処理

```
001 text = extract_text(readfile)
```

プログラムを作っていく前にまず、図6.5のように**階層構造になったテスト用のフォルダ（testfolder）**を作って用意してください（テストができればいいので全く同じでなくてもかまいません）。P.10のURLからサンプルファイルをダウンロードすることもできます。その中の**フォルダ（chap6/testfolder）**を使ってください。

図6.5　フォルダ構造

```
[testfolder]
├ test1.pdf
├ test2.pdf
├ test3.pdf
└ [subfolder]
    ├ test1.pdf
    └ test2.pdf
```

サンプルフォルダでは、図6.6 、図6.7、図6.8のような3種類のPDFファイル（test1.pdf、test2.pdf、test3.pdf）を用意しています。

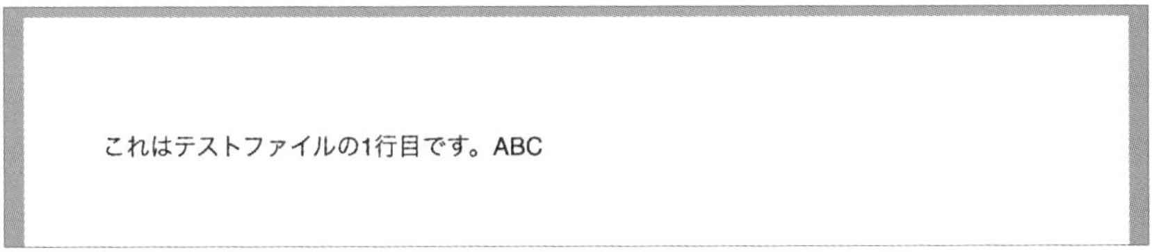

これはテストファイルの1行目です。ABC

図6.6 サンプルファイル：test1.pdf

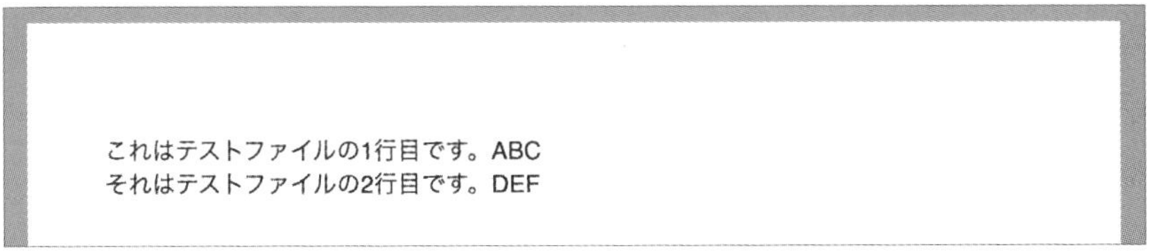

これはテストファイルの1行目です。ABC
それはテストファイルの2行目です。DEF

図6.7 サンプルファイル：test2.pdf

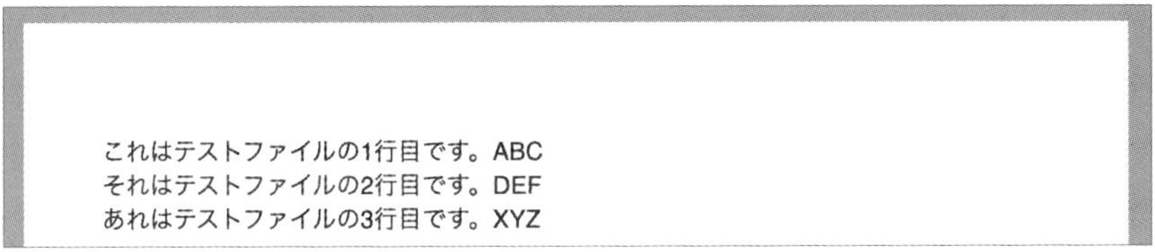

これはテストファイルの1行目です。ABC
それはテストファイルの2行目です。DEF
あれはテストファイルの3行目です。XYZ

図6.8 サンプルファイル：test3.pdf

プログラムを作ろう！

それでは、第5章の**「テキストファイルを検索するプログラム（find_texts.py）」**を修正して、**「PDFファイルを検索するプログラム（find_PDFs.py）」**を作りましょう。

❶ファイル「find_texts.py」をコピーして、コピーしたファイルの名前を「find_PDFs.py」にリネームして修正していきます。

❷2行目に、以下のimport文を追加します（リスト6.5）。

リスト6.5 import文を追加

```
001  from pdfminer.high_level import extract_text
```

❸6行目を、PDFを読み込むように修正します（リスト6.6）。

リスト6.6 PDFを読み込むように修正

```
001  value2 = "*.pdf"
```

❹12～13行目の「テキストを読み込む処理」（リスト6.7）を、「PDFからテキストを読み込む処理」（リスト6.8）に変更します。

リスト6.7 変更前

```
001         p = Path(readfile)
002         text = p.read_text(encoding="UTF-8")
```

リスト6.8 変更後

```
001         text = extract_text(readfile)
```

これでできあがりです（find_PDFs.py）。

実行すると、testfolder内とサブフォルダ内のPDFファイルが検索されます。

実行結果

```
testfolder/subfolder/test1.pdf：1個見つかりました。
testfolder/subfolder/test2.pdf：1個見つかりました。
testfolder/test1.pdf：1個見つかりました。
testfolder/test2.pdf：1個見つかりました。
testfolder/test3.pdf：1個見つかりました。
```

アプリ化しよう！

アプリも第5章の「**テキストファイルを検索するアプリ（find_texts.pyw）**」を修正して作りましょう（図6.9）。

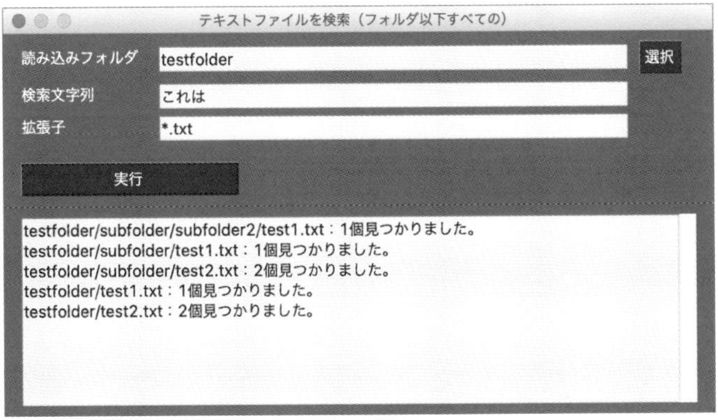

図6.9 利用するアプリ：find_texts.pyw

❶第5章のファイル「find_texts.pyw」をコピーして、コピーしたファイルの名前を「find_PDFs.pyw」にリネームします。

これに「find_PDFs.py」で動いているプログラムをコピーして修正していきます。

❷5行目に、以下のimport文を追加します（リスト6.9）。

リスト6.9 import文を追加

```
001 from pdfminer.high_level import extract_text
```

❸8～11行目の、表示やパラメータを変更します（リスト6.10）。

リスト6.10 表示やパラメータの変更

```
001 title = "PDFファイルを検索（フォルダ以下すべての）"
002 infolder = "."
003 label1, value1 = "検索文字列", "これは"
004 label2, value2 = "拡張子", "*.pdf"
```

❹17～18行目の「テキストを読み込む処理」（リスト6.11）を、「PDFからテキストを読み込む処理」（リスト6.12）に変更します。

リスト6.11 変更前

```
001         p = Path(readfile)
002         text = p.read_text(encoding="UTF-8")
```

リスト6.12 変更後

```
001         text = extract_text(readfile)
```

❺PDFの拡張子は「pdf」なので、37行目（リスト6.13）と47行目（リスト6.14）の拡張子の入力欄を削除します。

リスト6.13 拡張子の入力欄を削除

```
001 value2 = values["input2"]
```

リスト6.14 拡張子の入力欄を削除

```
001         [sg.Text(label2, size=(14,1)), sg.Input(value2, ↵
    key="input2")],
```

これでできあがりです（find_PDFs.pyw）。アプリは次のような手順で使います。

①「選択」ボタンを押して、「読み込みフォルダ」を選択します（選択しなければ、このプログラムファイルが置かれたフォルダから下を調べます）。
②「検索文字列」に調べたい文字列を入力します。
③「実行」ボタンを押すと、検索文字列で指定した文字列が含まれるPDFファイルを表示します（図6.10）。

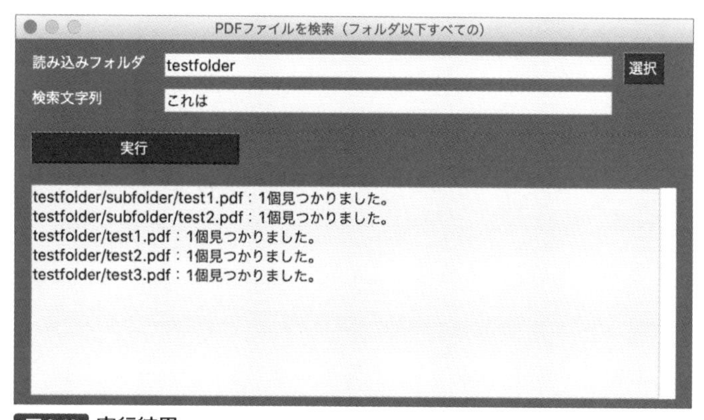

図6.10 実行結果

指定した文字列が含まれるPDFファイルを表示できたよ！

アプリ化

PDFファイルを正規表現で検索するには：regfind_PDFs

こんな問題を解決したい！

また、PDFのファイル名を忘れてしまった！　しかもテキスト文書内で「どんな文字が使われているか」をあいまいにしか覚えていない。どうしよう

解決に必要な命令は？

これも、第5章の**「テキストファイルを正規表現で検索するプログラム(regfind_texts.py)」**と、そっくりです。違うのは、扱うファイルが「テキストファイル」か「PDFファイル」かという点です（図6.11）。

PDFファイルを正規表現で検索（フォルダ以下すべての）

読み込みフォルダ　testfolder　選択

検索文字列　.れは

実行

testfolder/subfolder/test1.pdf：1個見つかりました。
testfolder/subfolder/test2.pdf：2個見つかりました。
testfolder/test1.pdf：1個見つかりました。
testfolder/test2.pdf：2個見つかりました。
testfolder/test3.pdf：3個見つかりました。

図6.11 アプリの完成予想図

つまりこれも、**テキストファイルからテキストを読み込む処理**（リスト6.15）を、**PDFファイルからテキストを抽出する処理**（リスト6.16）に修正することで、作れるのです。

リスト6.15 変更前：テキストファイルからテキストを読み込む処理

```
001 p = Path(readfile)
002 text = p.read_text(encoding="UTF-8")
```

リスト6.16 変更後：PDFファイルからテキストを抽出する処理

```
001 text = extract_text(readfile)
```

プログラムを作ろう！

それでは、第5章の「**テキストファイルを正規表現で検索するプログラム（regfind_texts.py）**」を修正して、「**PDFファイルを正規表現で検索するプログラム（regfind_PDFs.py）**」を作りましょう。

❶ファイル「regfind_texts.py」をコピーして、コピーしたファイルの名前を「regfind_PDFs.py」にリネームし、これを修正していきます。

❷3行目に、以下のimport文を追加します（リスト6.17）。

リスト6.17 import文を追加

```
001 from pdfminer.high_level import extract_text
```

❸7行目を、PDFを読み込むように修正します（リスト6.18）。

リスト6.18 PDFを読み込むように修正

```
001 value2 = "*.pdf"
```

❹14〜15行目の、「テキストを読み込む処理」（リスト6.19）を、「PDFからテキストを読み込む処理」（リスト6.20）に変更します。

リスト6.19 変更前

```
001         p = Path(readfile)
002         text = p.read_text(encoding="UTF-8")
```

リスト6.20 変更後

```
001            text = extract_text(readfile)
```

これでできあがりです（regfind_PDFs.py）。

実行すると、testfolder内とサブフォルダ内のPDFファイルが検索されます。

実行結果

```
testfolder/subfolder/test1.pdf：1個見つかりました。
testfolder/subfolder/test2.pdf：2個見つかりました。
testfolder/test1.pdf：1個見つかりました。
testfolder/test2.pdf：2個見つかりました。
testfolder/test3.pdf：3個見つかりました。
```

アプリ化しよう！

アプリも**「テキストファイルを正規表現で検索するアプリ（regfind_texts.pyw）」**を修正して作りましょう（図6.12）。

テキストファイルを正規表現で検索（フォルダ以下すべての）

読み込みフォルダ　testfolder　選択

検索文字列　.れは

拡張子　*.txt

実行

testfolder/subfolder/subfolder2/test1.txt：1個見つかりました。
testfolder/subfolder/test1.txt：1個見つかりました。
testfolder/subfolder/test2.txt：2個見つかりました。
testfolder/test1.txt：1個見つかりました。
testfolder/test2.txt：2個見つかりました。

図6.12 利用するアプリ：regfind_texts.py

❶ファイル「regfind_texts.pyw」をコピーして、コピーしたファイルの名前を「regfind_PDFs.pyw」にリネームします。

これに「regfind_PDFs.py」で動いているプログラムをコピーして修正していきます。

❷6行目に、以下のimport文を追加します（リスト6.21）。

リスト6.21 import文を追加

```
001 from pdfminer.high_level import extract_text
```

❸9～12行目の、表示やパラメータを変更します（リスト6.22）。

リスト6.22 表示やパラメータの変更

```
001 title = "PDFファイルを正規表現で検索（フォルダ以下すべての）"
002 infolder = "."
003 label1, value1 = "検索文字列", ".れは"
004 label2, value2 = "拡張子", "*.pdf"
```

❹19～20行目の「テキストを読み込む処理」（リスト6.23）を、「PDFからテキストを読み込む処理」（リスト6.24）に変更します。

リスト6.23 変更前

```
001             p = Path(readfile)
002             text = p.read_text(encoding="UTF-8")
```

リスト6.24 変更後

```
001             text = extract_text(readfile)
```

❺PDFの拡張子は「pdf」なので、39行目（リスト6.25）と49行目（リスト6.26）の拡張子の入力欄を削除します。

リスト6.25 拡張子の入力欄を削除

```
001 value2 = values["input2"]
```

リスト6.26 拡張子の入力欄を削除

```
001            [sg.Text(label2, size=(14,1)),sg.Input(value2, ↵
        key="input2")],
```

これでできあがりです（regfind_PDF.pyw）。

アプリは次のような手順で使います。

①「選択」ボタンを押して、「読み込みフォルダ」を選択します（選択しなければ、このプログラムファイルが置かれたフォルダから下を調べます）。
②「検索文字列」に調べたい文字列を正規表現で入力します。
③「実行」ボタンを押すと、指定した文字列が含まれるPDFファイルを表示します（図6.13）。

PDFファイルを正規表現で検索（フォルダ以下すべての）
読み込みフォルダ testfolder 選択
検索文字列 .れは
実行
testfolder/subfolder/test1.pdf：1個見つかりました。
testfolder/subfolder/test2.pdf：2個見つかりました。
testfolder/test1.pdf：1個見つかりました。
testfolder/test2.pdf：2個見つかりました。
testfolder/test3.pdf：3個見つかりました。

図6.13 実行結果

ファイル内で使われている文字列をあいまいにしか覚えていないPDFファイルを見つけられたよ！

基本　アプリ化

PDFファイルのテキストを抽出して保存するには：extractText_PDF

こんな問題を解決したい！

このPDFファイルのテキスト部分を抜き出したい。でも、PDFファイルを開いて抜き出していくのはめんどうだなあ

解決に必要な命令は？

これは、「PDFファイルの中のテキスト部分だけを抽出したい」という場合ですね。PDFファイルからテキストを抽出する処理は、extract_text()命令でできるので、これを使って作りましょう。

プログラムを作ろう！

しかも、extract_text()命令を使った**「PDFファイルからテキストを抽出するプログラム（リスト6.1）」**は、すでにあります。ここではこれを、関数から呼び出す形のプログラムにしてみましょう（リスト6.27）。

リスト6.27 chap6/extractText_PDF.py

```
001 from pathlib import Path
002 from pdfminer.high_level import extract_text
003 
004 infile = "test.pdf"
005 
```

```
006 #【関数: PDFファイルからTextを抽出する】
007 def extracttext(readfile):
008     try:
009         text = extract_text(readfile)
010         return text
011     except:
012         return readfile + "：失敗しました。"
013 
014 #【関数を実行】
015 msg = extracttext(infile)
016 print(msg)
```

1〜2行目で、pathlibライブラリのPathと、pdfminer.sixライブラリのextract_textをインポートします。**4行目**で、「読み込みファイル名」を変数infileに入れます。

7〜12行目で、「PDFファイルからテキストを抽出する関数（extracttext）」を作ります。**9行目**で、PDFファイルからテキストを抽出します。**12行目**は、もしエラーが起こったときの命令です。

実行すると、テキストを読み込み、中身を表示します。

実行結果

```
これはテストファイルの1行目です。ABC
それはテストファイルの2行目です。DEF
あれはテストファイルの3行目です。XYZ
```

アプリ化しよう！

このextractText_PDF.pyを、さらにアプリ化しましょう。

extractText_PDF.pyでは、「ファイル名」を選択して実行します。**『ファイル選択のアプリ（テンプレートfile.pyw）』**を修正して作れそうです（図6.14、図6.15）。

図6.14 利用するテンプレート：テンプレートfile.pyw

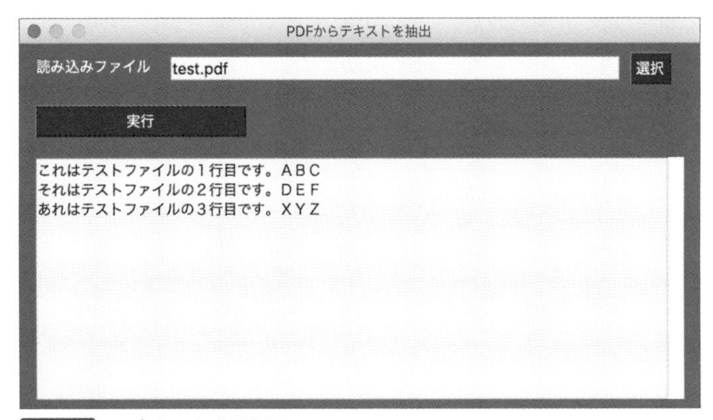

図6.15 アプリの完成予想図

❶ファイル「テンプレートfile.pyw」をコピーして、コピーしたファイルの名前を「extractText_PDF.pyw」にリネームします。

これに「extractText_PDF.py」で動いているプログラムをコピーして修正していきます。

❷使うライブラリを追加します（リスト6.28）。

リスト6.28 テンプレートを修正：1

```
001 #【1.使うライブラリをimport】
002 from pathlib import Path
003 from pdfminer.high_level import extract_text
```

❸表示やパラメータを修正します（リスト6.29）。

リスト6.29 テンプレートを修正：2

```
001 #【2.アプリに表示する文字列を設定】
002 title = "PDFからテキストを抽出"
003 infile = "test.pdf"
```

❹関数を差し替えます（リスト6.30）。

リスト6.30 テンプレートを修正：3

```
001 #【3.関数: PDFファイルからTextを抽出する関数】
002 def extracttext(readfile):
003   try:
004     text = extract_text(readfile)
005     return text
006   except:
007     return readfile + "：失敗しました。"
```

❺関数を実行します（リスト6.31）。

リスト6.31 テンプレートを修正：4

```
001 #【4.関数を実行】
002     msg = extracttext(infile)
```

これでできあがりです（extractText_PDF.pyw）。
アプリは次のような手順で使います。

①「選択」ボタンを押して、PDFファイル名を選択します。
②「実行」ボタンを押すと、PDFファイルに含まれるテキストが表示されます（図6.16）。

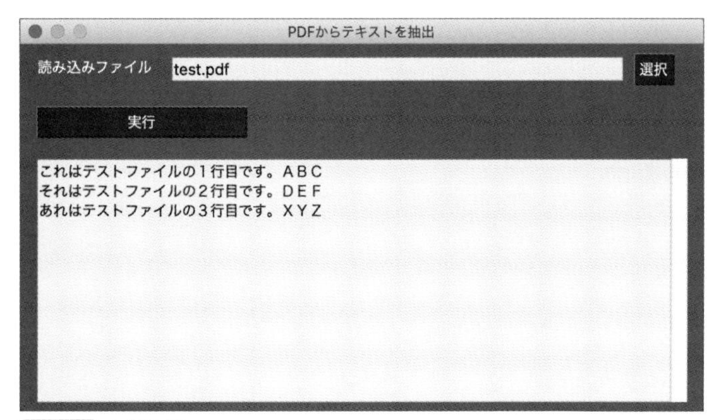

図6.16 実行結果

PDFファイルからテキストを抜き出せたよ！

Chapter

7

Wordファイルの検索・置換

基本 アプリ化

Recipe 1 Chapter 7

Wordファイルを読み書きするには

Wordファイルを読み込むライブラリ

Wordファイル（docxファイル）を読み込んだり、編集したりしたいときは、外部ライブラリの**python-docxライブラリ**が使えます（図7.1）。

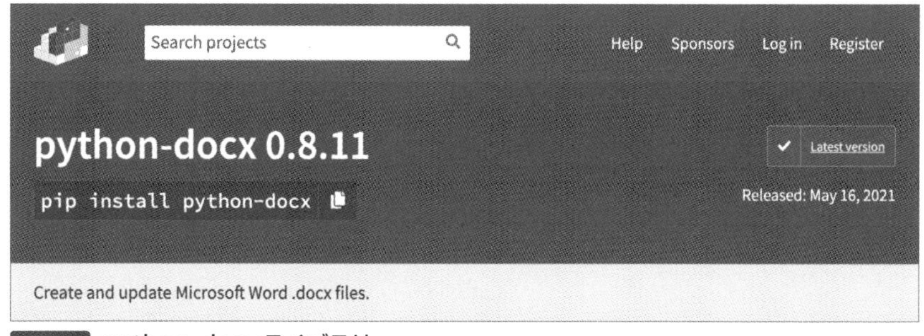

図7.1 python-docxライブラリ

https://pypi.org/project/python-docx/

※Pythonライブラリのサイトに表示される数値は更新されることがあります。

python-docxライブラリは、標準ライブラリではないので、手動でインストールする必要があります。基本的にpipコマンドでインストールできますが、パソコン内に複数バージョンのPythonがインストールされている場合、違うPython環境にインストールされてしまう可能性があります。

IDLEの環境にインストールするには、Windowsなら［コマンドプロンプト］アプリを起動して、macOSなら［ターミナル］アプリを起動して、書式7.1、書式7.2のように命令してインストールを行ってください。その後、「pip list」命令で、python-docxがインストールされていることを確認しましょう。

書式7.1 python-docxライブラリのインストール（Windows）

```
py -m pip install python-docx
py -m pip list
```

書式7.2 python-docxライブラリのインストール（macOS）

```
python3 -m pip install python-docx
python3 -m pip list
```

これで、ライブラリをインポートして使えるようになります。また、基本的な操作は、python-docxの中のDocument()命令だけで実現できるので、書式7.3のように指定してインポートします。

書式7.3 python-docxの中からDocumentだけをインポート

```
from docx import Document
```

それではここで、この**python-docxライブラリの簡単な使い方**について見ていきましょう。Wordファイルを読み込むにはまず、「Wordファイルの構造」について理解しておく必要があります（図7.2）。

Wordファイルには、テキストの本文は**「段落（Paragraph）」**というかたまりで入っています。そして、この段落がたくさん集まって本文になっています。

ですから、Wordファイルの中からテキストを取り出したいときは、「ファイルに含まれるすべての段落（Paragraph）を調べ、各テキストを取り出す」という手順で行うことになります。

また、Wordファイルには表を入れることもできます、この表も**「表（Table）」**というかたまりで入っています。複数の表を入れることもできますので、Wordファイルは、**「いくつかの段落と、いくつかの表」**でできているのです。もっといろいろな要素でできていますが、「文字列を検索する」という視点から、今回は段落と表に注目していきます。

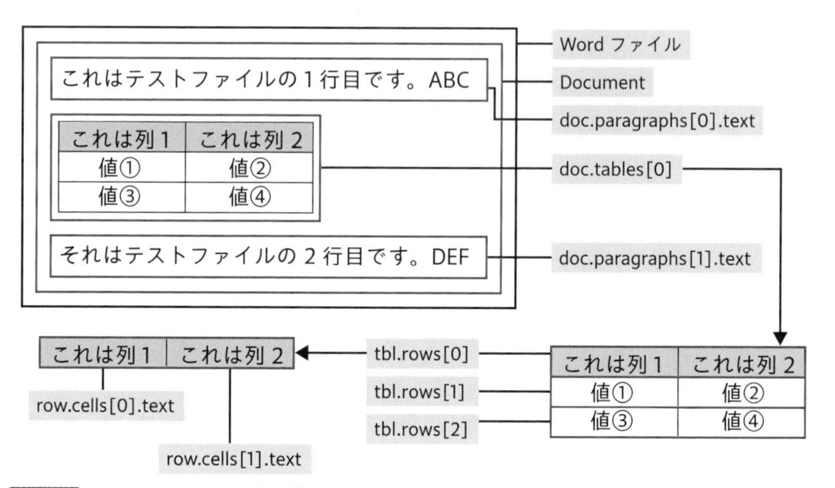

図7.2 Wordファイルの内部構造

まず、書式7.4の命令でWordファイルを読み込みます。

書式7.4 Wordファイルを読み込む

```
doc = Document(ファイル名)
```

このdocの中に複数の段落が含まれているので、for文を使って段落の数だけくり返すことで、全段落のテキストを調べることができます（書式7.5）。

書式7.5 段落のテキストを調べる

```
for pa in doc.paragraphs:
        print(pa.text)
```

また、docの中には複数の表が含まれていますので、for文を使って表の数だけ処理をくり返すことで、すべての表データを取り出すことができます。ただし、個々の表（tbl）には、複数のデータが入っています。そこで、各行（row）を取り出し、さらに各要素（cell）を取り出し、そのテキスト（cell.text）を取り出すことで、表データを調べることができます（書式7.6）。

書式7.6 表データを調べる

```
for tbl in doc.tables:
    for row in tbl.rows:
        for cell in row.cells:
            print(cell.text)
```


これを使えば、「Wordファイルに含まれるテキスト」を抽出することができます。例として**「Wordからテキストを抽出するプログラム」**を作ってみましょう。

まず、**テキストの入ったテスト用のWordファイル**を用意してください。P.10のURLからサンプルファイルをダウンロードすることもできます。その中の**ファイル（chap7/test.docx）**を使ってください（図7.3）。ご自分で用意したファイルを使うときは、リスト7.1の3行目のファイル名を変更してください。このファイルを読み込んで実行するプログラムがリスト7.1です。

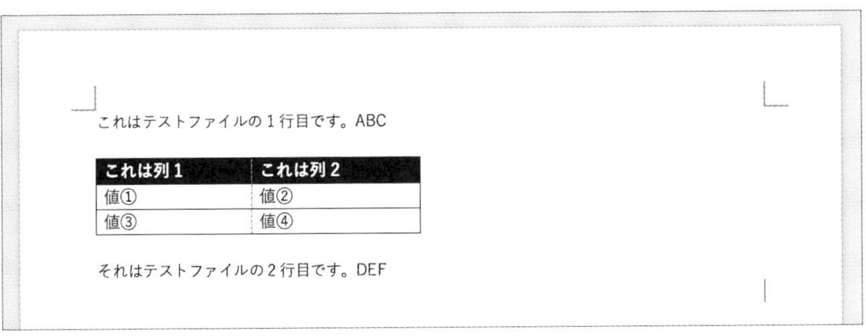

図7.3 サンプルファイル：test.docx

※この章では正規表現での検索を行うので、サンプルファイルではわざと「これは」「それは」「あれは」という言葉を使っています。

「Wordファイルからテキストを抽出するプログラム」は、リスト7.1のようになります。

リスト7.1 chap7/test7_1.py

```
001 from docx import Document
002 
003 infile = "test.docx"
```

```
004 try:
005     doc = Document(infile)
006     for pa in doc.paragraphs: ──── 全段落
007         print("paragraph----")
008         print(pa.text)
009     for tbl in doc.tables: ──── 全表
010         print("table----")
011         for row in tbl.rows:
012             print("row----")
013             for cell in row.cells:
014                 print(cell.text)
015 except:
016     print("失敗しました。")
```

1行目で、python-docxライブラリのDocumentをインポートします。**3行目**で、読み込むファイル名を変数infileに入れます。**5行目**で、Wordファイルのドキュメントを読み込みます。

6〜8行目で、全段落のテキストを表示します。各段落の区切りも表示します。**9〜14行目**で、全表の要素のテキストを表示します。各表の区切りも表示します。

実行すると、Wordファイル内のテキストが表示されます。何も表示されない段落は、改行のみの段落です。

実行結果

```
paragraph----
これはテストファイルの1行目です。ABC
paragraph----

paragraph----
```

```
paragraph----
それはテストファイルの2行目です。DEF
paragraph----

table----
row----
これは列1
これは列2
row----
値①
値②
row----
値③
値④
```

これをもとに、**「ある文字列が、Wordファイルに含まれているか検索するプログラム」**を作ってみましょう（リスト7.2）。「ある文字列」が、「全段落」と「全表」のどこに含まれているかを調べます。

リスト7.2 chap7/test7_2.py

```
001 from docx import Document
002 
003 infile = "test.docx"
004 value1 = "これは"
005 
006 try:
007     doc = Document(infile)
008     cnt = 0
```

```
009        for pa in doc.paragraphs:——— 全段落
010            cnt += pa.text.count(value1)
011        for tbl in doc.tables:———— 全表
012            for row in tbl.rows:
013                for cell in row.cells:
014                    cnt += cell.text.count(value1)
015        print(str(cnt)+"個見つかりました。")
016    except:
017        print("失敗しました。")
```

1行目で、python-docxライブラリのDocumentをインポートします。**3〜4行目**で、「読み込むファイル名」を変数infileに、「検索文字列」をvalue1に入れます。**7行目**で、Wordファイルのドキュメントを読み込みます。**8行目**で、見つかった個数を入れる変数cntを0にリセットしておきます。

9〜10行目で、全段落のテキストを検索します。**11〜14行目**で、全表の要素のテキストを検索します。**15行目**で、結果を表示します。

実行すると、3個（本文の中の1個と、表の中の2個）が見つかりました。

実行結果

```
3個見つかりました。
```

python-docxライブラリは、編集したWordファイルを書き出すこともできます（書式7.7）。

書式7.7 docをWordファイルで書き出す

```
doc.save(ファイル名)
```

これをもとに、**「読み込んだWordファイルを書き出すプログラム」**を作ってみましょう（リスト7.3）。

リスト7.3 chap7/test7_3.py

```
001 from docx import Document
002 
003 infile = "test.docx"
004 value1 = "output.docx"
005 try:
006     doc = Document(infile)
007     doc.save(value1)
008 except:
009     print("失敗しました。")
```

1行目で、python-docxライブラリのDocumentをインポートします。**3~4行目**で、「読み込むファイル名」を変数infileに、「書き出すファイル名」をvalue1に入れます。**6行目**で、Wordファイルのドキュメントを読み込みます。**7行目**で、読み込んだドキュメントを書き出します。実行すると、test.docxと同じ内容のWordファイルがoutput.docxに書き出されます（図7.4）。

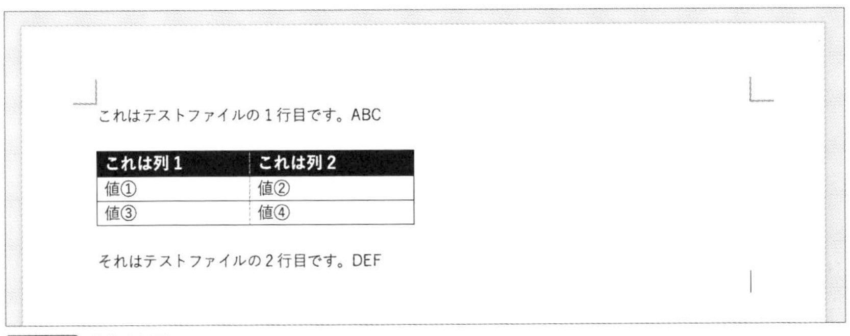

図7.4 実行結果

※簡単なWordファイルではうまく書き出せても、Wordファイルの複雑さや形式によっては、フォントやテキストの装飾がうまくいかない場合もあるようです。書き出した場合は、正しく書き出されているかどうかを確認して使いましょう。

以上の命令や手法を踏まえて、Wordファイルに関する具体的な問題を解決していきましょう。

基本　アプリ化

Wordファイルを検索するには：find_Words

こんな問題を解決したい！

どんな方法で解決するのか？

これは、第5章の**「テキストファイルを検索するプログラム（find_texts.py）」**と、そっくりです。違うのは、扱うファイルが「テキストファイル」か「Wordファイル」かです（図7.5）。

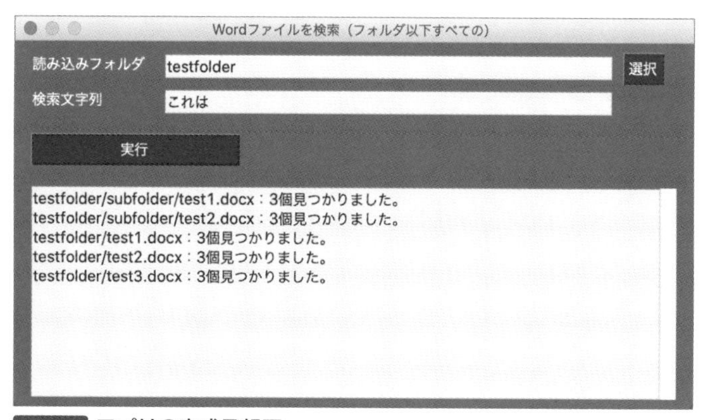

図7.5 アプリの完成予想図

つまり、**テキストファイルを読み込んで検索する処理**（リスト7.4）を、**Wordファイルを読み込んで検索する処理**（リスト7.5）に修正することで作れるのです。

リスト7.4 変更前：テキストファイルを読み込んで検索する処理

```
001 p = Path(readfile)
002 text = p.read_text(encoding="UTF-8")
003 cnt = text.count(findword)
```

リスト7.5 変更後：Wordファイルを読み込んで検索する処理

```
001 doc = Document(readfile)
002 cnt = 0
003 for pa in doc.paragraphs:
004     cnt += pa.text.count(value1)
005 for tbl in doc.tables:
006     for row in tbl.rows:
007             for cell in row.cells:
008                 cnt += cell.text.count(value1)
```

プログラムを作っていく前にまず、図7.6のように**階層構造になったテスト用のフォルダ（testfolder）**を作って用意してください（テストができればいいので全く同じでなくてもかまいません）。P.10のURLからサンプルファイルをダウンロードすることもできます。その中の**フォルダ（chap7/testfolder）**を使ってください。

図7.6 フォルダ構造

```
[testfolder]
 ├ test1.docx
 ├ test2.docx
 ├ test3.docx
```

```
└ [subfolder]
    ├ test1.docx
    └ test2.docx
```

サンプルフォルダでは、図7.7、図7.8、図7.9のような3種類のWordファイル（test1.docx、test2.docx、test3.docx）を用意しています。

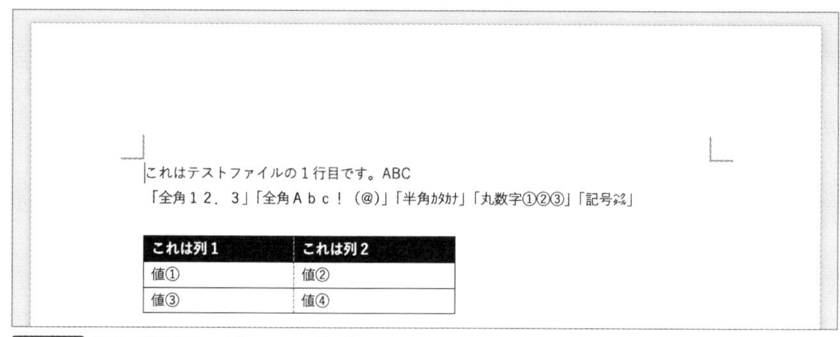

これはテストファイルの１行目です。ABC
「全角１２．３」「全角Ａｂｃ！（@）」「半角ｶﾀｶﾅ」「丸数字①②③」「記号㌶」

これは列１	これは列２
値①	値②
値③	値④

図7.7 サンプルファイル：test1.docx

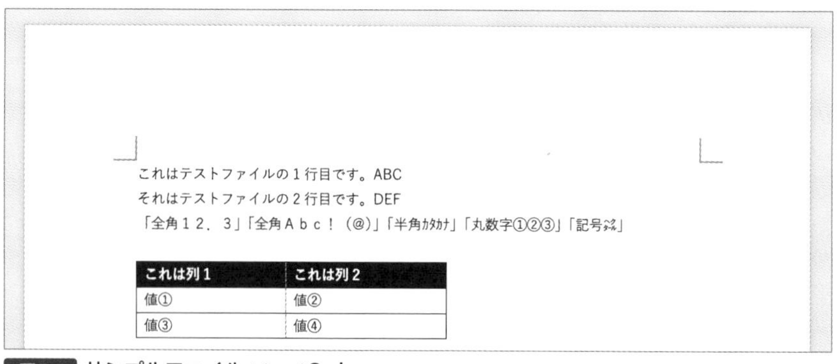

これはテストファイルの１行目です。ABC
それはテストファイルの２行目です。DEF
「全角１２．３」「全角Ａｂｃ！（@）」「半角ｶﾀｶﾅ」「丸数字①②③」「記号㌶」

これは列１	これは列２
値①	値②
値③	値④

図7.8 サンプルファイル：test2.docx

これはテストファイルの1行目です。ABC
それはテストファイルの2行目です。DEF
あれはテストファイルの3行目です。XYZ
「全角１２．３」「全角Ａｂｃ！（＠）」「半角ｶﾀｶﾅ」「丸数字①②③」「記号㍻」

これは列1	これは列2
値①	値②
値③	値④

図7.9 サンプルファイル：test3.docx

プログラムを作ろう！

それでは、第5章Recipe2の**「テキストファイルを検索するプログラム（find_texts.py）」**を修正して、**「Wordファイルを検索するプログラム（find_Words.py）」**を作りましょう。

❶ファイル「find_texts.py」をコピーして、コピーしたファイルの名前を「find_Words.py」にリネームし、これを修正していきます。

❷2行目に、以下のimport文を追加します（リスト7.6）。

リスト7.6 import文を追加

```
001 from docx import Document
```

❸6行目を、docxを読み込むように修正します（リスト7.7）。

リスト7.7 docxを読み込むように修正

```
001 value2 = "*.docx"
```

❹12～14行目の「テキストを読み込んで検索する処理」（リスト7.8）を、「Wordファイルからテキストを読み込んで検索する処理」（リスト7.9）に変更します。

リスト7.8 変更前

```
001         p = Path(readfile)
002         text = p.read_text(encoding="UTF-8")
003         cnt = text.count(findword)
```

リスト7.9 変更後

```
001         doc = Document(readfile)
002         cnt = 0
003         for pa in doc.paragraphs:
004             cnt += pa.text.count(value1)
005         for tbl in doc.tables:
006             for row in tbl.rows:
007                     for cell in row.cells:
008                         cnt += cell.text.count(value1)
```

これでできあがりです（find_Words.py）。

実行すると、それぞれ3個（本文の中の1個と、表の中の2個）が見つかりました。

実行結果

```
testfolder/subfolder/test1.docx：3個見つかりました。
testfolder/subfolder/test2.docx：3個見つかりました。
testfolder/test1.docx：3個見つかりました。
testfolder/test2.docx：3個見つかりました。
testfolder/test3.docx：3個見つかりました。
```

アプリ化しよう！

アプリも第5章Recipe2の**「テキストファイルを検索するアプリ（find_texts.pyw）」**を修正して作りましょう（図7.10）。

テキストファイルを検索（フォルダ以下すべての）
読み込みフォルダ testfolder 選択
検索文字列 これは
拡張子 *.txt
実行
testfolder/subfolder/subfolder2/test1.txt：1個見つかりました。
testfolder/subfolder/test1.txt：1個見つかりました。
testfolder/subfolder/test2.txt：2個見つかりました。
testfolder/test1.txt：1個見つかりました。
testfolder/test2.txt：2個見つかりました。

図7.10 利用するアプリ：find_texts.pyw

❶第5章のファイル「find_texts.pyw」をコピーして、コピーしたファイルの名前を「find_Words.pyw」にリネームします。

これに「find_Words.py」で動いているプログラムをコピーして修正していきます。

❷5行目に、以下のimport文を追加します（リスト7.10）。

リスト7.10 import文を追加

```
001 from docx import Document
```

❸8～11行目の表示やパラメータを変更します（リスト7.11）。

リスト7.11 表示やパラメータの変更

```
001 title = "Wordファイルを検索（フォルダ以下すべての）"
002 infolder = "."
003 label1, value1 = "検索文字列", "これは"
004 label2, value2 = "拡張子", "*.docx"
```

❹17～19行目の「テキストを読み込んで検索する処理」(リスト7.12)を、「Wordファイルからテキストを読み込んで検索する処理」(リスト7.13)に変更します。

リスト7.12 変更前

```
001        p = Path(readfile)
002        text = p.read_text(encoding="UTF-8")
003        cnt = text.count(findword)
```

リスト7.13 変更後

```
001        doc = Document(readfile)
002        cnt = 0
003        for pa in doc.paragraphs:
004          cnt += pa.text.count(value1)
005        for tbl in doc.tables:
006          for row in tbl.rows:
007              for cell in row.cells:
008                cnt += cell.text.count(value1)
```

❺Wordファイルの拡張子は「docx」なので、43行目(リスト7.14)と52行目(リスト7.15)の拡張子の入力欄を削除します。

リスト7.14 拡張子の入力欄を削除

```
001  value2 = values["input2"]
```

リスト7.15 拡張子の入力欄を削除

```
001          [sg.Text(label2, size=(12,1)), sg.Input(value2,
     key="input2")],
```

これでできあがりです(find_Words.pyw)。

アプリは次のような手順で使います。

①「選択」ボタンを押して、「読み込みフォルダ」を選択します（選択しなければ、このプログラムファイルが置かれたフォルダから下を調べます）。
②「検索文字列」に調べたい文字列を入力します。
③「実行」ボタンを押すと、検索文字が含まれるWordファイルを表示します（図7.11）。

Wordファイルを検索（フォルダ以下すべての）
読み込みフォルダ testfolder 選択
検索文字列 これは
実行
testfolder/subfolder/test1.docx：3個見つかりました。
testfolder/subfolder/test2.docx：3個見つかりました。
testfolder/test1.docx：3個見つかりました。
testfolder/test2.docx：3個見つかりました。
testfolder/test3.docx：3個見つかりました。

図7.11 実行結果

検索文字が含まれるWordファイルが見つかったよ！

基本 アプリ化

Wordファイルを置換するには：replace_Words

こんな問題を解決したい！

Wordファイルをたくさん作ったけれど、言葉を勘違いして書いていた！　すべてのWordファイルの「これは」を「あれは」に置換したいけれどめんどうだなあ

解決に必要な命令は？

これは、第5章Recipe3の**「テキストファイルを置換するプログラム（replace_texts.py）」**と、そっくりです。違うのは、扱うファイルが「テキストファイル」か「Wordファイル」かです（図7.12）。

Wordファイルを置換（フォルダ内の）

読み込みフォルダ　testfolder　選択
検索文字列　これは
置換文字列　あれは
書き出しフォルダ　outputfolder
実行

outputfolderに、test1.docx を書き出しました。
outputfolderに、test2.docx を書き出しました。
outputfolderに、test3.docx を書き出しました。

図7.12 アプリの完成予想図

つまりこれも、**テキストファイルを読み込んで置換する処理**（リスト7.16）を、**Wordファイルを読み込んで、段落と表を置換する処理**（リスト7.17）に修正します。

リスト7.16 変更前：テキストファイルを読み込んで置換する処理

```
001 p1 = Path(readfile)
002 text = p1.read_text(encoding="UTF-8")
003 text = text.replace(findword, newword)
```

リスト7.17 変更後：Wordファイルを読み込んで、段落と表を置換する処理

```
001 doc = Document(readfile)
002 for pa in doc.paragraphs:
003     pa.text = pa.text.replace(findword, newword)
004 for tbl in doc.tables:
005     for row in tbl.rows:
006         for cell in row.cells:
007             cell.text = cell.text.replace(findword, newword)
```

さらに、ここで作るプログラムは「置換したファイルを書き出すプログラム」なので、リスト7.3で用いた**doc.save()**命令を使って、「Wordファイルの書き出し処理」も行う必要があります。**テキストファイルを書き出す処理**（リスト7.18）を、**Wordファイルを書き出す処理**（リスト7.19）に修正します。

リスト7.18 変更前：テキストファイルを書き出す処理

```
001 filename = p1.name
002 p2 = Path(savedir.joinpath(filename))
003 p2.write_text(text)
```

リスト7.19 変更後：Wordファイルを書き出す処理

```
001 filename = Path(readfile).name
002 newname = savedir.joinpath(filename)
003 doc.save(newname)
```

これで、「Wordファイルを読み込んで置換して書き出す」ことができます。

プログラムを作ろう！

それでは、第5章Recipe3の「**テキストファイルを置換するプログラム(replace_texts.py)**」を修正して、「**Wordファイルを置換するプログラム(replace_Words.py)**」を作りましょう。

❶第5章のファイル「replace_texts.py」をコピーして、コピーしたファイルの名前を「replace_Words.py」にリネームし、これを修正していきます。

❷2行目に、以下のimport文を追加します（リスト7.20）。

リスト7.20 import文を追加

```
001 from docx import Document
```

❸8行目を、Wordファイル（拡張子はdocx）を読み込むように修正します（リスト7.21）。

リスト7.21 docxを読み込むように修正

```
001     ext = "*.docx"
```

❹14〜16行目の、「テキストを読み込んで置換する処理」（リスト7.22）を、「Wordファイルからテキストを読み込んで段落と表を置換する処理」（リスト7.23）に変更します。

リスト7.22 変更前

```
001         p1 = Path(readfile)
002         text = p1.read_text(encoding="UTF-8")
003         text = text.replace(findword, newword)
```

リスト7.23 変更後

```
001         doc = Document(readfile)
002         for pa in doc.paragraphs:
003             pa.text = pa.text.replace(findword, newword)
004         for tbl in doc.tables:
```

```
005            for row in tbl.rows:
006                    for cell in row.cells:
007                        cell.text = cell.text.replace ↵
    (findword, newword)
```

❺23〜25行目の「テキストファイルを書き出す処理」(リスト7.24)を、「Wordファイルを書き出す処理」(リスト7.25)に変更します。

リスト7.24 変更前

```
001        filename = p1.name
002        p2 = Path(savedir.joinpath(filename))
003        p2.write_text(text, encoding="UTF-8")
```

リスト7.25 変更後

```
001        filename = Path(readfile).name
002        newname = savedir.joinpath(filename)
003        doc.save(newname)
```

これでできあがりです(replace_Words.py)。
実行すると、置換されたファイルが書き出されます。

実行結果

```
outputfolderに、test1.docx を書き出しました。
outputfolderに、test2.docx を書き出しました。
outputfolderに、test3.docx を書き出しました。
```

アプリ化しよう!

アプリも第5章Recipe3の**「テキストファイルを置換するアプリ(replace_texts.pyw)」**を修正して作りましょう(図7.13)。

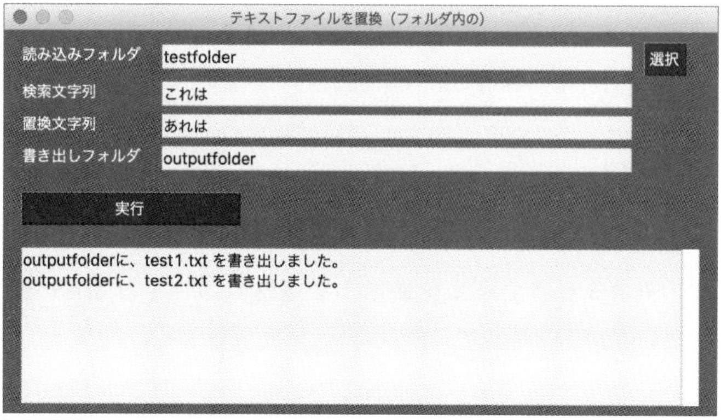

図7.13 利用するアプリ：replace_texts.pyw

❶ファイル「replace_texts.pyw」をコピーして、コピーしたファイルの名前を「replace_Words.pyw」にリネームします。

これに「replace_Words.py」で動いているプログラムをコピーして修正していきます。

❷5行目に、以下のimport文を追加します（リスト7.26）。

リスト7.26 import文を追加

```
001 from docx import Document
```

❸8～13行目の、表示やパラメータを変更します（リスト7.27）。

リスト7.27 表示やパラメータの変更

```
001 title = "Wordファイルを置換（フォルダ内の）"
002 infolder = "."
003 label1, value1 = "検索文字列", "これは"
004 label2, value2 = "置換文字列", "あれは"
005 label3, value3 = "書き出しフォルダ", "outputfolder"
006 ext = "*.docx"
```

❹19～21行目の、「テキストを読み込んで置換する処理」（リスト7.28）を、「Wordファイルからテキストを読み込んで、段落と表を置換する処理」（リスト7.29）に変更します。

リスト7.28 変更前

```
001 p1 = Path(readfile)
002 text = p1.read_text(encoding="UTF-8")
003 text = text.replace(findword, newword)
```

リスト7.29 変更後

```
001 doc = Document(readfile)
002 for pa in doc.paragraphs:
003   pa.text = pa.text.replace(findword, newword)
004 for tbl in doc.tables:
005   for row in tbl.rows:
006       for cell in row.cells:
007         cell.text = cell.text.replace(findword, newword)
```

❺28～30行目の「テキストファイルを書き出す処理」（リスト7.30）を、「Wordファイルを書き出す処理」（リスト7.31）に変更します。

リスト7.30 変更前

```
001 filename = p1.name
002 p2 = Path(savedir.joinpath(filename))
003 p2.write_text(text, encoding="UTF-8")
```

リスト7.31 変更後

```
001 filename = Path(readfile).name
002 newname = savedir.joinpath(filename)
003 doc.save(newname)
```

これでできあがりです（replace_Words.pyw）。

アプリは次のような手順で使います。

①「選択」ボタンを押して、「読み込みフォルダ」を選択します。

②「検索文字列」と「置換文字列」を入力します。

③「書き出しフォルダ」に、書き出しフォルダ名を入力します。

④「実行」ボタンを押すと、選択した読み込みフォルダ内のWordファイルの文字列を置換し、書き出しフォルダに書き出します（図7.14）。

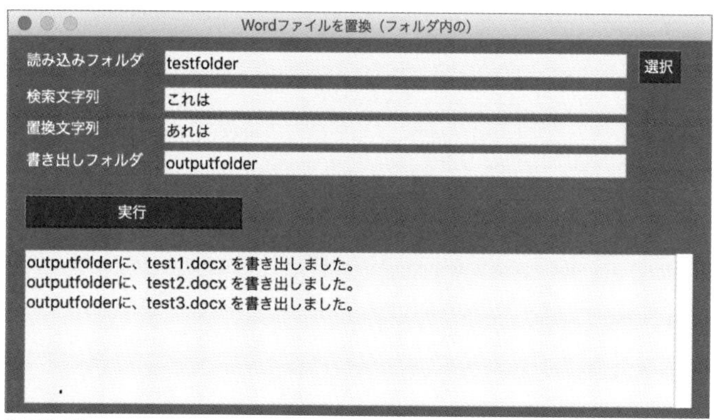

図7.14 実行結果

Wordファイルの文字列を置換できたよ！

Wordファイルを正規表現で検索するには：regfind_Words

こんな問題を解決したい！

また、Wordのファイル名を忘れてしまった！　しかも「どんな文字が使われているか」をあいまいにしか覚えていない。どうしよう

解決に必要な命令は？

これは、本章Recipe2の「**Wordファイルを検索するプログラム（find_Words.py）**」と、そっくりです。違うのは、「普通に検索する」か「正規表現で検索する」かです。

つまり、**Wordファイルを検索する処理**（リスト7.32）を、**Wordファイルを正規表現で検索する処理**（リスト7.33）に修正することで作れるのです。

リスト7.32 変更前：Wordファイルを検索する処理

```
001 doc = Document(readfile)
002 cnt = 0
003 for pa in doc.paragraphs:
004     cnt += pa.text.count(value1)
005 for tbl in doc.tables:
006     for row in tbl.rows:
007         for cell in row.cells:
008             cnt += cell.text.count(value1)
```

リスト7.33 変更後：Wordファイルを正規表現で検索する処理

```
001         ptn = re.compile(findword)
002         doc = Document(readfile)
003         cnt = 0
004         for pa in doc.paragraphs:
005             cnt += len(re.findall(ptn, pa.text))
006         for tbl in doc.tables:
007             for row in tbl.rows:
008                 for cell in row.cells:
009                     cnt += len(re.findall(ptn, cell.text))
```

プログラムを作ろう！

それでは、本章Recipe2の「**Wordファイルを検索する（find_Words.py）**」を修正して、「**Wordファイルを正規表現で検索する（regfind_Words.py）**」を作りましょう。

❶ファイル「find_Words.py」をコピーして、コピーしたファイルの名前を「regfind_Words.py」にリネームし、これを修正していきます。

❷3行目に、以下のimport文を追加します（リスト7.34）。

リスト7.34 import文を追加

```
001 import re
```

❸5〜7行目の、表示やパラメータを変更します（リスト7.35）。

リスト7.35 表示やパラメータの変更

```
001 infolder = "testfolder"
002 value1 = ".れは"
003 value2 = "*.docx"
```

❹13行目からの「Wordファイルを読み込んで検索する処理」（リスト7.36）を、「Wordファイルを読み込んで正規表現で検索する処理」（リスト7.37）に変更します。

リスト7.36 変更前

```
001        doc = Document(readfile)
002        cnt = 0
003        for pa in doc.paragraphs:
004          cnt += pa.text.count(value1)
005        for tbl in doc.tables:
006          for row in tbl.rows:
007              for cell in row.cells:
008                cnt += cell.text.count(value1)
```

リスト7.37 変更後

```
001        ptn = re.compile(findword)
002        doc = Document(readfile)
003        cnt = 0
004        for pa in doc.paragraphs:
005            cnt += len(re.findall(ptn, pa.text))
006        for tbl in doc.tables:
007            for row in tbl.rows:
008                for cell in row.cells:
009                    cnt += len(re.findall(ptn, cell.text))
```

これでできあがりです（regfind_Words.py）。

実行すると、検索されたWordファイルのリストが表示されます。「.れは」で検索しているので、「これは」「それは」「あれは」のいずれもが該当するため、test1.docxは3個、test2.docxは4個、test3.docxは5個見つかりました。

実行結果

```
testfolder/subfolder/test1.docx：3個見つかりました。
testfolder/subfolder/test2.docx：4個見つかりました。
testfolder/test1.docx：3個見つかりました。
testfolder/test2.docx：4個見つかりました。
testfolder/test3.docx：5個見つかりました。
```

アプリ化しよう！

アプリも本章Recipe2の「**Wordファイルを検索するアプリ（find_Words.pyw）**」を修正して作りましょう（図7.15）。

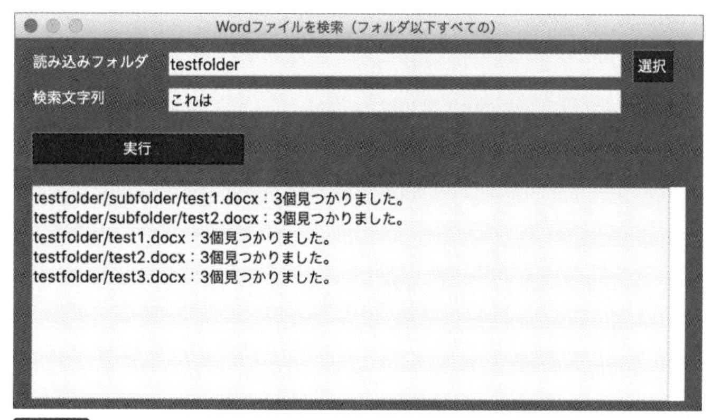

図7.15 利用するアプリ：find_Words.pyw

❶ファイル「find_Words.pyw」をコピーして、コピーしたファイルの名前を「regfind_Words.pyw」にリネームします。

これに「regfind_Words.py」で動いているプログラムをコピーして修正していきます。

❷6行目に、以下のimport文を追加します（リスト7.38）。

リスト7.38 import文を追加

```
001 import re
```

❸9～12行目の、表示やパラメータを変更します（リスト7.39）。

リスト7.39 表示やパラメータの変更

```
001 title = "Wordファイルを正規表現で検索（フォルダ以下すべての）"
002 infolder = "."
003 label1, value1 = "検索文字列", ".れは"
004 label2, value2 = "拡張子", "*.docx"
```

❹18行目からの、「Wordファイルを読み込んで検索する処理」（リスト7.40）を、「Wordファイルを読み込んで正規表現で検索する処理」（リスト7.41）に変更します。

リスト7.40 変更前

```
001         doc = Document(readfile)
002         cnt = 0
003         for pa in doc.paragraphs:
004             cnt += pa.text.count(value1)
005         for tbl in doc.tables:
006             for row in tbl.rows:
007                 for cell in row.cells:
008                     cnt += cell.text.count(value1)
```

リスト7.41 変更後

```
001         ptn = re.compile(findword)
002         doc = Document(readfile)
003         cnt = 0
004         for pa in doc.paragraphs:
```

```
005            cnt += len(re.findall(ptn, pa.text))
006        for tbl in doc.tables:
007            for row in tbl.rows:
008                for cell in row.cells:
009                    cnt += len(re.findall(ptn, cell.text))
```

これでできあがりです (regfind_Words.pyw)。
アプリは次のような手順で使います。

①「選択」ボタンを押して、「読み込みフォルダ」を選択します。
②「検索文字列」に調べたい文字列を正規表現で入力します。
③「実行」ボタンを押すと、指定した文字列が含まれるWordファイルを表示します (図7.16)。

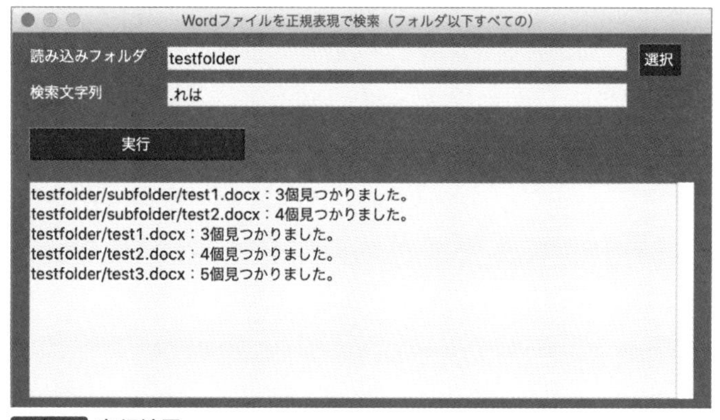

図7.16 実行結果

ファイル内で使われている文字列をあいまいにしか覚えていないWordファイルを見つけられたよ！

Wordファイルを正規表現で置換するには：regreplace_Words

こんな問題を解決したい！

解決に必要な命令は？

これは、本章Recipe3の「**Wordファイルを置換するプログラム（replace_Words.py）**」と、そっくりです。違うのは、「普通に検索する」か「正規表現で検索する」かです。

つまり、**Wordファイルを置換する処理**（リスト7.42）を、**Wordファイルを正規表現で置換する処理**（リスト7.43）に修正することで作れるのです。

リスト7.42　変更前：Wordファイルを置換する処理

```
001     doc = Document(readfile)
002     for pa in doc.paragraphs:
003         pa.text = pa.text.replace(findword, newword)
004     for tbl in doc.tables:
005         for row in tbl.rows:
006             for cell in row.cells:
007                 cell.text = cell.text.replace ↵
(findword, newword)
```

リスト7.43　変更後：Wordファイルを正規表現で置換する処理

```
001         ptn = re.compile(findword)
002         doc = Document(readfile)
003         for pa in doc.paragraphs:
004             pa.text = re.sub(ptn, newword, pa.text)
005         for tbl in doc.tables:
006             for row in tbl.rows:
007                 for cell in row.cells:
008                     cell.text = re.sub(ptn, newword, cell.text)
```

プログラムを作ろう！

それでは、本章Recipe3の「**Wordファイルを置換するプログラム(replace_Words.py)**」を修正して、「**Wordファイルを正規表現で置換するプログラム(regreplace_Words.py)**」を作りましょう。

❶ファイル「replace_Words.py」をコピーして、コピーしたファイルの名前を「regreplace_Words.py」にリネームします。

❷3行目に、以下のimport文を追加します（リスト7.44）。

リスト7.44　import文を追加

```
001   import re
```

❸6行目を、正規表現の文字列に修正します（リスト7.45）。

リスト7.45　正規表現の文字列に修正

```
001   value1 = ".れは"
```

❹15行目からの、「Wordファイルを読み込んで検索する処理」（リスト7.46）を、「Wordファイルを読み込んで正規表現で検索する処理」（リスト7.47）に変更します。

リスト7.46 変更前

```
001         doc = Document(readfile)
002         for pa in doc.paragraphs:
003             pa.text = pa.text.replace(findword, newword)
004         for tbl in doc.tables:
005             for row in tbl.rows:
006                 for cell in row.cells:
007                     cell.text = cell.text.replace(findword, ↵
    newword)
```

リスト7.47 変更後

```
001         ptn = re.compile(findword)
002         doc = Document(readfile)
003         for pa in doc.paragraphs:
004             pa.text = re.sub(ptn, newword, pa.text)
005         for tbl in doc.tables:
006             for row in tbl.rows:
007                 for cell in row.cells:
008                     cell.text = re.sub(ptn, newword, cell.text)
```

これでできあがりです（regreplace_Words.py）。

実行すると、置換したファイルを書き出して、そのファイル名を表示します。

実行結果

```
outputfolderに、test1.docx を書き出しました。
outputfolderに、test2.docx を書き出しました。
outputfolderに、test3.docx を書き出しました。
```

書き出されたファイルは「？れは」が「あれは」に置換されています（図7.17、図7.18、図7.19）。

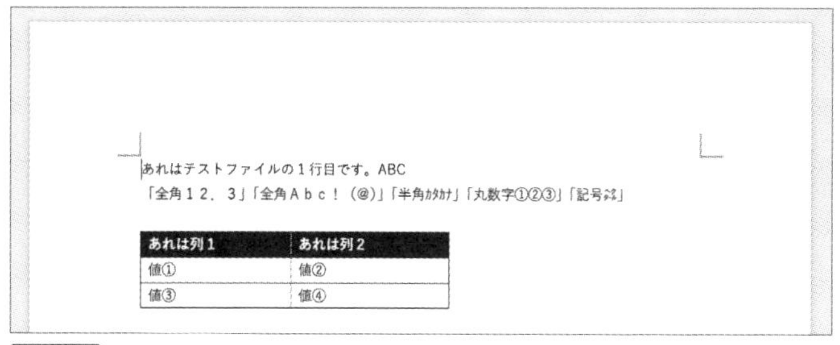

あれはテストファイルの１行目です。ABC
「全角１２．３」「全角Ａｂｃ！（＠）」「半角ｶﾀｶﾅ」「丸数字①②③」「記号[illegible]」

あれは列１	あれは列２
値①	値②
値③	値④

図7.17 実行結果：test1.docx

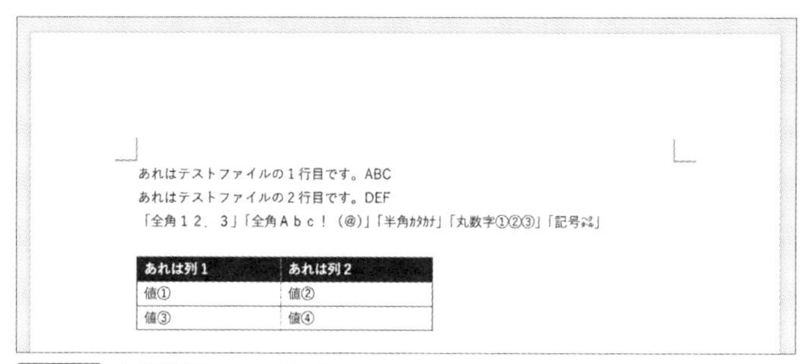

あれはテストファイルの１行目です。ABC
あれはテストファイルの２行目です。DEF
「全角１２．３」「全角Ａｂｃ！（＠）」「半角ｶﾀｶﾅ」「丸数字①②③」「記号[illegible]」

あれは列１	あれは列２
値①	値②
値③	値④

図7.18 実行結果：test2.docx

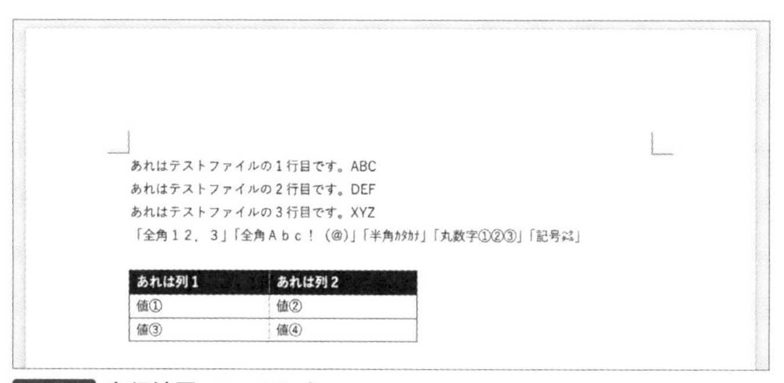

あれはテストファイルの１行目です。ABC
あれはテストファイルの２行目です。DEF
あれはテストファイルの３行目です。XYZ
「全角１２．３」「全角Ａｂｃ！（＠）」「半角ｶﾀｶﾅ」「丸数字①②③」「記号[illegible]」

あれは列１	あれは列２
値①	値②
値③	値④

図7.19 実行結果：test3.docx

アプリ化しよう！

アプリも本章Recipe3の**「Wordファイルを置換するアプリ（replace_Words.pyw）」**を修正して作りましょう（図7.20）。

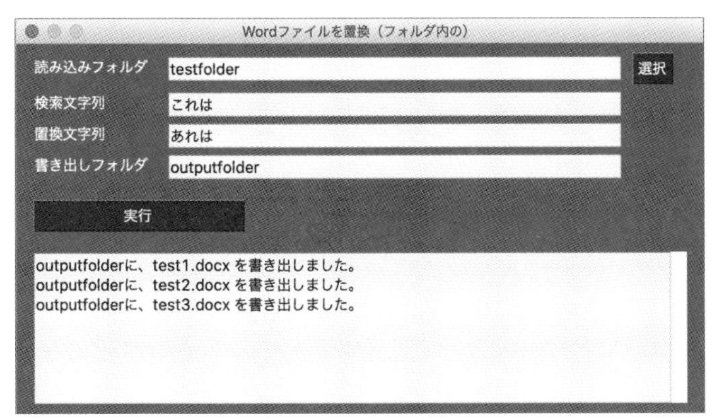

図7.20 利用するアプリ：replace_Words.pyw

❶ファイル「replace_Words.pyw」をコピーして、コピーしたファイルの名前を「regreplace_Words.pyw」にリネームします。

これに「regreplace_Words.py」で動いているプログラムをコピーして修正していきます。

❷6行目に、以下のimport文を追加します（リスト7.48）。

リスト7.48 import文を追加

```
001 import re
```

❸9～14行目の、表示やパラメータを変更します（リスト7.49）。

リスト7.49 表示やパラメータの変更

```
001 title = "Wordファイルを正規表現で置換（フォルダ内の）"
002 infolder = "."
003 label1, value1 = "検索文字列", ".れは"
004 label2, value2 = "置換文字列", "あれは"
```

```
005 label3, value3 = "書き出しフォルダ", "outputfolder"
006 ext = "*.docx"
```

❹20行目からの、「Wordファイルを読み込んで検索する処理」（リスト7.50）を、「Wordファイルを読み込んで正規表現で検索する処理」（リスト7.51）に変更します。

リスト7.50 変更前

```
001         doc = Document(readfile)
002         for pa in doc.paragraphs:
003           pa.text = pa.text.replace(findword, newword)
004         for tbl in doc.tables:
005           for row in tbl.rows:
006               for cell in row.cells:
007                 cell.text = cell.text.replace(findword, newword)
```

リスト7.51 変更後

```
001         ptn = re.compile(findword)
002         doc = Document(readfile)
003         for pa in doc.paragraphs:
004             pa.text = re.sub(ptn, newword, pa.text)
005         for tbl in doc.tables:
006             for row in tbl.rows:
007                 for cell in row.cells:
008                     cell.text = re.sub(ptn, newword, cell.text)
```

これでできあがりです（regreplace_Words.pyw）。
アプリは次のような手順で使います。

①「選択」ボタンを押して、「読み込みフォルダ」を選択します。

②「検索文字列」と「置換文字列」を入力します。

③「書き出しフォルダ」に、書き出しフォルダ名を入力します。

④「実行」ボタンを押すと、選択した読み込みフォルダの中にあるWordファイル内の文書を正規表現で検索し、指定した文字列で置換して書き出しフォルダに書き出します（図7.21）。

Wordファイルを正規表現で置換（フォルダ内の）

読み込みフォルダ testfolder 選択

検索文字列 .れは

置換文字列 あれは

書き出しフォルダ outputfolder

実行

outputfolderに、test1.docx を書き出しました。
outputfolderに、test2.docx を書き出しました。
outputfolderに、test3.docx を書き出しました。

図7.21 実行結果

Wordファイルの文字列をまとめて置換できたよ！

基本　アプリ化

Wordファイルをunicode正規化するには：normalize_Words

こんな問題を解決したい！

また、Wordファイルをたくさん作ったけれど、半角文字と全角文字が混ざってしまっていた！　すべてのWordファイルで「英数字や記号は半角に」「半角カタカナは全角カタカナに」「丸数字①②③は、半角数字に」修正してきれいにしたいけれど、めんどうだなあ

解決に必要な命令は？

これは、第5章Recipe6の**「テキストファイルをunicode正規化するプログラム（normalize_text.py）」**と、そっくりです。違うのは、読み込むのが「テキストファイル」か「Wordファイル」かです（図7.22）。

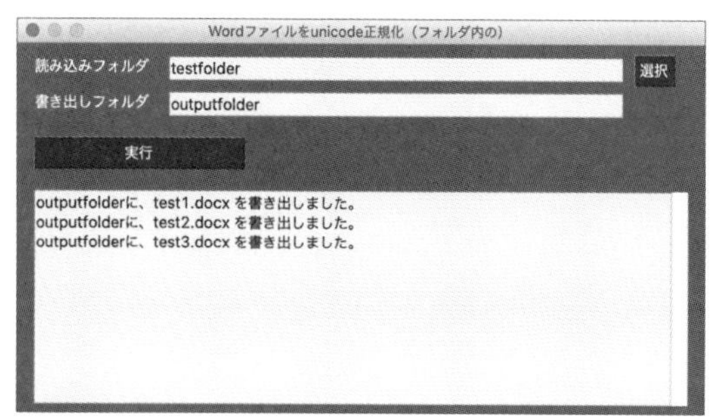

図7.22 アプリの完成予想図

つまり、**テキストファイルを読み込んでunicode正規化する処理**（リスト7.52）を、**Wordファイルを読み込んでunicode正規化する処理**（リスト7.53）に修正することで作れるのです。

リスト7.52 変更前：テキストファイルをunicode正規化する処理

```
001 p1 = Path(readfile)
002 text = p1.read_text(encoding="UTF-8")
003 text = unicodedata.normalize("NFKC", text)
```

リスト7.53 変更後：Wordファイルをunicode正規化する処理

```
001 doc = Document(readfile)
002 for pa in doc.paragraphs:
003     pa.text = unicodedata.normalize("NFKC", pa.text)
004 for tbl in doc.tables:
005     for row in tbl.rows:
006             for cell in row.cells:
007                 cell.text = unicodedata.normalize("NFKC", ↵
    cell.text)
```

プログラムを作ろう！

それでは、第5章Recipe6の**「テキストファイルをunicode正規化するプログラム（normalize_texts.py）」**を修正して、**「Wordファイルをunicode正規化するプログラム（normalize_Words.py）」**を作りましょう。

❶ファイル「normalize_texts.py」をコピーして、コピーしたファイルの名前を「normalize_Words.py」にリネームします。

❷3行目に、以下のimport文を追加します（リスト7.54）。

リスト7.54 import文を追加

```
001 from docx import Document
```

❸7行目を、Wordファイル（拡張子docx）を読み込むように修正します（リスト7.55）。

リスト7.55 docxを読み込むように修正

```
001 value2 = "*.docx"
```

❹13～15行目の「テキストを読み込んでunicode正規化する処理」（リスト7.56）を、「Wordファイルのテキストを読み込んでunicode正規化する処理」（リスト7.57）に変更します。

リスト7.56 変更前

```
001         p1 = Path(readfile)
002         text = p1.read_text(encoding="UTF-8")
003         text = unicodedata.normalize("NFKC", text)
```

リスト7.57 変更後

```
001         doc = Document(readfile)
002         for pa in doc.paragraphs:
003             pa.text = unicodedata.normalize("NFKC", pa.text)
004         for tbl in doc.tables:
005             for row in tbl.rows:
006                 for cell in row.cells:
007                     cell.text = unicodedata.normalize("NFKC", ↵
    cell.text)
```

❺22～24行目の「テキストファイルを書き出す処理」（リスト7.58）を、「Wordファイルを書き出す処理」（リスト7.59）に変更します。

リスト7.58 変更前

```
001         filename = p1.name
002         p2 = Path(savedir.joinpath(filename))
003         p2.write_text(text, encoding="UTF-8")
```

リスト7.59 変更後

```
001        filename = Path(readfile).name
002        newname = savedir.joinpath(filename)
003        doc.save(newname)
```

これでできあがりです（normalize_Words.py）。

実行すると、unicode正規化したファイルを書き出して、そのファイル名を表示します。

実行結果

```
outputfolderに、test1.docx を書き出しました。
outputfolderに、test2.docx を書き出しました。
outputfolderに、test3.docx を書き出しました。
```

アプリ化しよう！

アプリも第5章Recipe6の**「テキストファイルをunicode正規化するアプリ（normalize_texts.pyw）」**を修正して作りましょう（図7.23）。

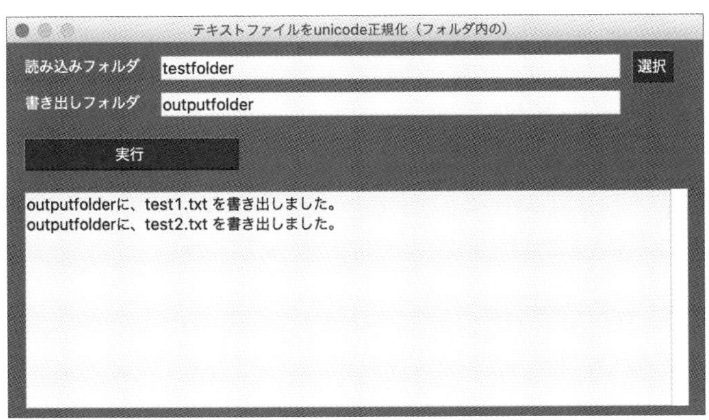

図7.23 利用するアプリ：normalize_texts.pyw

❶ファイル「normalize_texts.pyw」をコピーして、コピーしたファイルの名前を「normalize_Words.pyw」にリネームします。

これに「normalize_Words.py」で動いているプログラムをコピーして修正していきます。

❷6行目に、以下のimport文を追加します（リスト7.60）。

リスト7.60 import文を追加

```
001 from docx import Document
```

❸9～12行目の、表示やパラメータを変更します（リスト7.61）。

リスト7.61 表示やパラメータの変更

```
001 title = "Wordファイルをunicode正規化（フォルダ内の）"
002 infolder = "."
003 label1, value1 = "書き出しフォルダ", "outputfolder"
004 label2, value2 = "拡張子", "*.docx"
```

❹18～20行目の「テキストを読み込んでunicode正規化する処理」（リスト7.62）を、「Wordファイルのテキストを読み込んでunicode正規化する処理」（リスト7.63）に変更します。

リスト7.62 変更前

```
001         p1 = Path(readfile)
002         text = p1.read_text(encoding="UTF-8")
003         text = unicodedata.normalize("NFKC", text)
```

リスト7.63 変更後

```
001         doc = Document(readfile)
002         for pa in doc.paragraphs:
003             pa.text = unicodedata.normalize("NFKC", pa.text)
004         for tbl in doc.tables:
005             for row in tbl.rows:
```

```
006                     for cell in row.cells:
007                         cell.text = unicodedata.normalize("NFKC", ↵
    cell.text)
```

❺27〜29行目の「テキストファイルを書き出す処理」（リスト7.64）を、「Wordファイルを書き出す処理」（リスト7.65）に変更します。

リスト7.64 変更前

```
001         filename = p1.name
002         p2 = Path(savedir.joinpath(filename))
003         p2.write_text(text, encoding="UTF-8")
```

リスト7.65 変更後

```
001         filename = Path(readfile).name
002         newname = savedir.joinpath(filename)
003         doc.save(newname)
```

これでできあがりです（normalize_Words.pyw）。
アプリは次のような手順で使います。

①「選択」ボタンを押して、「読み込みフォルダ」を選択します。
②「書き出しフォルダ」に、書き出しフォルダ名を入力します。
③「実行」ボタンを押すと、選択した読み込みフォルダ内のWordファイルを読み出して、ファイル内の文書をunicode正規化し、書き出しフォルダに書き出します（図7.24）。

Wordファイルをunicode正規化（フォルダ内の）

読み込みフォルダ testfolder 選択

書き出しフォルダ outputfolder

実行

outputfolderに、test1.docx を書き出しました。
outputfolderに、test2.docx を書き出しました。
outputfolderに、test3.docx を書き出しました。

図7.24 実行結果

Wordファイルの文字列の種類を統一できたよ！

Chapter

8

Excelファイルの検索・置換

基本　アプリ化

Excelファイルを読み書きするには

Excelファイルを読み込むライブラリ

Excelファイル（xlsxファイル）を読み込んだり、編集したりしたいときは、外部ライブラリの**openpyxlライブラリ**が使えます（図8.1）。

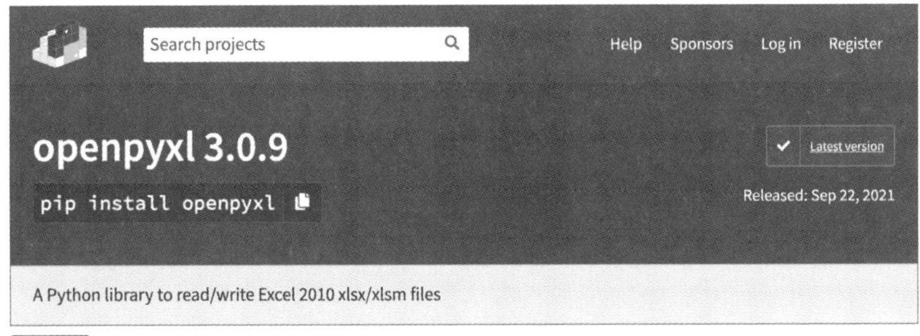

図8.1 openpyxlライブラリ
https://pypi.org/project/openpyxl/
※Pythonライブラリのサイトに表示される数値は更新されることがあります。

openpyxlライブラリは、標準ライブラリではないので、手動でインストールする必要があります。Windowsなら［コマンドプロンプト］アプリを起動して、macOSなら［ターミナル］アプリを起動して、書式8.1、書式8.2のように命令してインストールを行ってください。その後、「pip list」命令で、openpyxlがインストールされていることを確認しましょう。

書式8.1 openpyxlライブラリのインストール（Windows）

```
py -m pip install openpyxl
py -m pip list
```

書式8.2 openpyxlライブラリのインストール（macOS）

```
python3 -m pip install openpyxl
python3 -m pip list
```

これで、ライブラリをインポートして使えるようになります（書式8.3）。

書式8.3 openpyxlをインポート

```
import openpyxl
```


それではここで、この**openpyxlライブラリの簡単な使い方**について見ていきましょう。Excelファイルを読み込むにはまず、「Excelファイルの構造」について理解しておく必要があります。

Excelファイルは、**ワークブック（Workbook）**という、複数の**シート（sheet）**の集まりでできています。このシートがExcelを開いたときに見える表で、下のタブをクリックすると別のシートに切り換えることができます（図8.2）。

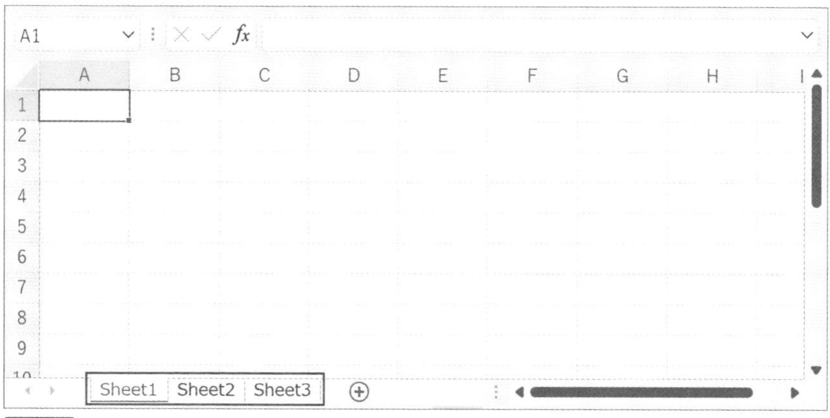

図8.2 Excelの画面

シート（表）には、たくさんのセルが並んでいます（図8.3）。横方向にA、B、Cと並んでいるのが列で、縦方向に1、2、3と並んでいるのが行です。

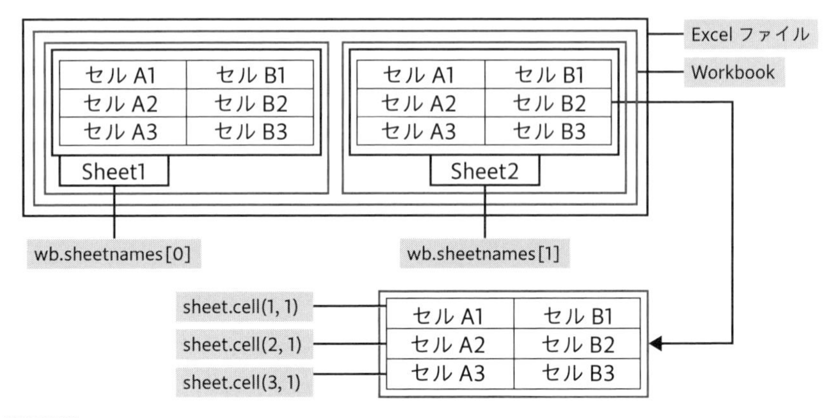

図8.3 Excelファイルの内部構造

これをopenpyxlライブラリで読み込んで、調べていきます。

まず、ファイルを読み込んで**ワークブック（Workbook）**を取り出します（リスト8.1）。

リスト8.1 ワークブックを取り出す

```
001 wb = openpyxl.load_workbook(ファイル名)
```

このワークブックにはシート名がリスト（sheetnames）で入っているので、各シート名をfor文で取り出してアクセスします（リスト8.2）。

リスト8.2 各シート名をfor文で取り出す

```
001 for sheetname in wb.sheetnames:
002     sheet = wb[sheetname]
```

各シート上の1つのセルには、何行目の何列目なのかを指定してアクセスします（リスト8.3）。

リスト8.3 何行目の何列目なのかを指定してアクセス

```
001     cell = sheet.cell(row=何行目, column=何列目)
```

しかし、「シートに入っている全要素にアクセスする」には、どのようにすればいいでしょうか。Excelの表は縦横にどこまでも広がっていますが、要素の入っている最大行（sheet.max_row）と、最大列（sheet.max_column）はわかります。

ですから、1〜最大行、1〜最大列のセルを順番に見ていけば、全要素にアクセスすることができます。ただし、要素が空のセルもあるので「if cell.value != None:」で状況判断をして、要素が空でない場合だけ値（value）を取り出しましょう。

例として**「Excelからテキストを抽出するプログラム」**を作ってみましょう。

まず、**テキストの入ったテスト用のExcelファイル**を用意してください。P.10のURLからサンプルファイルをダウンロードすることもできます。その中の**ファイル（chap8/test.xlsx）**を使ってください（図8.4）。ご自分で用意したファイルを使うときは、リスト8.4の3行目のファイル名を変更してください。このファイルを読み込んで実行するプログラムがリスト8.4です。

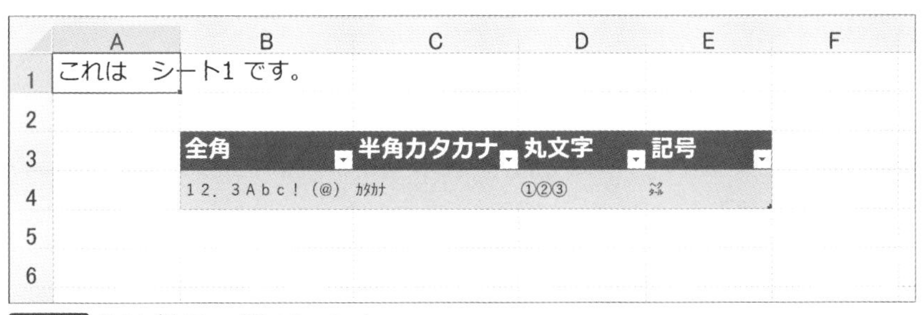

図8.4 サンプルファイル：test.xlsx

「Excelファイルからテキストを抽出するプログラム」は、リスト8.4のようになります。

リスト8.4 chap8/test8_1.py

```
001 import openpyxl
002 
003 infile = "test.xlsx"
```

```
004 try:
005     wb = openpyxl.load_workbook(infile)
006     for sheetname in wb.sheetnames:
007         sheet = wb[sheetname]
008         for c in range(1, sheet.max_column+1):
009             for r in range(1, sheet.max_row+1):
010                 cell = sheet.cell(row=r, column=c)
011                 if cell.value != None:
012                     print(cell.value)
013 except:
014     print("失敗しました。")
```

1行目で、openpyxlライブラリをインポートします。**3行目**で、読み込むファイル名を変数infileに入れます。**5行目**で、Excelファイルのワークブックを読み込みます。**6〜7行目**で、全シート名を順番に変数sheetに入れます。

8行目で、要素の入った列を順番に見ていきます。**9行目**で、要素の入った行を順番に見ていきます。**10行目**で、セルの要素を取り出します。**11〜12行目**で、セルに値が入っていたら表示します。

実行すると、Excelファイル内のテキストが表示されます。

実行結果

```
これは　シート1　です。
全角
１２．３Ａｂｃ！（＠）
半角カタカナ
ｶﾀｶﾅ
丸文字
①②③
記号
㌶
```

openpyxlライブラリは、編集したExcelファイルを書き出すこともできます(書式8.4)。

書式8.4 Excelファイルを書き出す

```
wb.save(ファイル名)
```

以上の命令や手法をもとに、**「読み込んだExcelファイルを書き出すプログラム」**を作ってみましょう(リスト8.5)。

リスト8.5 chap8/test8_2.py

```
001 import openpyxl
002 
003 infile = "test.xlsx"
004 value1 = "output.xlsx"
005 try:
006     wb = openpyxl.load_workbook(infile)
007     wb.save(value1)
008 except:
009     print("失敗しました。")
```

1行目で、openpyxlライブラリをインポートします。**3～4行目**で、「読み込むファイル名」を変数infileに、「書き出すファイル名」をvalue1に入れます。**6行目**で、Excelファイルのワークブックを読み込みます。**7行目**で、読み込んだワークブックを書き出します。

実行すると、test.xlsxと同じ内容のExcelファイルがoutput.xlsxに書き出されます(図8.5)。

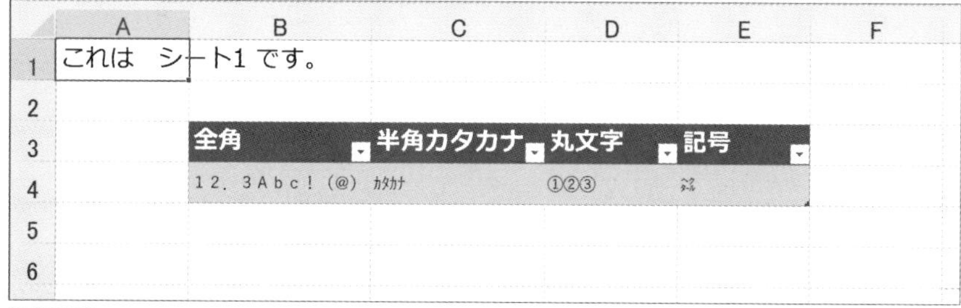

図8.5 実行結果

※簡単なExcelファイルではうまく書き出せても、Excelファイルの複雑さや形式によっては、フォントやテキストの装飾がうまくいかない場合もあるようです。書き出した場合は、正しく書き出されているかどうかを確認して使いましょう。

openpyxlライブラリは、Excelファイルを新規作成して書き出すこともできます。ファイルを読み込んで開くload_workbook()命令（リスト8.6）の代わりに、新規作成でワークブックを作るWorkbook()命令（リスト8.7）を使うだけです。

リスト8.6 変更前

```
001        wb = openpyxl.load_workbook(ファイル名)
```

リスト8.7 変更後

```
001        wb = openpyxl.Workbook()
```

また、シート名を調べなくても「最初のシート」はwb.activeでアクセスすることができます。

この命令を使って、**「Excelファイルを新規作成するプログラム」**を作ってみましょう。シート内のセルが空の状態だとよくわからないので「1行、1列目」と「5行、3列目」のセルに値を入れます（リスト8.8）。

リスト8.8 chap8/test8_3.py

```
001  import openpyxl
002
003  value1 = "output0.xlsx"
004
```

```
005 wb = openpyxl.Workbook()
006 ws = wb.active
007
008 c = ws.cell(1,1)
009 c.value = "1行,1列目"
010 c = ws.cell(5,3)
011 c.value = "5行,3列目"
012
013 wb.save(value1)
```


1行目で、openpyxlライブラリをインポートします。**3行目**で、「書き出すファイル名」をvalue1に入れます。**5行目**で、ワークブックを作ります。**6行目**で、最初のシートにアクセスします。

8〜9行目で、「1行,1列目」のセルに値を入れます。**10〜11行目**で、「5行,3列目」のセルに値を入れます。**13行目**で、Excelファイルを書き出します。

実行すると、output0.xlsxが書き出されます（図8.6）。

	A	B	C	D
1	1行,1列目			
2				
3				
4				
5			5行,3列目	
6				
7				

図8.6 実行結果

セルに値を作ることはできましたが、テキストを入力しただけです。文字サイズや文字色や背景色などは設定できないのでしょうか？

openpyxl.stylesの命令を使うと、文字サイズや文字色、背景色の設定をすることができます（書式8.5から書式8.8）。

書式8.5 セルの文字サイズや文字色を設定する

```
c.font = openpyxl.styles.Font(size=サイズ, color="RGB色")
```

書式8.6 セルの背景色を設定する

```
c.fill = openpyxl.styles.PatternFill("solid", fgColor="RGB色")
```

書式8.7 列の幅を設定する

```
ws.column_dimensions["A"].width = 幅
```

書式8.8 行の高さを設定する

```
ws.row_dimensions[1].height = 高さ
```

これを使って、test8_3.pyをもとに**「Excelファイルを新規作成し、色付きでセルを作るプログラム」**を作ってみましょう（リスト8.9）。

リスト8.9 chap8/test8_4.py

```
001 import openpyxl
002 
003 value1 = "output1.xlsx"
004 
005 wb = openpyxl.Workbook()
006 ws = wb.active
007 
008 c = ws.cell(1,1)
009 c.value = "1行,1列目"
010 c.font = openpyxl.styles.Font(size = 24, color="0000CC")
011 c.fill = openpyxl.styles.PatternFill("solid", fgColor="66CCFF")
012 c = ws.cell(5,3)
013 c.value = "5行,3列目"
014 c.font = openpyxl.styles.Font(size = 24, color="0000CC")
015 c.fill = openpyxl.styles.PatternFill("solid", fgColor="66CCFF")
```

```
016
017  ws.column_dimensions["A"].width = 20
018  ws.column_dimensions["C"].width = 20
019  ws.row_dimensions[1].height = 50
020  ws.row_dimensions[5].height = 50
021
022  wb.save(value1)
```


基本はtest8_3.pyと同じです。**10〜11行目**で、「1行, 1列目」のセルの文字サイズ、色、背景色を設定します。**14〜15行目**で、「5行, 3列目」のセルの文字サイズ、色、背景色を設定します。**17〜18行目**で、AとCの列の幅を設定します。**19〜20行目**で、1と5の行の高さを設定します。

実行すると、output1.xlsxが書き出されます(図8.7)。

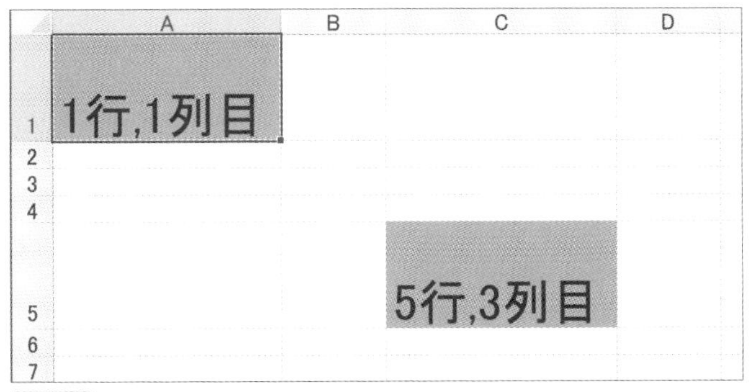

図8.7 実行結果

これらの命令や手法を踏まえて、Excelファイルに関する具体的な問題を解決していきましょう。

基本　アプリ化

Excelファイルを検索するには：find_Excels

こんな問題を解決したい！

ファイル名を忘れてしまった！　Excelファイルだ。文書の中に「ある文字が使われている」ぐらいは覚えているけれど、どれだったかなあ

どんな方法で解決するのか？

これは、第５章Recipe2の**「テキストファイルを検索するプログラム（find_texts.py）」**と、そっくりです。違うのは、扱うファイルが「テキストファイル」か「Excelファイル」かです（図8.8）。

Excelファイルを検索（フォルダ以下すべての）
読み込みフォルダ　testfolder　選択
検索文字列　これは
実行
testfolder/subfolder/test1.xlsx：1個見つかりました。
testfolder/subfolder/test2.xlsx：1個見つかりました。
testfolder/test1.xlsx：1個見つかりました。
testfolder/test2.xlsx：1個見つかりました。
testfolder/test3.xlsx：1個見つかりました。

図8.8 アプリの完成予想図

つまり、**テキストファイルを読み込んで検索する処理**（リスト8.10）を、**Excelファイルを読み込んで検索する処理**（リスト8.11）に修正することで作れるのです。

リスト8.10 変更前：テキストファイルを読み込んで検索する処理

```
001        p = Path(readfile)
002        text = p.read_text(encoding="UTF-8")
003        cnt = text.count(findword)
```

リスト8.11 変更後：Excelファイルを読み込んで検索する処理

```
001        wb = openpyxl.load_workbook(readfile)
002        cnt = 0
003        for sheetname in wb.sheetnames:
004            sheet = wb[sheetname]
005            for c in range(1, sheet.max_column+1):
006                for r in range(1, sheet.max_row+1):
007                    cell = sheet.cell(row=r, column=c)
008                    cellstr = str(cell.value)
009                    cnt += cellstr.count(findword)
```

プログラムを作っていく前にまず、図8.9のように**階層構造になったテスト用のフォルダ（testfolder）**を作って用意してください（テストができればいいので全く同じでなくてもかまいません）。P.10のURLからサンプルファイルをダウンロードすることもできます。その中の**フォルダ（chap8/testfolder）**を使ってください。

図8.9 フォルダ構造

```
[testfolder]
 ├ test1.xlsx
 ├ test2.xlsx
 ├ test3.xlsx
 └ [subfolder]
    ├ test1.xlsx
    └ test2.xlsx
```

サンプルフォルダでは、図8.10、図8.11、図8.12のような3種類のExcelファイル（test1.xlsx、test2.xlsx、test3.xlsx）を用意しています。

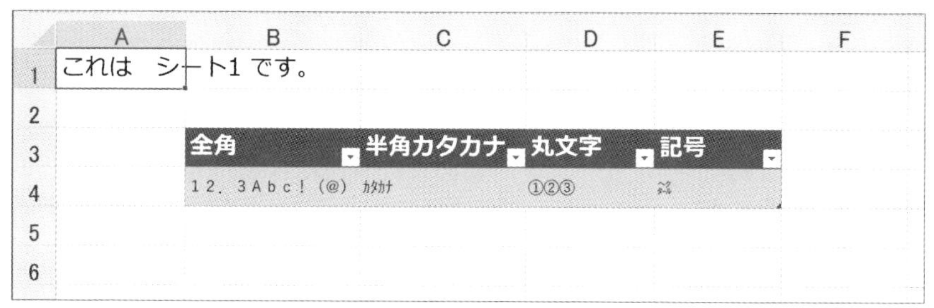

図8.10 サンプルファイル（シート１枚）：test1.xlsx

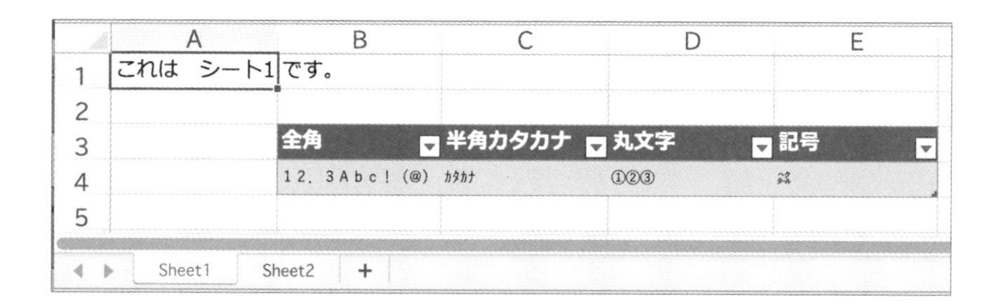

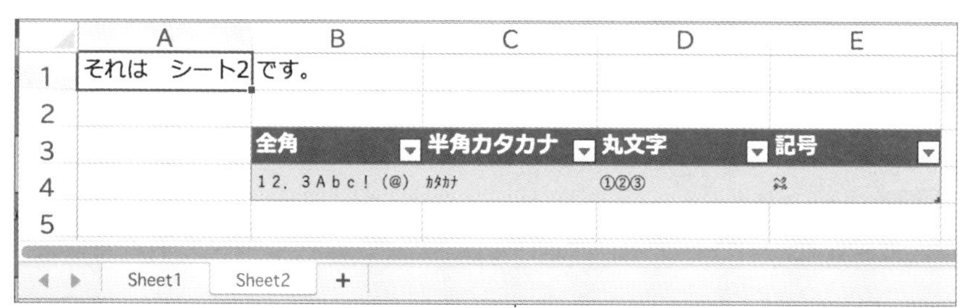

図8.11 サンプルファイル（シート２枚）：test2.xlsx

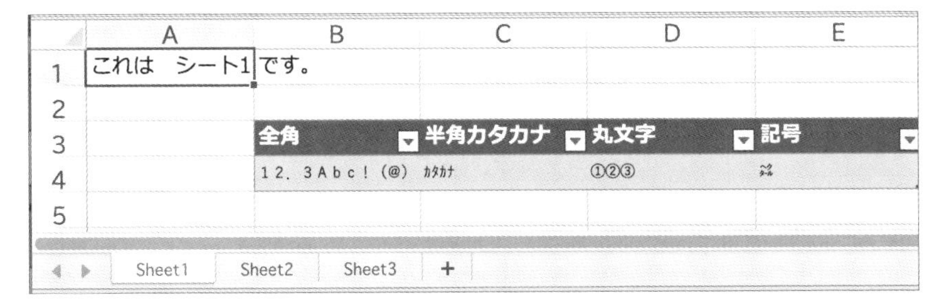

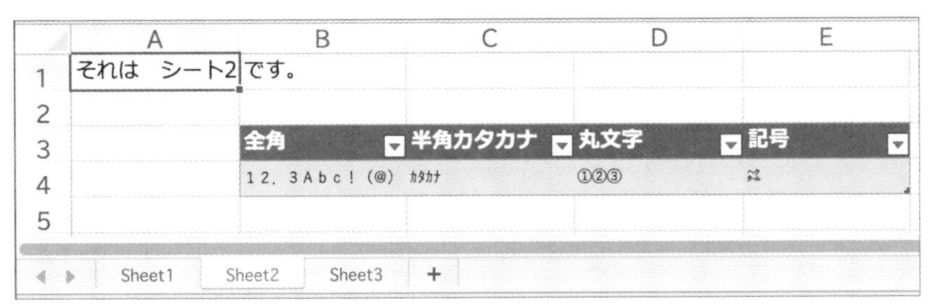

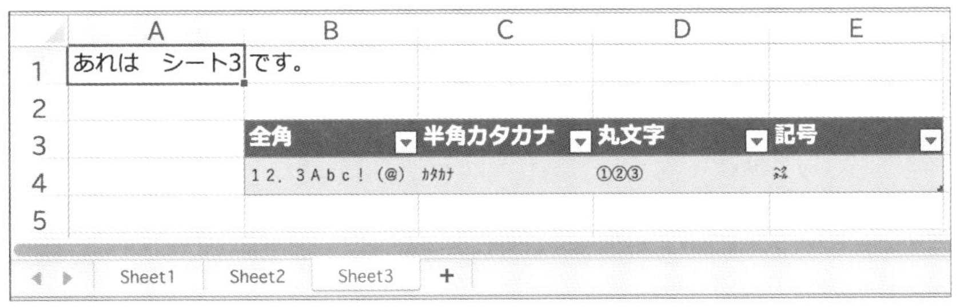

図8.12 サンプルファイル（シート３枚）：test3.xlsx

 プログラムを作ろう！

それでは、第5章Recipe2の**「テキストファイルを検索する（find_texts.py）」**を修正して、**「Excelファイルを検索する（find_Excels.py）」**を作りましょう。

❶ファイル「find_texts.py」をコピーして、コピーしたファイルの名前を「find_Excels.py」にリネームし、これを修正していきます。

❷2行目に、以下のimport文を追加します（リスト8.12）。

リスト8.12 import文を追加

```
001  import openpyxl
```

❸6行目を、Excelファイル（拡張子xlsx）を読み込むように修正します（リスト8.13）。

リスト8.13 Excelファイルを読み込むように修正

```
001  value2 = "*.xlsx"
```

❹12～14行目の「テキストを読み込んで検索する処理」（リスト8.14）を、「Excelファイルからテキストを読み込んで検索する処理」（リスト8.15）に変更します。

リスト8.14 変更前

```
001          p = Path(readfile)
002          text = p.read_text(encoding="UTF-8")
003          cnt = text.count(findword)
```

リスト8.15 変更後

```
001          wb = openpyxl.load_workbook(readfile)
002          cnt = 0
003          for sheetname in wb.sheetnames:
004              sheet = wb[sheetname]
005              for c in range(1, sheet.max_column+1):
006                  for r in range(1, sheet.max_row+1):
007                      cell = sheet.cell(row=r, column=c)
008                      cellstr = str(cell.value)
009                      cnt += cellstr.count(findword)
```

これでできあがりです（find_Excels.py）。実行すると、それぞれ1個が見つかりました。

実行結果

```
testfolder/subfolder/test1.xlsx：1個見つかりました。
testfolder/subfolder/test2.xlsx：1個見つかりました。
testfolder/test1.xlsx：1個見つかりました。
testfolder/test2.xlsx：1個見つかりました。
testfolder/test3.xlsx：1個見つかりました。
```

アプリ化しよう！

アプリも第5章Recipe2の**「テキストファイルを検索するアプリ（find_texts.pyw）」**を修正して作りましょう（図8.13）。

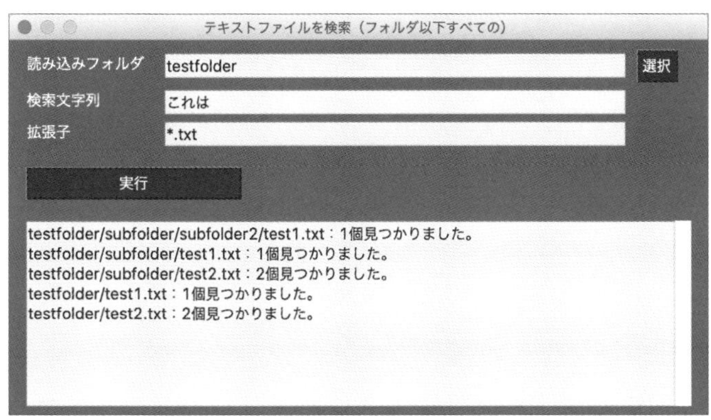

図8.13 利用するアプリ：find_texts.pyw

❶ファイル「find_texts.pyw」をコピーして、コピーしたファイルの名前を「find_Excels.pyw」にリネームします。

これに「find_Excels.py」で動いているプログラムをコピーして修正していきます。

❷5行目に、以下のimport文を追加します（リスト8.16）。

リスト8.16 import文を追加

```
001 import openpyxl
```

❸8〜11行目の、表示やパラメータを変更します（リスト8.17）。

リスト8.17 表示やパラメータの変更

```
001 title = "Excelファイルを検索（フォルダ以下すべての）"
002 infolder = "."
003 label1, value1 = "検索文字列", "これは"
004 label2, value2 = "拡張子", "*.xlsx"
```

❹17〜19行目の「テキストを読み込んで検索する処理」（リスト8.18）を、「Excelファイルからテキストを読み込んで検索する処理」（リスト8.19）に変更します。

リスト8.18 変更前

```
001         p = Path(readfile)
002         text = p.read_text(encoding="UTF-8")
003         cnt = text.count(findword)
```

リスト8.19 変更後

```
001         wb = openpyxl.load_workbook(readfile)
002         cnt = 0
003         for sheetname in wb.sheetnames:
004             sheet = wb[sheetname]
005             for c in range(1, sheet.max_column+1):
006                 for r in range(1, sheet.max_row+1):
007                     cell = sheet.cell(row=r, column=c)
008                     cellstr = str(cell.value)
009                     cnt += cellstr.count(findword)
```

❺Excelファイルの拡張子は「xlsx」なので、44行目（リスト8.20）と53行目（リスト8.21）の拡張子の入力欄を削除します。

リスト8.20 拡張子の入力欄を削除

```
001 value2 = values["input2"]
```

リスト8.21 拡張子の入力欄を削除

```
001         [sg.Text(label2, size=(12,1)), sg.Input(value2, ↵
key="input2")],
```

これでできあがりです（find_Excels.pyw）。
アプリは次のような手順で使います。

①「選択」ボタンを押して、「読み込みフォルダ」を選択します（選択しなければ、このプログラムファイルが置かれたフォルダから下を調べます）。
②「検索文字列」に調べたい文字列を入力します。
③「実行」ボタンを押すと、検索文字列に指定した文字列が含まれるExcelファイルを表示します（図8.14）。

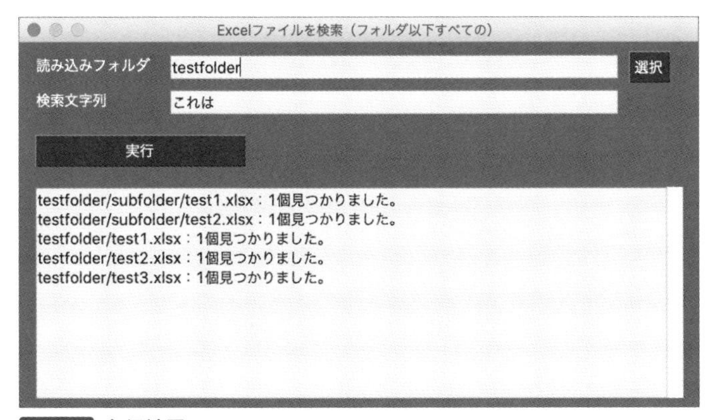

図8.14 実行結果

検索文字列に指定した検索文字列が含まれるExcelファイルを表示できたよ！

基本　アプリ化

Excelファイルを置換するには：replace_Excels

こんな問題を解決したい！

Excelファイルをたくさん作ったけれど、言葉を勘違いして書いていた！　すべてのExcelファイル内の「これは」を「あれは」に置換したいけれどめんどうだなあ

解決に必要な命令は？

これは、第5章Recipe3の**「テキストファイルを置換するプログラム（replace_texts.py）」**と、そっくりです。違うのは、扱うファイルが「テキストファイル」か「Excelファイル」かです（図8.15）。

Excelファイルを置換（フォルダ内の）

読み込みフォルダ　testfolder　選択
検索文字列　これは
置換文字列　あれは
書き出しフォルダ　outputfolder
実行

outputfolderに、test1.xlsx を書き出しました。
outputfolderに、test2.xlsx を書き出しました。
outputfolderに、test3.xlsx を書き出しました。

図8.15 アプリの完成予想図

つまりこれも、**テキストファイルを読み込んで置換する処理**（リスト8.22）を、**Excelファイルを読み込んで、表を置換する処理**（リスト8.23）に修正します。

リスト8.22 変更前：テキストファイルを読み込んで置換する処理

```
001 p1 = Path(readfile)
002 text = p1.read_text(encoding="UTF-8")
003 text = text.replace(findword, newword)
```

リスト8.23 変更後：Excelファイルを読み込んで、表を置換する処理

```
001 wb = openpyxl.load_workbook(readfile)
002 cnt = 0
003 for sheetname in wb.sheetnames:
004     sheet = wb[sheetname]
005     for c in range(1, sheet.max_column+1):
006         for r in range(1, sheet.max_row+1):
007             cell = sheet.cell(row=r, column=c)
008             if type(cell.value)==str:
009                 new_text = cell.value.replace(findword, newword)
010                 cell.value = new_text
```

さらにこれは「置換したファイルを書き出すプログラム」なので、第7章のリスト7.3で用いた**wb.save()**命令を使って、「Excelファイルの書き出し処理」も行う必要があります。**テキストファイルを書き出す処理**（リスト8.24）を、**Excelファイルを書き出す処理**（リスト8.25）に修正します。

リスト8.24 変更前：テキストファイルを書き出す処理

```
001     filename = p1.name
002     p2 = Path(savedir.joinpath(filename))
003     p2.write_text(text)
```

リスト8.25 変更後：Excelファイルを書き出す処理

```
001     filename = Path(readfile).name
002     newname = savedir.joinpath(filename)
003     wb.save(newname)
```

これで、「Excelファイルを読み込んで置換して書き出す」ことができます。

プログラムを作ろう！

それでは、第5章Recipe3の「**テキストファイルを置換するプログラム（replace_texts.py）**」を修正して、「**Excelファイルを置換するプログラム（replace_Excels.py）**」を作りましょう。

❶ファイル「replace_texts.py」をコピーして、コピーしたファイルの名前を「replace_Excels.py」にリネームし、これを修正していきます。

❷2行目に、以下のimport文を追加します（リスト8.26）。

リスト8.26 import文を追加

```
001 import openpyxl
```

❸8行目を、Excelファイル（拡張子xlsx）を読み込むように修正します（リスト8.27）。

リスト8.27 Excelファイルを読み込むように修正

```
001 ext = "*.xlsx"
```

❹14〜16行目の、「テキストを読み込んで置換する処理」（リスト8.28）を、「Excelファイルからテキストを読み込んで置換する処理」（リスト8.29）に変更します。

リスト8.28 変更前

```
001         p1 = Path(readfile)
002         text = p1.read_text(encoding="UTF-8")
003         text = text.replace(findword, newword)
```

リスト8.29 変更後

```
001         wb = openpyxl.load_workbook(readfile)
002         cnt = 0
```

```
003        for sheetname in wb.sheetnames:
004            sheet = wb[sheetname]
005            for c in range(1, sheet.max_column+1):
006                for r in range(1, sheet.max_row+1):
007                    cell = sheet.cell(row=r, column=c)
008                    if type(cell.value)==str:
009                        new_text = cell.value.replace⏎
    (findword, newword)
010                        cell.value = new_text
```

❺26～28行目の「テキストファイルを書き出す処理」(リスト8.30) を、「Excelファイルを書き出す処理」(リスト8.31) に変更します。

リスト8.30 変更前

```
001        filename = p1.name
002        p2 = Path(savedir.joinpath(filename))
003        p2.write_text(text, encoding="UTF-8")
```

リスト8.31 変更後

```
001        filename = Path(readfile).name
002        newname = savedir.joinpath(filename)
003        wb.save(newname)
```

これでできあがりです (replace_Excels.py)。

実行すると、置換されたExcelファイルが書き出されます。

実行結果

```
outputfolderに、test1.xlsx を書き出しました。
outputfolderに、test2.xlsx を書き出しました。
outputfolderに、test3.xlsx を書き出しました。
```

アプリ化しよう！

アプリも第5章Recipe3の**「テキストファイルを置換するアプリ（replace_texts.pyw）」**を修正して作りましょう（図8.16）。

図8.16 利用するアプリ：replace_texts.pyw

❶ファイル「replace_texts.pyw」をコピーして、コピーしたファイルの名前を「replace_Excels.pyw」にリネームします。

これに「replace_Excels.py」で動いているプログラムをコピーして修正していきます。

❷5行目に、以下のimport文を追加します（リスト8.32）。

リスト8.32 import文を追加

```
001 import openpyxl
```

❸8～13行目の、表示やパラメータを変更します（リスト8.33）。

リスト8.33 表示やパラメータの変更

```
001 title = "Excelファイルを置換（フォルダ内の）"
002 infolder = "."
003 label1, value1 = "検索文字列", "これは"
004 label2, value2 = "置換文字列", "あれは"
```

```
005  label3, value3 = "書き出しフォルダ", "outputfolder"
006  ext = "*.xlsx"
```

❹19〜21行目の、「テキストを読み込んで置換する処理」(リスト8.34)を、「Excelファイルからテキストを読み込んで置換する処理」(リスト8.35)に変更します。

リスト8.34 変更前

```
001          p1 = Path(readfile)
002          text = p1.read_text(encoding="UTF-8")
003          text = text.replace(findword, newword)
```

リスト8.35 変更後

```
001          wb = openpyxl.load_workbook(readfile)
002          cnt = 0
003          for sheetname in wb.sheetnames:
004              sheet = wb[sheetname]
005              for c in range(1, sheet.max_column+1):
006                  for r in range(1, sheet.max_row+1):
007                      cell = sheet.cell(row=r, column=c)
008                      if type(cell.value)==str:
009                          new_text = cell.value.replace ↵
(findword, newword)
010                          cell.value = new_text
```

❺31〜33行目の「テキストファイルを書き出す処理」(リスト8.36)を、「Excelファイルを書き出す処理」(リスト8.37)に変更します。

リスト8.36 変更前

```
001          filename = p1.name
002          p2 = Path(savedir.joinpath(filename))
003          p2.write_text(text, encoding="UTF-8")
```

リスト8.37 変更後

```
001         filename = Path(readfile).name
002         newname = savedir.joinpath(filename)
003         wb.save(newname)
```

これでできあがりです (replace_Excels.pyw)。
アプリは次のような手順で使います。

①「選択」ボタンを押して、「読み込みフォルダ」を選択します。
②「検索文字列」と「置換文字列」を入力します。
③「書き出しフォルダ」に、書き出しフォルダ名を入力します。
④「実行」ボタンを押すと、選択した読み込みフォルダ内のExcelファイルの文字列を置換し、書き出しフォルダに書き出します (図8.17)。

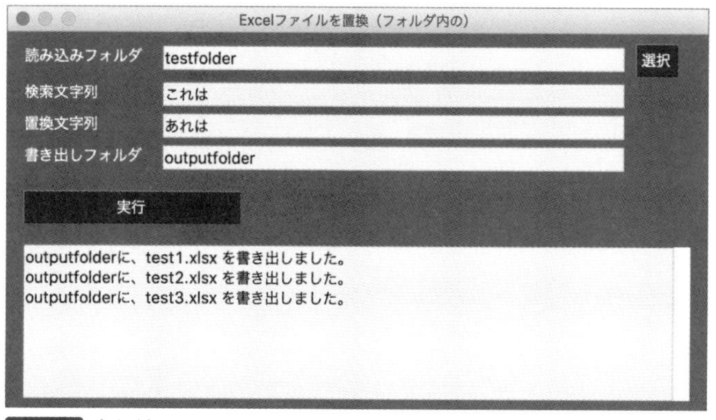

図8.17 実行結果

Excelファイルの文字列を置換できたよ！

Excelファイルをunicode正規化するには：normalize_Excels

こんな問題を解決したい！

また、Excelファイルをたくさん作ったけれど、半角文字と全角文字が混ざってしまっていた！　すべてのExcelファイルで「英数字や記号は半角に」「半角カタカナは全角カタカナに」「丸数字①②③は、半角数字に」修正してきれいにしたいけれどめんどうだなあ

解決に必要な命令は？

これは、第5章Recipe6の**「テキストファイルをunicode正規化するプログラム（normalize_text.py）」**と、そっくりです。違うのは、読み込むのが「テキストファイル」か「Excelファイル」かぐらいです（図8.18）。

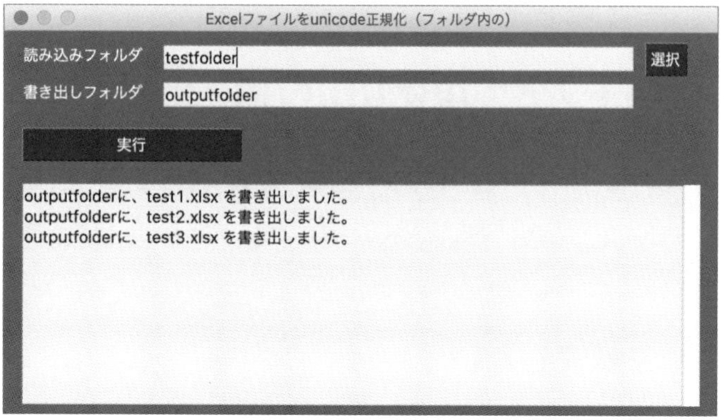

図8.18 アプリの完成予想図

つまり、**テキストファイルを読み込んでunicode正規化する処理**（リスト8.38）を、**Excelファイルを読み込んでunicode正規化する処理**（リスト8.39）に修正することで作れるのです。

リスト8.38 変更前：テキストファイルをunicode正規化する処理

```
001 p1 = Path(readfile)
002 text = p1.read_text(encoding="UTF-8")
003 text = unicodedata.normalize("NFKC", text)
```

リスト8.39 変更後：Excelファイルをunicode正規化する処理

```
001 wb = openpyxl.load_workbook(readfile)
002 for sheetname in wb.sheetnames:
003     sheet = wb[sheetname]
004     for c in range(1, sheet.max_column+1):
005         for r in range(1, sheet.max_row+1):
006             cell = sheet.cell(row=r, column=c)
007             if type(cell.value) is str:
008                 cell.value = unicodedata.normalize("NFKC", ↵
cell.value)
```

プログラムを作ろう！

それでは、第5章Recipe6の「テキストファイルをunicode正規化するプログラム（normalize_texts.py）」を修正して、「Excelファイルをunicode正規化するプログラム（normalize_Excels.py）」を作りましょう。

❶ファイル「normalize_texts.py」をコピーして、コピーしたファイルの名前を「normalize_Excels.py」にリネームします。

❷3行目に、以下のimport文を追加します（リスト8.40）。

リスト8.40 import文を追加

```
001 import openpyxl
```

❸7行目を、Excelファイル（拡張子xlsx）を読み込むように修正します（リスト8.41）。

リスト8.41 Excelファイルを読み込むように修正

```
001 value2 = "*.xlsx"
```

❹13〜15行目の「テキストを読み込んでunicode正規化する処理」（リスト8.42）を、「Excelファイルのテキストを読み込んでunicode正規化する処理」（リスト8.43）に変更します。

リスト8.42 変更前

```
001         p1 = Path(readfile)
002         text = p1.read_text(encoding="UTF-8")
003         text = unicodedata.normalize("NFKC", text)
```

リスト8.43 変更後

```
001         wb = openpyxl.load_workbook(readfile)
002         for sheetname in wb.sheetnames:
003             sheet = wb[sheetname]
004             for c in range(1, sheet.max_column+1):
```

```
005                 for r in range(1, sheet.max_row+1):
006                     cell = sheet.cell(row=r, column=c)
007                     if type(cell.value) is str:
008                         cell.value = unicodedata. ↵
    normalize("NFKC", cell.value)
```

❺23～25行目の「テキストファイルを書き出す処理」(リスト8.44)を、「Excelファイルを書き出す処理」(リスト8.45)に変更します。

リスト8.44 変更前

```
001         filename = p1.name
002         p2 = Path(savedir.joinpath(filename))
003         p2.write_text(text, encoding="UTF-8")
```

リスト8.45 変更後

```
001         filename = Path(readfile).name
002         newname = savedir.joinpath(filename)
003         wb.save(newname)
```

これでできあがりです(normalize_Excels.py)。

実行すると、unicode正規化したExcelファイルを書き出して、そのファイル名を表示します。

実行結果

```
outputfolderに、test1.xlsx を書き出しました。
outputfolderに、test2.xlsx を書き出しました。
outputfolderに、test3.xlsx を書き出しました。
```

アプリ化しよう！

アプリも第5章Recipe6の「**テキストファイルをunicode正規化するアプリ(normalize_texts.pyw)**」を修正して作りましょう（図8.19）。

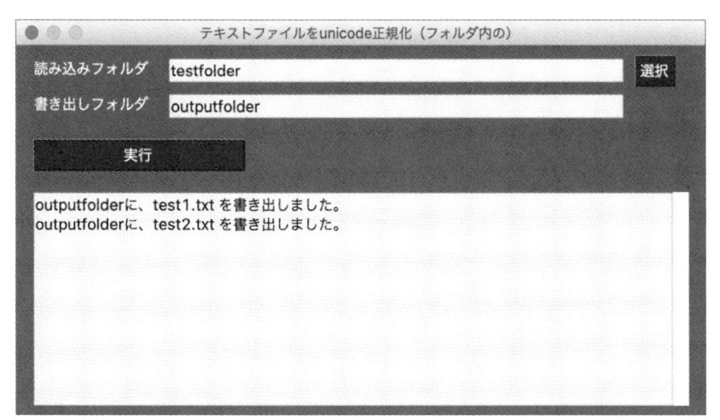

図8.19 利用するアプリ：normalize_texts.pyw

❶ファイル「normalize_texts.pyw」をコピーして、コピーしたファイルの名前を「normalize_Excels.pyw」にリネームします。

これに「normalize_Excels.py」で動いているプログラムをコピーして修正していきます。

❷6行目に、以下のimport文を追加します（リスト8.46）。

リスト8.46 import文を追加

```
001 import openpyxl
```

❸9〜12行目の、表示やパラメータを変更します（リスト8.47）。

リスト8.47 表示やパラメータの変更

```
001 title = "Excelファイルをunicode正規化（フォルダ内の）"
002 infolder = "."
003 label1, value1 = "書き出しフォルダ", "outputfolder"
004 label2, value2 = "拡張子", "*.xlsx"
```

❹18～20行目の「テキストを読み込んでunicode正規化する処理」（リスト8.48）を、「Excelファイルのテキストを読み込んでunicode正規化する処理」（リスト8.49）に変更します。

リスト8.48 変更前

```
001        p1 = Path(readfile)
002        text = p1.read_text(encoding="UTF-8")
003        text = unicodedata.normalize("NFKC", text)
```

リスト8.49 変更後

```
001        wb = openpyxl.load_workbook(readfile)
002        for sheetname in wb.sheetnames:
003            sheet = wb[sheetname]
004            for c in range(1, sheet.max_column+1):
005                for r in range(1, sheet.max_row+1):
006                    cell = sheet.cell(row=r, column=c)
007                    if type(cell.value) is str:
008                        cell.value = unicodedata. ↵
    normalize("NFKC", cell.value)
```

❺28～30行目の「テキストファイルを書き出す処理」（リスト8.50）を、「Excelファイルを書き出す処理」（リスト8.51）に変更します。

リスト8.50 変更前

```
001        filename = p1.name
002        p2 = Path(savedir.joinpath(filename))
003        p2.write_text(text, encoding="UTF-8")
```

リスト8.51 変更後

```
001        filename = Path(readfile).name
002        newname = savedir.joinpath(filename)
003        wb.save(newname)
```

これでできあがりです（normalize_Excels.pyw）。
アプリは次のような手順で使います。

①「選択」ボタンを押して、「読み込みフォルダ」を選択します。
②「書き出しフォルダ」に、書き出しフォルダ名を入力します。
③「実行」ボタンを押すと、選択した読み込みフォルダ内のExcelファイルをunicode正規化し、書き出しフォルダに書き出します（図8.20）。

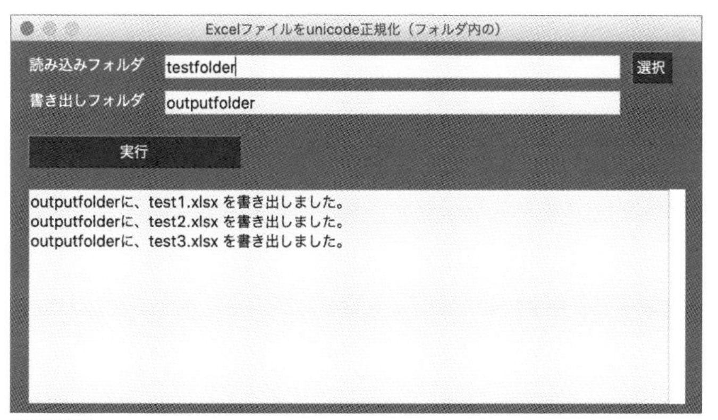

図8.20 実行結果

Excelファイルの文字列の種類を統一できたよ！

基本 アプリ化

Excelファイルのスペースを削除するには：delspace_Excels

こんな問題を解決したい！

Excelファイルを見ると、データに不要なスペースが入っていた！「半角スペース、全角スペース、タブ」を削除してきれいにしたいけれどめんどうだなあ

解決に必要な命令は？

これは、「Excelファイルを調べて正しく変更する」ので、これは、先ほどのRecipe4**「Excelファイルをunicode正規化する（normalize_Excels.py）」**と、そっくりです。違うのは、「unicode正規化する」か「スペースを削除する」かです（図8.21）。

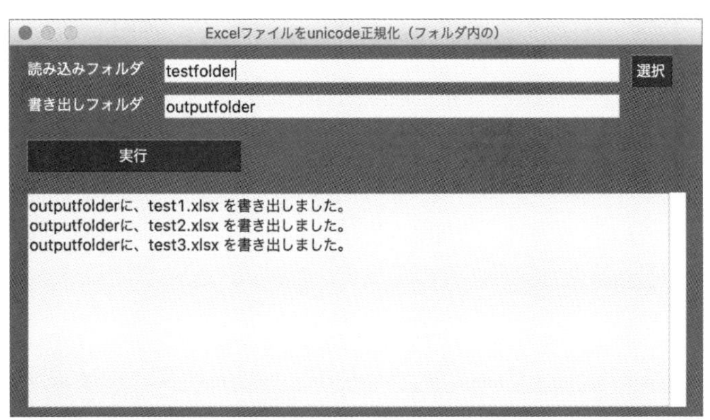

図8.21 アプリの完成予想図

つまり、**unicode正規化する処理**（リスト8.52）を、**スペース（半角スペース、全角スペース、タブ）を空の文字に置換する処理**（リスト8.53）に修正することで作れるのです。

リスト8.52 変更前：unicode正規化する処理

```
001 if type(cell.value) is str:
002     cell.value = unicodedata.normalize("NFKC", cell.value)
```

リスト8.53 変更後：スペースを空の文字に置換する処理

```
001 if type(cell.value) is str:
002     cell.value = cell.value.replace(" ","")
003     cell.value = cell.value.replace("　","")
004     cell.value = cell.value.replace("\t","")
```

プログラムを作ろう！

それでは、先ほどのRecipe4**「Excelファイルをunicode正規化するプログラム（normalize_Excels.py）」**を修正して、**「Excelファイルのスペースを削除するプログラム（delspace_Excels.py）」**を作りましょう。

❶ファイル「normalize_Excels.py」をコピーして、コピーしたファイルの名前を「delspace_Excels.py」にリネームします。

❷2行目の、以下のimport文は1行削除します（リスト8.54、削除しなくても問題ありませんが、unicodedataは使っていないので削除しておきます）。

リスト8.54 import文を削除

```
001 import unicodedata
```

❸18～19行目の「もしセルが文字列ならunicode正規化する処理」（リスト8.55）を、「もしセルが文字列ならスペースを空の文字列に置換する処理」（リスト8.56）に変更します。

リスト8.55 変更前

```
001         if type(cell.value) is str:
002             cell.value = unicodedata.normalize("NFKC", cell.↵
    value)
```

リスト8.56 変更後

```
001         if type(cell.value) is str:
002             cell.value = cell.value.replace(" ","")
003             cell.value = cell.value.replace("　","")
004             cell.value = cell.value.replace("\t","")
```

これでできあがりです（delspace_Excels.py）。

実行すると、スペースを削除して、そのファイル名を表示します（図8.22）。

実行結果

```
outputfolderに、test1.xlsx を書き出しました。
outputfolderに、test2.xlsx を書き出しました。
outputfolderに、test3.xlsx を書き出しました。
```

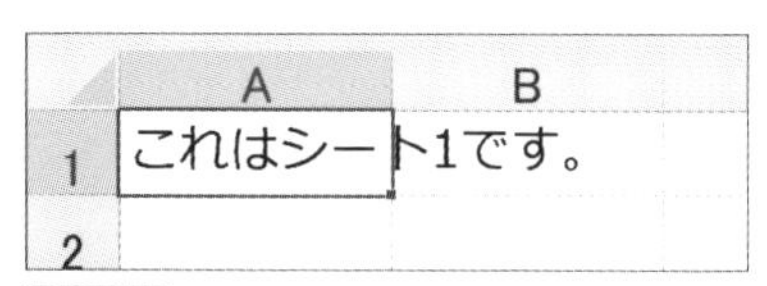

図8.22 「これは　シート１ です。」が「これはシート１です。」に変更される

アプリ化しよう！

アプリも先ほどのRecipe4**「Excelファイルをunicode正規化するアプリ（normalize_Excels.pyw）」**を修正して作りましょう（図8.23）。

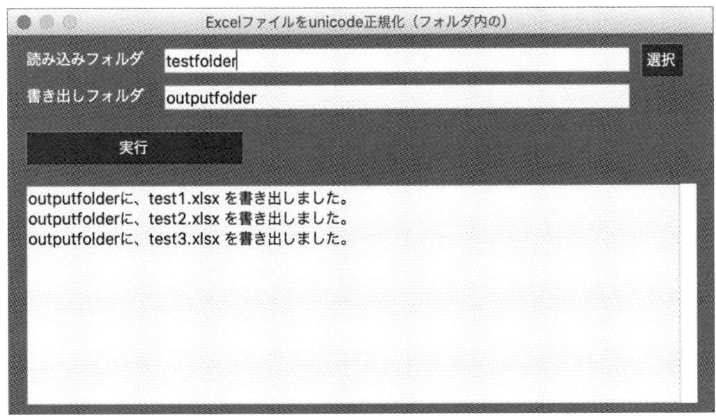

図8.23 利用するアプリ：normalize_Excels.pyw

❶ファイル「normalize_Excels.pyw」をコピーして、コピーしたファイルの名前を「delspace_Excels.pyw」にリネームします。

これに「delspace_Excels.py」で動いているプログラムをコピーして修正していきます。

❷6行目の、以下のimport文を1行削除します（リスト8.57）。

リスト8.57 import文を削除

```
001 import unicodedata
```

❸8行目の、表示を変更します（リスト8.58）。

リスト8.58 表示を変更

```
001 title = "Excelファイルのスペースを削除（フォルダ内の）"
```

❹23～24行目の「もしセルが文字列ならunicode正規化する処理」（リスト8.59）を、「もしセルが文字列ならスペースを空の文字列に置換する処理」（リスト8.60）に変更します。

リスト8.59 変更前

```
001             if type(cell.value) is str:
002                 cell.value = unicodedata.normalize("NFKC", cell. ↵
    value)
```

リスト8.60 変更後

```
001         if type(cell.value) is str:
002             cell.value = cell.value.replace(" ","")
003             cell.value = cell.value.replace("　","")
004             cell.value = cell.value.replace("\t","")
```

これでできあがりです（delspace_Excels.pyw）。
アプリは次のような手順で使います。

①「選択」ボタンを押して、「読み込みフォルダ」を選択します。
②「書き出しフォルダ」に、書き出しフォルダ名を入力します。
③「実行」ボタンを押すと、選択した読み込みフォルダ内のExcelファイルの文書をunicode正規化し、書き出しフォルダに書き出します（図8.24）。

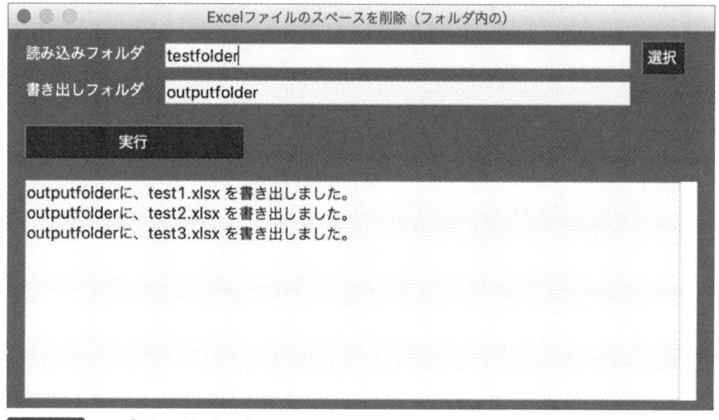

図8.24 アプリの完成予想図

Excelファイルの不要なスペースを削除できたよ！

アプリ化

Excelカレンダーを作成するには：make_Excelcalendar

こんな問題を解決したい！

Excelでカレンダーを作ってみたいなあ。「何年何月か」を入力するだけで自動的にカレンダーを作ってくれたらいいのになあ

解決に必要な命令は？

新しくExcelファイルを作るのは、**「Excelファイルを新規作成するプログラム（リスト8.8）」**でできますから、問題なのは「カレンダーのデータ」をどう用意するかですね。手動でデータを用意する方法もありますが、Pythonの標準ライブラリには、**calendar**というカレンダーを扱うライブラリがあります。これを使って、カレンダーのデータを自動生成してみましょう。

例えば、calendarライブラリは次のように命令するだけで（書式8.9、リスト8.61）、指定した年月のカレンダーを表示できます。

書式8.9 指定した年月のカレンダーを表示

```
print(calendar.month(年, 月))
```

リスト8.61 chap8/test8_5.py

```
001 import calendar
002 print(calendar.month(2022, 12))
```

実行すると、2022年12月のカレンダーをテキスト表示します。

実行結果

```
   December 2022
Mo Tu We Th Fr Sa Su
          1  2  3  4
 5  6  7  8  9 10 11
12 13 14 15 16 17 18
19 20 21 22 23 24 25
26 27 28 29 30 31
```

また、**calendar.setfirstweekday(calendar.SUNDAY)** 命令で、週の始まりの曜日を指定することもできます（リスト8.62）。

リスト8.62 chap8/test8_6.py

```
001 import calendar
002 calendar.setfirstweekday(calendar.SUNDAY)
003 print(calendar.month(2022, 12))
```

実行すると、日曜日始まりのカレンダーを表示します。

実行結果

```
   December 2022
Su Mo Tu We Th Fr Sa
             1  2  3
 4  5  6  7  8  9 10
11 12 13 14 15 16 17
18 19 20 21 22 23 24
25 26 27 28 29 30 31
```

ただしこの命令は、カレンダーを手っ取り早く表示する命令なので、「改行つきの文字列」として出力されています。Excelのセルに入れるには、このままでは使えません。改行とスペースで分割する方法もありますが、月の最初の1日がどのセルに入るのかよくわかりません。

このようなときは、ぜひライブラリの中に別の機能がないか探してみましょう。いい命令が見つかることがあります。そして実はいい命令があります。

Calendarオブジェクトを作る方法で、**cal.monthdayscalendar(年, 月)** と命令すると、カレンダーを週ごとに分けてリストを出力し、さらにそのリスト要素の1つひとつが日付のデータになっている、という便利な命令です（リスト8.63）。

リスト8.63 chap8/test8_7.py

```
001 import calendar
002 year = 2022
003 month = 12
004 cal = calendar.Calendar()
005 for week in cal.monthdayscalendar(year, month):
006     print(week)
```

実行すると、2022年12月のカレンダーが週ごとのリストで出力されます。しかも、前の月や次の月は日付が0になっているので、そこを空白のセルにすることで位置合わせもしやすくなっています。

実行結果

```
[0, 0, 0, 1, 2, 3, 4]
[5, 6, 7, 8, 9, 10, 11]
[12, 13, 14, 15, 16, 17, 18]
[19, 20, 21, 22, 23, 24, 25]
[26, 27, 28, 29, 30, 31, 0]
```

この方法でも、**calendar.Calendar(calendar.SUNDAY)** 命令で、週の始まりの曜日を指定することができます。何月のカレンダーかを表示して、日曜始まりの曜日データも追加しましょう（リスト8.64）。

リスト8.64 chap8/test8_8.py

```
001 import calendar
002 year = 2022
003 month = 12
004 print(str(year)+"年"+str(month)+"月")
005 dayname = ["日","月","火","水","木","金","土"]
006 print(dayname)
007 cal = calendar.Calendar(calendar.SUNDAY)
008 for week in cal.monthdayscalendar(year, month):
009     print(week)
```

実行すると、月の表示と、曜日データと、日曜始まりのカレンダーのリストを出力しました。

実行結果

```
2022年12月
['日', '月', '火', '水', '木', '金', '土']
[0, 0, 0, 0, 1, 2, 3]
[4, 5, 6, 7, 8, 9, 10]
[11, 12, 13, 14, 15, 16, 17]
[18, 19, 20, 21, 22, 23, 24]
[25, 26, 27, 28, 29, 30, 31]
```

Excelの各セルに入力できそうですね。あとは、「リストの各データを何列目の何行目に入力するか」ですが、「リストの各値が何番目なのか」は、**enumerate(リスト)** 命令を使うと、**(何番目か、その値)** というセットで値を取り出すことができます。これを使ってみましょう（リスト8.65）。

リスト8.65 chap8/test8_9.py

```
001 import calendar
002 year = 2022
003 month = 12
004 cal = calendar.Calendar(calendar.SUNDAY)
005 for (row, week) in enumerate(cal.monthdayscalendar(year, ↵
    month)):
006     for (col, day) in enumerate(week):
007         if day > 0 :
008             print(row+1,"行",col+1,"列目=", day)
```

実行すると、「各データを何行目の何列目に入力すればいいか」を出力できます。

実行結果

```
1 行 5 列目= 1
1 行 6 列目= 2
1 行 7 列目= 3
2 行 1 列目= 4
2 行 2 列目= 5
(...略...)
5 行 3 列目= 27
5 行 4 列目= 28
5 行 5 列目= 29
5 行 6 列目= 30
5 行 7 列目= 31
```

ここまでできれば、あとはこれに従ってExcelの各セルに値を入力するだけですね。**「Excelファイルにカレンダーを作るプログラム」**を関数を使って作ってみましょう（リスト8.66）。

リスト8.66 chap8/test8_10.py

```
001 import calendar
002 import openpyxl
003 
004 year = 2022
005 month = 12
006 dayname = ["日","月","火","水","木","金","土"]
007 
008 # 【Excelファイルでカレンダーを作る関数】
009 def makecalendar(value1, value2):
010     year = int(value1)
011     month = int(value2)
012     savefile = str(year)+"_"+str(month)+".xlsx"
013 
014     cal = calendar.Calendar(calendar.SUNDAY)
015     wb = openpyxl.Workbook()
016     ws = wb.active
017     c = ws.cell(1,4)
018     c.value = str(year)+"年"+str(month)+"月"
019     for col in range(7):——— 曜日
020         c = ws.cell(2, col+1)
021         c.value = dayname[col]
022     for (col, week) in enumerate(cal.monthdayscalendar(year, ↵
month)):
023         for (row, day) in enumerate(week):
024             if day > 0 :
025                 c = ws.cell((col + 3), row+1)
026                 c.value = day
```

```
027        wb.save(savefile)— Excelファイルを書き出す
028        return savefile+" を書き出しました。"
029
030    msg = makecalendar(year, month)
031    print(msg)
```


1〜2行目で、calendarライブラリと、openpyxlライブラリをインポートします。**4〜5行目**で、表示する年月を、変数year、変数monthに入れます。**6行目**で、曜日のデータを用意します。

9〜28行目で、「Excelファイルでカレンダーを作る関数（makecalendar）」を作ります。**10〜12行目**で、文字列で入力されるかもしれない年月を整数化して、保存するファイル名を変数savefileに入れます。**14〜16行目**で、Excelファイルを作り、最初のシートを選択します。

17〜18行目で、1行4列目に「何年何月」かを入れます。**19〜21行目**で、2行A〜G列に「曜日」を入れます。**22〜26行目**で、カレンダーを作ります。

22行目で、週のリスト（week）と、それが何列目か（col）を取り出し、**23行目**で、日付（day）と、それが何行目か（row）を取り出し、**24〜26行目**で、日付が0でなければ、行と列を指定したセルに日付を書き込みます。**27行目**で、Excelファイルを書き出します。

実行すると、Excelファイルが書き出され（図8.25）、ファイル名が表示されます。

実行結果

```
2022_12.xlsx を書き出しました。
```

	A	B	C	D	E	F	G	H
1				2022年12月				
2	日	月	火	水	木	金	土	
3					1	2	3	
4	4	5	6	7	8	9	10	
5	11	12	13	14	15	16	17	
6	18	19	20	21	22	23	24	
7	25	26	27	28	29	30	31	
8								
9								

図8.25 カレンダー2022_12.xlsx（2022年12月）

プログラムを作ろう！

「Excelファイルにカレンダーを作るプログラム（リスト8.66）」では、セルに文字列が入力されただけなので、文字サイズや文字色、背景色などを設定してカレンダーらしく装飾しましょう（リスト8.67）。

リスト8.67 chap8/make_ExcelCalendar.py

```
001 import PySimpleGUI as sg
002 
003 import calendar
004 import openpyxl
005 
006 value1 = "2022"
007 value2 = "12"
008 dayname = ["日","月","火","水","木","金","土"]
009 
010 fontN = openpyxl.styles.Font(size=24)
011 fontB = openpyxl.styles.Font(size=24, color="0000FF")
012 fontR = openpyxl.styles.Font(size=24, color="FF0000")
013 fillB = openpyxl.styles.PatternFill(patternType="solid", ↵
    fgColor="AAAAFF")
014 fillR = openpyxl.styles.PatternFill(patternType="solid", ↵
    fgColor="FFAAAA")
015 
016 #【Excelファイルでカレンダーを作る関数】
017 def makecalendar(value1, value2):
018     year = int(value1)
019     month = int(value2)
020     savefile = str(year)+"_"+str(month)+".xlsx"
021 
```

```
022        cal = calendar.Calendar(calendar.SUNDAY)
023        wb = openpyxl.Workbook()
024        ws = wb.active
025        for c in ["A","B","C","D","E","F","G"]:
026            ws.column_dimensions[c].width = 20
027        c = ws.cell(1,4)
028        c.value = str(year)+"年"+str(month)+"月"
029        c.font = fontN
030        for row in range(7):
031            c = ws.cell(2, row+1)
032            c.value = dayname[row]
033            c.font = fontN
034            c.alignment = openpyxl.styles.Alignment("center")
035            if row == 6:
036                c.font = fontB
037                c.fill = fillB
038            if row == 0:
039                c.font = fontR
040                c.fill = fillR
041        for (col, week) in enumerate(cal.monthdayscalendar(year, ↵
    month)):
042            ws.row_dimensions[col+3].height = 50
043            for (row, day) in enumerate(week):
044                if day > 0 :
045                    c = ws.cell((col + 3), row+1)
046                    c.value = day
047                    c.font = fontN
048                    if row == 6:
```

```
049                 c.font = fontB
050             if row == 0:
051                 c.font = fontR
052     wb.save(savefile)— Excelファイルを書き出す
053     return savefile+" を書き出しました。"
054 
055 msg = makecalendar(value1, value2)
056 print(msg)
```

10～12行目で、文字サイズ24で、黒、青、赤の文字色を用意します。**13～14行目**で、青、赤の背景色を用意します。**25～26行目**で、列A～Gの幅を20に広げます。

30～40行目で、曜日を表示します。**34行目**で、曜日の表示位置を中央寄せにします。**35～37行目**で、もし土曜なら青い文字で、青い背景色にします。**38～40行目**で、もし日曜なら赤い文字で、赤い背景色にします。

41～51行目で、日付を表示します。**48～49行目**で、もし土曜なら青い文字にします。**50～51行目**で、もし日曜なら赤い文字にします。**52行目**で、Excelファイルを書き出します。

実行すると、色付きのExcelファイルが書き出され、ファイル名が表示されます（図8.26）。

実行結果

```
2022_12.xlsx を書き出しました。
```

			2022年12月			
日	月	火	水	木	金	土
				1	2	3
4	5	6	7	8	9	10
11	12	13	14	15	16	17
18	19	20	21	22	23	24
25	26	27	28	29	30	31

図8.26 カレンダー2022_12.xlsx（2022年12月）

アプリ化しよう！

「年」と「月」を入力して「実行」ボタンを押すと、カレンダーができるので、『入力欄2つのアプリ（テンプレートinput2.pyw）』を修正して、**「Excelファイルにカレンダーを作るアプリ」**を作りましょう（図8.27、図8.28）。

入力欄2つのアプリ
入力欄1　初期値1
入力欄2　初期値2
実行
入力欄の文字列 =初期値1初期値2

図8.27 利用するテンプレート：テンプレートinput2.pyw

Excelカレンダーを作成
年　2022
月　12
実行
2022_12.xlsx を書き出しました。

図8.28 アプリの完成予想図

❶ファイル「テンプレートinput2.py」をコピーして、コピーしたファイルの名前を「make_ExcelCalendar.pyw」にリネームします。

これに「make_ExcelCalendar.py」で動いているプログラムをコピーして修正していきます。

❷使うライブラリを追加します（リスト8.68）。

リスト8.68 テンプレートを修正：1

```
001 #【1.使うライブラリをimport】
002 import calendar
003 import openpyxl
```

❸表示やパラメータを修正します。また、文字サイズや文字色、背景色も用意しておきます（リスト8.69）。

リスト8.69 テンプレートを修正：2

```
001 #【2.アプリに表示する文字列を設定】
002 title = "Excelカレンダーを作成"
003 label1, value1 = "年", "2022"
004 label2, value2 = "月", "12"
005 dayname = ["日","月","火","水","木","金","土"]
006 
007 fontN = openpyxl.styles.Font(size=24)
008 fontB = openpyxl.styles.Font(size=24, color="0000FF")
009 fontR = openpyxl.styles.Font(size=24, color="FF0000")
010 fillB = openpyxl.styles.PatternFill(patternType="solid", ↵
    fgColor="AAAAFF")
011 fillR = openpyxl.styles.PatternFill(patternType="solid", ↵
    fgColor="FFAAAA")
```

❹make_ExcelCalendar.pyのmakecalendar()関数で差し替えます（リスト8.70）。

リスト8.70 テンプレートを修正：3

```
001 #【3.関数：Excelファイルでカレンダーを作る関数】
002 def makecalendar(value1, value2):
003     year = int(value1)
004     month = int(value2)
```

```
005        savefile = str(year)+"_"+str(month)+".xlsx"
006    (…略…)
007        wb.save(savefile)— Excelファイルを書き出す
008        return savefile+" を書き出しました。"
```

❺関数を実行します（リスト8.71）。

リスト8.71 テンプレートを修正：4

```
001        #【4.関数を実行】
002        msg = makecalendar(value1, value2)
```

これでできあがりです（make_ExcelCalendar.pyw）。
アプリは次のような手順で使います。

①「年」「月」を入力します。
②「実行」ボタンを押すと、指定した年月のカレンダーがExcelファイルで出力されます（図8.29、図8.30）。

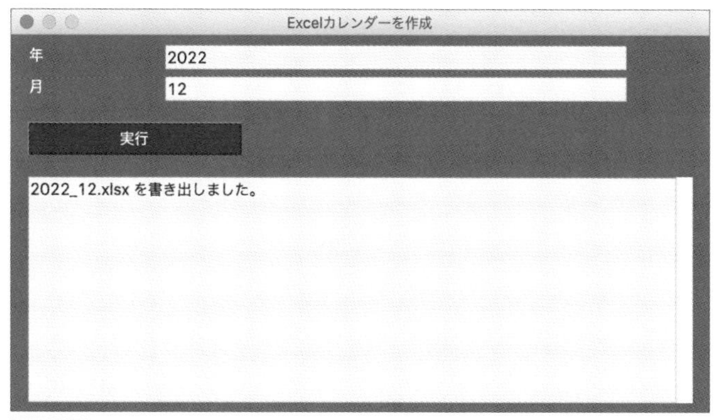

図8.29 実行結果

	A	B	C	D	E	F	G	H
1				2022年12月				
2	日	月	火	水	木	金	土	
3					1	2	3	
4	4	5	6	7	8	9	10	
5	11	12	13	14	15	16	17	
6	18	19	20	21	22	23	24	
7	25	26	27	28	29	30	31	
8								
9								

図8.30 カレンダー2022_12.xlsx（2022年12月）

Excel でカレンダーを作れたよ！

Chapter

9

画像のリサイズ・保存

基本 アプリ化

画像ファイルを読み書きするには

画像を編集するライブラリ

画像ファイルを読み込んだり、編集したりしたいときは、外部ライブラリの**Pillow（PIL）ライブラリ**が使えます（図9.1）。PNG形式や、JPG形式など、いろいろな形式の画像ファイルを読み書きすることができます。

図9.1 Pillow（PIL）ライブラリ
https://pypi.org/project/Pillow/
※Pythonライブラリのサイトに表示される数値は更新されることがあります。

Pillow（PIL）ライブラリは、標準ライブラリではないので、手動でインストールする必要があります。Windowsなら［コマンドプロンプト］アプリを起動して、macOSなら［ターミナル］アプリを起動して、書式9.1、書式9.2のように命令してインストールを行ってください。その後、「pip list」命令で、Pillow（PIL）ライブラリがインストールされていることを確認しましょう。

書式9.1 Pillow（PIL）ライブラリのインストール（Windows）

```
py -m pip install Pillow
py -m pip list
```

書式9.2 Pillow (PIL) ライブラリのインストール (macOS)

```
python3 -m pip install Pillow
python3 -m pip list
```

これで、Pillow (PIL) ライブラリに含まれるそれぞれのライブラリをインポートして使えるようになります (書式9.3)。

書式9.3 Pillowの中からImageをインポート

```
from PIL import Image
```


それではここで、この**Imageライブラリの簡単な使い方**について見ていきましょう。画像ファイルには、JPG形式やPNG形式などいろいろな画像形式があります。

JPG (ジェイペグ) 形式は、写真などでよく使われる形式です。画像圧縮率が高くファイルサイズを小さくできます。画像に影響が出ない程度に不要なデータを削除する「不可逆圧縮」を行うことで軽量化しているので、オリジナルの画像に比べると劣化する部分があります。拡張子は「.jpg」や「.jpeg」です。

PNG (ピング) 形式は、イラストやロゴなどでよく使われる形式です。「可逆圧縮」で軽量化を行う形式ですので、画像が劣化しません。そのためJPG形式よりもくっきりした画像になります。また透明情報も保存できるので、背景を透明にした画像を扱うことができます。そのためファイルサイズはJPG形式よりは少し大きくなります。拡張子は「.png」です。

Imageライブラリでは、JPG形式やPNG形式などいろいろな画像ファイルの読み書きを行えます。例として**「PNGファイルを読み込んで、PNG形式で書き出すプログラム」**を作ってみます。

まず、**テスト用のPNGファイル**を用意してください (図9.2) 。P.10のURLからサンプルファイルをダウンロードすることもできます。その中の**ファイル(chap9/earth.png)** を使ってください。ご自分で用意したファイルを使うときは、リスト9.1の3行目のファイル名を変更してください。このファイルを読み込んで実行するプログラムがリスト9.1です。

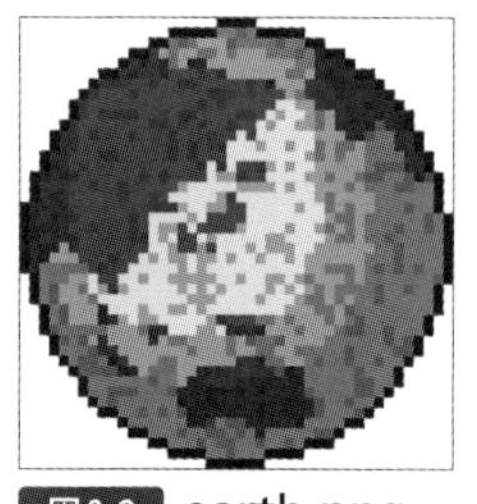

図9.2 earth.png

「PNGファイルを読み込んで、PNG形式で書き出すプログラム」は、リスト9.1のようになります。

リスト9.1 chap9/test9_1.py

```
001 from PIL import Image
002 
003 infile = "earth.png"
004 savefile = "savePNG.png"
005 
006 img = Image.open(infile)——————— 画像ファイルを読み込む
007 img.save(savefile, format="PNG")—— PNGファイルを書き出す
```

1行目で、Imageライブラリをインポートします。**3〜4行目**で、「読み込むファイル名」と「書き出すファイル名」を変数infile、savefileに入れます。**6行目**で、PNGファイルを読み込みます。**7行目**で、PNGファイルを書き出します。実行すると、「savePNG.png」というファイル名でPNGファイルが書き出されます(図9.3)。

図9.3 savePNG.png

画像のサイズを変更したいときは、resize()命令で、幅と高さを指定します。どのような方式でリサイズするかも指定します。いろいろな方式がありますが、LANCZOSを指定すると品質の高いリサイズが行えます（書式9.4）。

書式9.4 画像のサイズを変更する

```
画像 = 画像.resize((幅, 高さ), Image.LANCZOS)
```

「PNGファイルを読み込んで、100 × 100（ピクセル）に縮小するプログラム」を作ってみましょう（リスト9.2）。

リスト9.2 chap9/test9_2.py

```
001 from PIL import Image
002 
003 infile = "earth.png"
004 savefile = "resize.png"
005 
006 img = Image.open(infile)
007 img = img.resize((100, 100), Image.LANCZOS)―― リサイズ
008 img.save(savefile, format="PNG")
```

6行目で、PNGファイルを読み込みます。**7行目**で、リサイズします。**8行目**で、PNGファイルを書き出します。

実行すると、「resize.png」というファイル名で100 × 100（ピクセル）の画像が書き出されます（図9.4）。

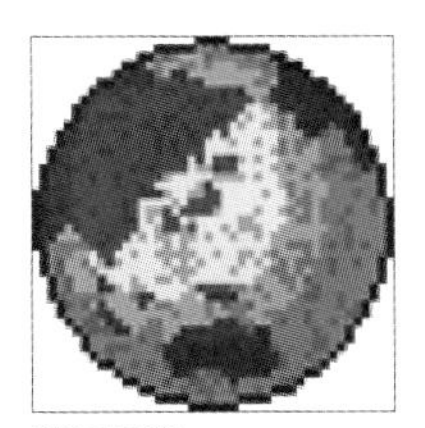

図9.4 resize.png

これで縮小画像を作ることができますが、縦横比率が違う場合はどうなるでしょうか？　例えば、図9.5のような縦に長い画像（earthH.png）を縮小してみましょう。

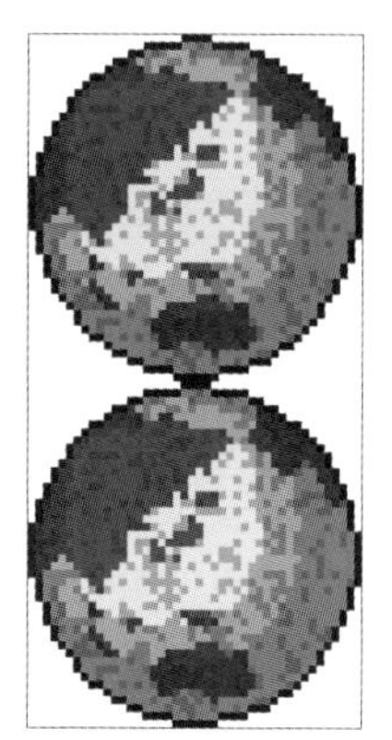

図9.5 earthH.png

リスト9.2の3行目を、リスト9.3のファイル名に変更して実行しましょう。

リスト9.3 ファイル名を変更して実行

```
001  infile = "earthH.png"
```

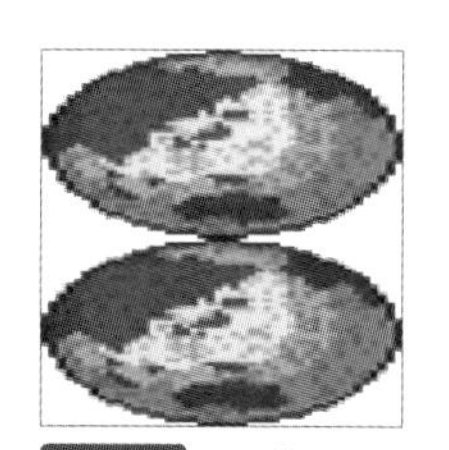

図9.6 resize.png

すると、100×100に縮小されたので縦方向に縮んでしまっています（図9.6）。縦横比率が変わらないようにリサイズするには、**「縦横比率を固定してリサイズ」**する必要があります。その場合は、**「縦横の長い方を基準にリサイズする比率を求め、短い方も同じ比率でリサイズ」**すれば、縦横比率を固定してリサイズができます。

「PNGファイルを読み込み、縦横比率を固定して、100 × 100（ピクセル）

以下に縮小するプログラム」を作ってみます（リスト9.4）。

リスト9.4 chap9/test9_3.py

```
001 from PIL import Image
002 
003 infile = "earthH.png"
004 savefile = "resize.png"
005 
006 max_size = 100
007 img = Image.open(infile)
008 ratio = max_size / max(img.size)—— 縦横の大きい方を基準に比率を決めて
009 w = int(img.width * ratio)
010 h = int(img.height * ratio)
011 img = img.resize((w, h), Image.LANCZOS)— リサイズ
012 img.save(savefile, format="PNG")
```

8行目で、縦横の大きい方を基準にリサイズ比率を求めます。**9〜10行目**でその比率を使って、縦横のサイズを求めます。**11行目**で、リサイズします。

実行すると、「resize.png」というファイル名で、縦横比率を固定して、100×100以下の画像が書き出されます（図9.7）。

図9.7 resize.png

画像に図を描きたいときは、さらにImageDraw命令もインポートします（書式9.5）。

書式9.5 Pillowの中からImageDrawをインポート

```
from PIL import ImageDraw
```

ImageDrawを使うと画像の上に図形を描くことができます。例として、**「PNGファイルを読み込んで、赤い斜線を引いて書き出すプログラム」**を作ってみます（リスト9.5）。

リスト9.5 chap9/test9_4.py

```
001 from PIL import Image
002 from PIL import ImageDraw
003
004 infile = "earth.png"
005 savefile = "redline.png"
006
007 img = Image.open(infile)
008 draw = ImageDraw.Draw(img)—— 画像の上に線を引く準備
009 draw.line((0, 0, img.width, img.height), fill="RED", width=8)
    ——— 線を引く
010 img.save(savefile, format="PNG")
```

2行目でImageDrawをインポートします。**8行目**で、画像の上に線を引く準備をします。**9行目**で、左上（0,0）から右下（img.width, img.height）に赤い斜線を引きます。実行すると、「redline.png」というファイル名で赤い斜線が引かれた画像が書き出されます（図9.8）。

図9.8 redline.png

これまで、PNG形式で画像処理を行ってきましたが、これらはJPG形式でも同じように行えます。ただし、PNG形式には透明情報があり、JPG形式には透明情報がありません。

「JPG形式を読み込んで、PNG形式で書き出すとき」は、特に問題はありませんが、**「PNG形式を読み込んで、JPG形式で書き出すとき」**は、注意が必要です。JPG形式に変換すると、透明部分が黒くなってしまうためです(図9.9)。

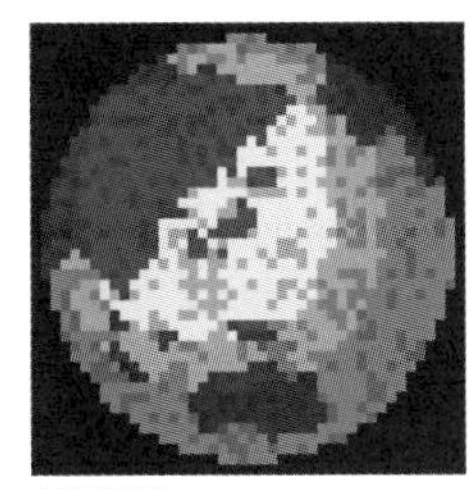

図9.9 失敗画像

透明部分を白く表示したい場合は、同じサイズの白塗りの画像を作ってその上にPNGファイルを合成してJPG画像として書き出すと、透明部分を白くして書き出すことができます。

「PNGファイルを読み込んで、JPG形式で書き出すプログラム」は、リスト9.6のようになります。

リスト9.6 chap9/test9_5.py

```
001 from PIL import Image
002
003 infile = "earth.png"
004 savefile = "saveJPG.jpg"
005
006 img = Image.open(infile)
007 if img.format == "PNG":
008     newimg = Image.new("RGB", img.size, "WHITE")
009     newimg.paste(img, mask=img)———— 白塗りの上にPNGを合成
```

```
010         newimg.save(savefile, format="JPEG") — JPGファイルを書き出す
011     elif img.format == "JPEG":
012         img.save(savefile, format="JPEG")—— JPGファイルを書き出す
```

7行目で、PNG形式かどうかを調べます。もし、PNG形式なら**8～10行目**の処理を行います。

8行目で、画像サイズと同じ白塗りの画像を作ります。**9行目**で、その白塗り画像の上に、PNGファイルをペーストして合成します。**10行目**で、合成した画像を、JPG形式として書き出します。

11行目で、JPG形式かどうかを調べます。もし、JPG形式ならそのまま書き出します。

実行すると、「saveJPG.jpg」というファイル名でJPG形式の画像が書き出されます（図9.10）。

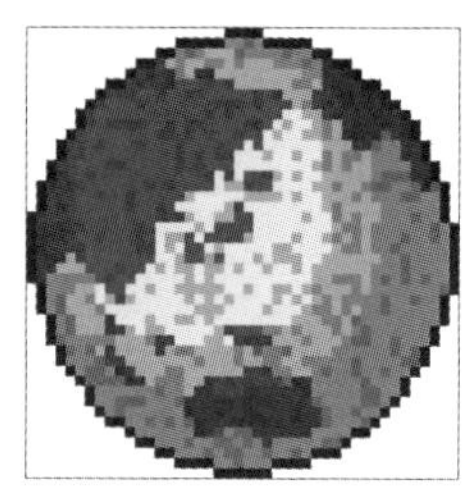

図9.10 saveJPG.jpg

いろいろな画像処理を行えるようになりました。これらを踏まえて、画像ファイルに関する具体的な問題を解決していきましょう。

画像ファイルをPNGで保存するには：save_PNGs

こんな問題を解決したい！

フォルダの中にJPG形式とPNG形式の画像ファイルがいろいろ混ざっている。すべてをPNG形式にしたいんだけど、手作業で行うのはめんどうだなあ

どんな方法で解決するのか？

この作業をコンピュータが代わりに行うとしたら、どのようにすればいいでしょうか？　主に以下の2つの処理を行うことで実現できると考えられます（図9.11）。

①指示されたフォルダ内のJPG形式とPNG形式のファイルの名前を取得する。
②画像ファイルを読み込んで、PNG形式で書き出す。

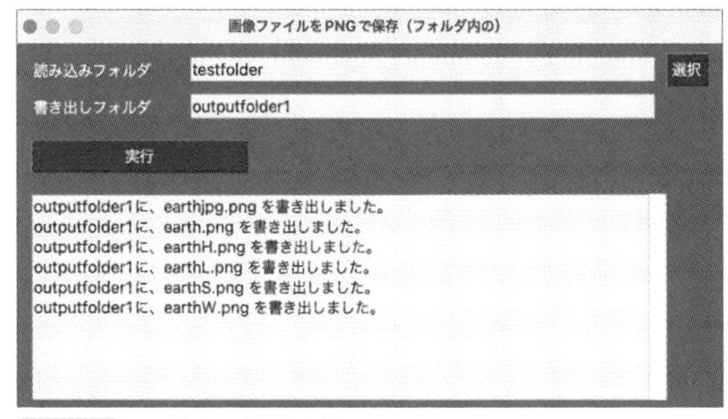

図9.11 アプリの完成予想図

解決に必要な命令は？

②の「画像ファイルを読み込んで、PNG形式で書き出す」には、**「PNGファイルを読み込んで、PNG形式で書き出すプログラム（リスト9.1）」**が使えます。

①の「フォルダ内のファイルの名前を取得する」には、**「フォルダ内のファイルリストを取得するプログラム（リスト4.3）」**を利用できそうですが、JPGとPNGの複数の拡張子があるという点が違います。

これはリストを使ったくり返し処理で対応できます。複数の拡張子をリストに入れ、そのリストでくり返し処理を行うのです。

この**「フォルダの中のJPG形式とPNG形式のファイル名リストを取得するプログラム」**を作ってみましょう。

まず、**PNG形式やJPG形式の複数の画像ファイルが入ったテスト用のフォルダ**を用意してください。P.10のURLからサンプルファイルをダウンロードすることもできます。その中の**フォルダ（chap9/testfolder）**を使ってください（図9.12）。ご自分で用意したフォルダを使うときは、リスト9.7の3行目のファイル名を変更してください。このフォルダを読み込んで実行するプログラムがリスト9.7です。

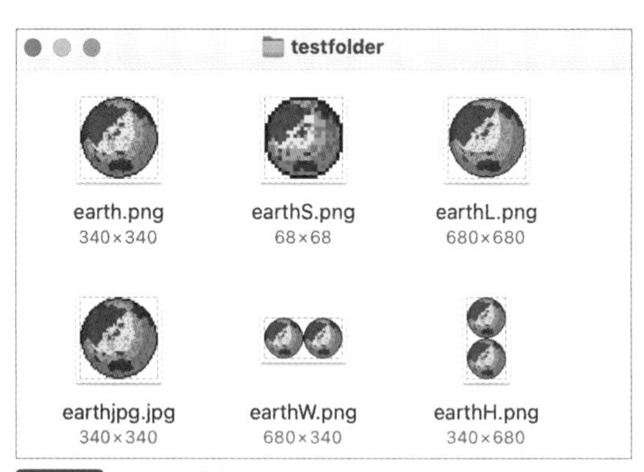

図9.12 testfolder

リスト9.7 chap9/test9_6.py

```
001 from pathlib import Path
002
```

```
003 infolder = "testfolder"
004 extlist = ["*.jpg","*.png"]
005
006 msg = ""
007 for ext in extlist: ──────────── 複数の拡張子で調べる
008     filelist = []
009     for p in Path(infolder).glob(ext):── このフォルダ内のファイルを
010         filelist.append(str(p))────── リストに追加して
011     for filename in sorted(filelist):── ソートして1ファイルずつ処理
012         msg += filename + "\n"
013 print(msg)
```

4行目で、JPGとPNGの拡張子のリストを用意します。**7行目**で、拡張子のリストから1つずつ変数extに取り出してくり返しを行います。**8~12行目**は、変数extに入っている拡張子を使ってファイル名リストを取得して表示させます。

実行すると、JPG形式とPNG形式のファイル名リストが表示されます。

実行結果

```
testfolder/earthjpg.jpg
testfolder/earth.png
testfolder/earthH.png
testfolder/earthL.png
testfolder/earthS.png
testfolder/earthW.png
```

プログラムを作ろう！

これらを使って、**「フォルダ内の画像（JPG形式とPNG形式）を、PNG形式で書き出すプログラム（save_PNGs.py）」**を作りましょう（リスト9.8）。

リスト9.8 chap9/save_PNGs.py

```
001 from pathlib import Path
002 from PIL import Image
003
004 infolder = "testfolder"
005 value1 = "outputfolder1"
006 extlist = ["*.jpg","*.png"]
007
008 #【関数: pngファイルを保存】
009 def savepng(readfile, savefolder):
010     try:
011         img = Image.open(readfile)——— 画像ファイルを読み込む
012         savedir = Path(savefolder)
013         savedir.mkdir(exist_ok=True)——— 書き出し用フォルダを作って
014         filename = Path(readfile).stem+".png"— ファイル名を作り
015         img.save(savedir.joinpath(filename), format="PNG")
    ——— pngで書き出す
016         msg = savefolder + "に、" + filename + " ↵
    を書き出しました。\n"
017         return msg
018     except:
019         return readfile + "：失敗しました。"
020 #【関数: フォルダ内の画像ファイルを処理する】
021 def savefiles(infolder, savefolder):
022     msg = ""
023     for ext in extlist:——————— 複数の拡張子で調べる
024         filelist = []
025         for p in Path(infolder).glob(ext):- このフォルダ内のファイルを
026             filelist.append(str(p))——— リストに追加して
```

```
027         for filename in sorted(filelist): — ソートして1ファイルずつ処理
028             msg += savepng(filename, savefolder)
029     return msg
030 
031 #【関数を実行】
032 msg = savefiles(infolder, value1)
033 print(msg)
```

1～2行目で、pathlibライブラリのPathと、PillowライブラリのImageをインポートします。**6行目**で、JPGとPNGの拡張子のリストを変数extlistに用意します。

9～19行目で、「pngファイルを保存する関数（savepng）」を作ります。**11行目**で、画像ファイルを読み込みます。**12～13行目**で、書き出し用のフォルダを用意します。**14行目**で、ファイル名を作ります。**15行目**で、PNGファイルを書き出します。**16行目**で、書き出したファイル名を変数msgに追加します。

21～29行目で、「フォルダ内の画像ファイルを処理する関数（savefiles）」を作ります。**23行目**で、変数extlistのリストから1つずつ取り出してくり返しを行います。**25～26行目**で、フォルダ内のファイルの名前をfilelistに追加していきます。**27～28行目**で、ファイルリストをソートして1ファイルずつ調べていきます。

32～33行目で、savefiles()関数を実行して、その結果を表示します。

実行すると、outputfolder1フォルダに、PNG形式の画像が書き出されます（図9.13）。

実行結果

```
outputfolder1に、earthjpg.png を書き出しました。
outputfolder1に、earth.png を書き出しました。
outputfolder1に、earthH.png を書き出しました。
outputfolder1に、earthL.png を書き出しました。
outputfolder1に、earthS.png を書き出しました。
outputfolder1に、earthW.png を書き出しました
```

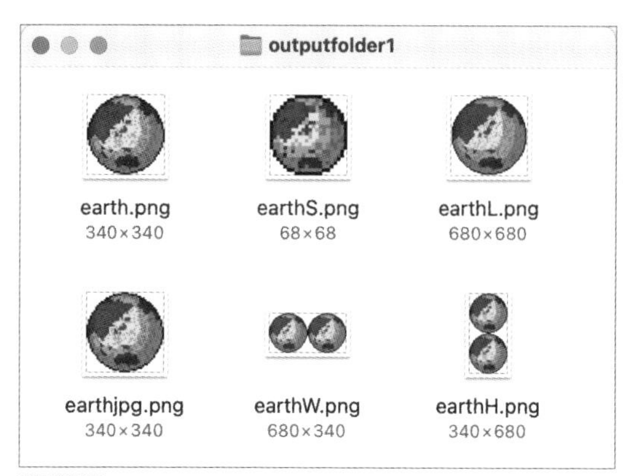

図9.13 実行結果

アプリ化しよう！

このsave_PNGs.pyを、さらにアプリ化しましょう。

このsave_PNGs.pyでは、「フォルダ名」を選択し、「書き出しフォルダ名」を入力して実行します。**『フォルダ選択+入力欄1つのアプリ（テンプレートfolder_input1.pyw）』**を修正して作れそうです（図9.14、図9.15）。

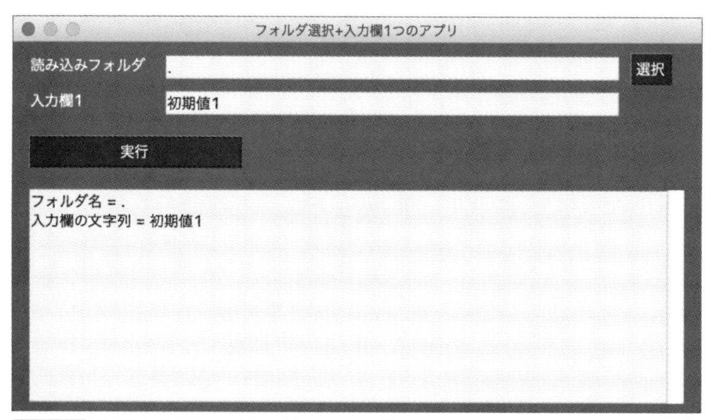

図9.14 利用するテンプレート：テンプレートfolder_input1.pyw

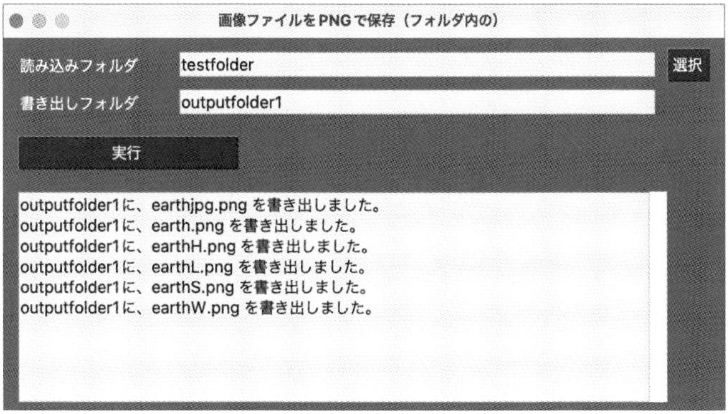

図9.15 アプリの完成予想図

❶ファイル「テンプレートfolder_input1.pyw」をコピーして、コピーしたファイルの名前を「save_PNGs.pyw」にリネームします。

これに「save_PNGs.py」で動いているプログラムをコピーして修正していきます。

❷使うライブラリを追加します（リスト9.9）。

リスト9.9 テンプレートを修正：1

```
001 #【1.使うライブラリをimport】
002 from pathlib import Path
003 from PIL import Image
```

❸表示やパラメータを修正します（リスト9.10）。

リスト9.10 テンプレートを修正：2

```
001 #【2.アプリに表示する文字列を設定】
002 title = "画像ファイルをPNGで保存（フォルダ内の）"
003 infolder = "testfolder"
004 label1, value1 = "書き出しフォルダ", "outputfolder1"
005 extlist = ["*.jpg","*.png"]
```

❹関数を差し替えます（リスト9.11）。

リスト9.11 テンプレートを修正：3

```
001 #【3.関数: pngファイルを保存】
002 def savepng(readfile, savefolder):
003     try:
004         img = Image.open(readfile)——— 画像ファイルを読み込む
005         savedir = Path(savefolder)
006         savedir.mkdir(exist_ok=True)——— 書き出し用フォルダを作って
007         filename = Path(readfile).stem+".png"— ファイル名を作り
008         img.save(savedir.joinpath(filename), format="PNG")
    ——— pngで書き出す
009         msg = savefolder + "に、" + filename + " ↵
    を書き出しました。\n"
010         return msg
011     except:
012         return readfile + "：失敗しました。"
013 #【3.関数: フォルダ内の画像ファイルを処理する】
014 def savefiles(infolder, savefolder):
015     msg = ""
016     for ext in extlist:——————— 複数の拡張子で調べる
017         filelist = []
018         for p in Path(infolder).glob(ext):- このフォルダ内のファイルを
019             filelist.append(str(p))——— リストに追加して
020         for filename in sorted(filelist):— ソートして1ファイルずつ処理
021             msg += savepng(filename, savefolder)
022     return msg
```

❺関数を実行します（リスト9.12）。

リスト9.12 テンプレートを修正：4

```
001 #【4.関数を実行】
002 msg = savefiles(infolder, value1)
```

これでできあがりです（save_PNGs.pyw）。

アプリは次のような手順で使います。

①「選択」ボタンを押して、「読み込みフォルダ」を選択します。
②「書き出しフォルダ」に、書き出しフォルダ名を入力します。
③「実行」ボタンを押すと、①で選択したフォルダ内のJPG形式とPNG形式の画像を、書き出しフォルダにPNG形式で書き出します（図9.16）。

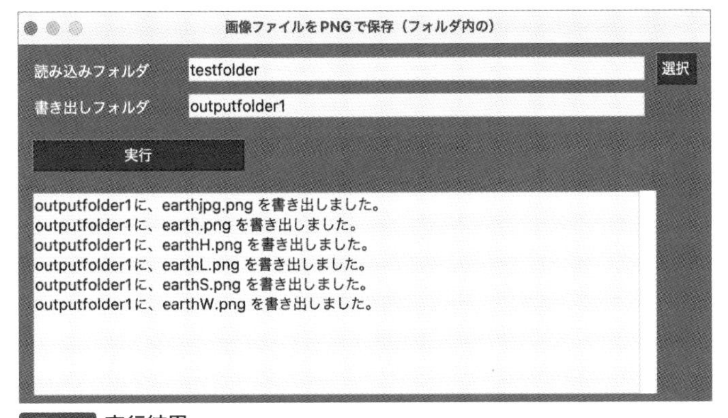

図9.16 実行結果

画像をPNG形式で書き出せたよ！

画像ファイルをリサイズして保存するには：resize_PNGs

こんな問題を解決したい！

フォルダの中にJPG形式とPNG形式の画像ファイルがたくさん入っている。これらの画像を小さくしてサムネイル画像を作りたいんだけれど、手作業で作るのはめんどうだなあ

どんな方法で解決するのか？

この作業をコンピュータが代わりに行うとしたら、どのようにすればいいでしょうか？

①指示されたフォルダ内のJPG形式とPNG形式のファイル名を取得する。
②画像ファイルを読み込んで、画像を縮小して、PNG形式で書き出す（図9.17）。

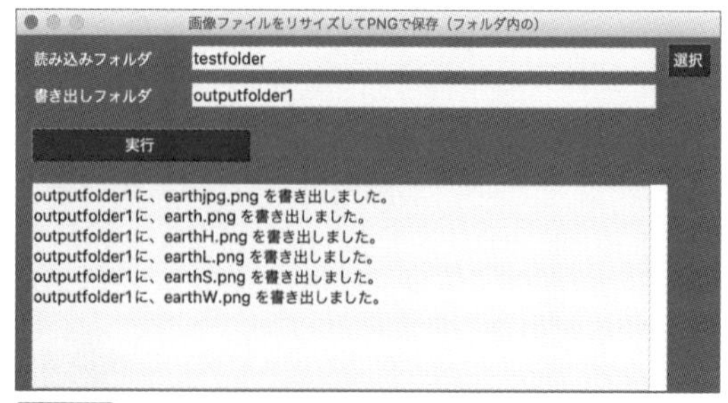

図9.17 アプリの完成予想図

解決に必要な命令は？

これは、先ほど作った**「フォルダ内の画像を、PNG形式で書き出すプログラム（save_PNGs.py）」**（リスト9.8）とほぼ同じです。

違うのは、②の「画像を縮小して」という部分ですが、これは**「PNGファイルを読み込み、縦横比率を固定して、100 × 100（ピクセル）以下に縮小するプログラム（リスト9.4）」**が使えそうです。

つまり、save_PNGs.pyをコピーして、画像を書き出す直前で、**リスト9.4**の処理を追加すれば作れそうです。

プログラムを作ろう！

それでは、リスト9.8の**「フォルダ内の画像を、PNG形式で書き出すプログラム（save_PNGs.py）」**を修正して、**「フォルダ内の画像を、縮小して、PNG形式で書き出すプログラム（resize_PNGs.py）」**を作りましょう。

❶ファイル「save_PNGs.py」をコピーして、コピーしたファイルの名前を「resize_PNGs.py」にリネームし、これを修正していきます。

❷5行目の保存先を「outputfolder2」に変更し、6行目に、縮小サイズをvalue2に用意しておきます（リスト9.13）。

アプリでは文字列で入力されることになるので、アプリの入力にあわせてvalue2の数値も文字列で用意しておきます。

リスト9.13 保存先の変更と縮小サイズの指定

```
001 value1 = "outputfolder2"
002 value2 = "100"
```

❸11行目に、value2の文字列を整数に変換して、変数maxsizeに入れる処理を追加します（リスト9.14）。

リスト9.14 文字列の変換と変数の処理

```
001     maxsize = int(value2)
```

❹14～19行目に、「縦横比率を固定して縮小する処理」を追加します。

つまり、13行目～20行目は、リスト9.15のようになります。

リスト9.15 「縦横比率を固定して縮小する処理」を追加

```
001    img = Image.open(readfile)———— 画像ファイルを読み込む
002    #----------------------------------
003    ratio = maxsize / max(img.size)— 縦横の大きい方で比率を決めて
004    w = int(img.width * ratio)
005    h = int(img.height * ratio)
006    img = img.resize((w, h), Image.LANCZOS)———— リサイズし
007    #----------------------------------
008    savedir = Path(savefolder)
```

これでできあがりです(resize_PNGs.py)。

実行すると、outputfolder2フォルダに、100 × 100(ピクセル)以下に縮小されたPNG形式の画像が書き出されます(図9.18)。

実行結果

```
outputfolder2に、earthjpg.png を書き出しました。
outputfolder2に、earth.png を書き出しました。
outputfolder2に、earthH.png を書き出しました。
outputfolder2に、earthL.png を書き出しました。
outputfolder2に、earthS.png を書き出しました。
outputfolder2に、earthW.png を書き出しました。
```

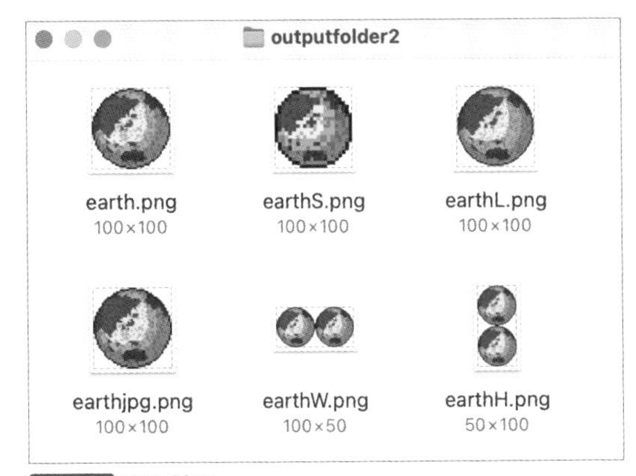

図9.18 実行結果

アプリ化しよう！

アプリも先ほどのRecipe2で作った**「フォルダ内の画像を、PNG形式で書き出すプログラム（save_PNGs.pyw）」**を修正して作りましょう（図9.19）。

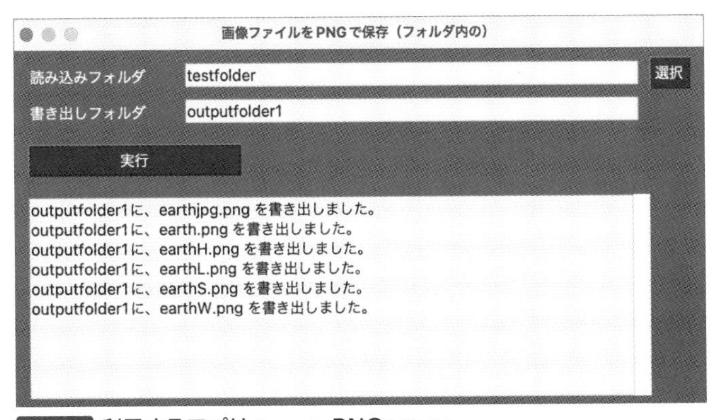

図9.19 利用するアプリ：save_PNGs.pyw

❶ファイル「save_PNGs.pyw」をコピーして、コピーしたファイルの名前を「resize_PNGs.pyw」にリネームします。

これに「resize_PNGs.py」で動いているプログラムをコピーして修正していきます。

❷8〜11行目の、表示やパラメータを変更します（リスト9.16）。

リスト9.16　表示やパラメータの変更

```
001 title = "画像ファイルをリサイズしてPNGで保存（フォルダ内の）"
002 infolder = "testfolder"
003 label1, value1 = "書き出しフォルダ", "outputfolder2"
004 label2, value2 = "最大ピクセル", "100"
005 extlist = ["*.jpg","*.png"]
```

❸16行目に、value2の文字列を整数に変換して、変数maxsizeに入れる処理を追加します（リスト9.17）。

リスト9.17　文字列を整数に変換し、変数maxsizeに入れる処理を追加

```
001     maxsize = int(value2)
```

❹19〜24行目に、「縦横比率を固定して縮小する処理」を追加します。

つまり、18〜25行目は、リスト9.18のようになります。

リスト9.18　「縦横比率を固定して縮小する処理」を追加

```
001         img = Image.open(readfile)——— 画像ファイルを読み込む
002         #-----------------------------------
003         ratio = maxsize / max(img.size)— 縦横の大きい方で比率を決めて
004         w = int(img.width * ratio)
005         h = int(img.height * ratio)
006         img = img.resize((w, h), Image.LANCZOS)——— リサイズし
007         #-----------------------------------
008         savedir = Path(savefolder)
```

これでできあがりです（resize_PNGs.pyw）。

アプリは次のような手順で使います。

①「選択」ボタンを押して、「読み込みフォルダ」を選択します。
②「書き出しフォルダ」に、書き出しフォルダ名を入力します。
③「最大ピクセル」に、縮小サイズを入力します。
④「実行」ボタンを押すと、フォルダ内のJPG形式とPNG形式の画像を縮小して、書き出しフォルダにPNG形式で書き出します（図9.20）。

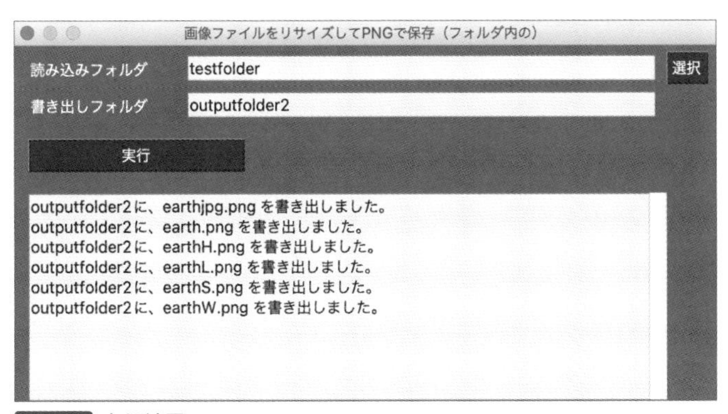

図9.20 実行結果

基本 アプリ化

画像ファイルに斜線を引いて保存するには：redline_PNGs

こんな問題を解決したい！

画像ファイルがたくさんあるけれど、これらの画像をそのまま2次利用されると困るので、画像に斜線を引いて使いにくくしたいんだけれど、手作業で修正するのはめんどうだなあ

どんな方法で解決するのか？

この作業をコンピュータが代わりに行うとしたら、どのようにすればいいでしょうか？

①指示されたフォルダ内のJPG形式とPNG形式のファイルのファイル名を取得する。

②画像ファイルを読み込んで、画像に斜線を引いて、PNG形式で書き出す（図9.21）。

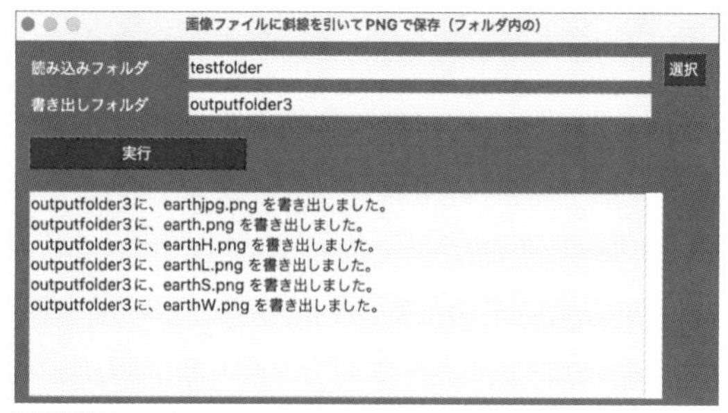

図9.21 アプリの完成予想図

解決に必要な命令は？

これも、リスト9.8の**「フォルダ内の画像を、PNG形式で書き出すプログラム（save_PNGs.py）」**とほぼ同じです。

違うのは、②の「画像に斜線を引いて」という部分ですが、これも**「PNGファイルを読み込んで、赤い斜線を引いて書き出すプログラム（リスト9.5）」**が使えそうです。

つまり、save_PNGs.pyをコピーして、画像を書き出す直前で、**リスト9.5**の処理を追加すれば作れそうです。

プログラムを作ろう！

それでは、リスト9.8の**「フォルダ内の画像を、PNG形式で書き出すプログラム（save_PNGs.py）」**を修正して、**「フォルダ内の画像に赤い斜線を引いて、PNG形式で書き出すプログラム（redline_PNGs.py）」**を作りましょう。

❶ファイル「save_PNGs.py」をコピーして、コピーしたファイルの名前を「redline_PNGs.py」にリネームし、これを修正していきます。

❷3行目に、以下のimport文を追加します（リスト9.19）。

リスト9.19 import文を追加

```
001 from PIL import ImageDraw
```

❸6行目の保存先を「outputfolder3」に変更します（リスト9.20）。

リスト9.20 保存先の変更

```
001 value1 = "outputfolder3"
```

❹13〜16行目に、「画像に赤い斜線を引く処理」を追加します。

つまり、12〜17行目は、リスト9.21のようになります。

リスト9.21　「画像に赤い斜線を引く処理」を追加

```
001         img = Image.open(readfile)——— 画像ファイルを読み込む
002         #-----------------------------------
003         draw = ImageDraw.Draw(img)
004         draw.line((0, 0, img.width, img.height), fill="RED", ↵
    width=8)
005         #-----------------------------------
006         savedir = Path(savefolder)
```

これでできあがりです（redline_PNGs.py）。

実行すると、outputfolder3フォルダに、赤い斜線が引かれたPNG形式の画像が書き出されます（図9.22）。

実行結果

```
outputfolder3に、earthjpg.png を書き出しました。
outputfolder3に、earth.png を書き出しました。
outputfolder3に、earthH.png を書き出しました。
outputfolder3に、earthL.png を書き出しました。
outputfolder3に、earthS.png を書き出しました。
outputfolder3に、earthW.png を書き出しました。
```

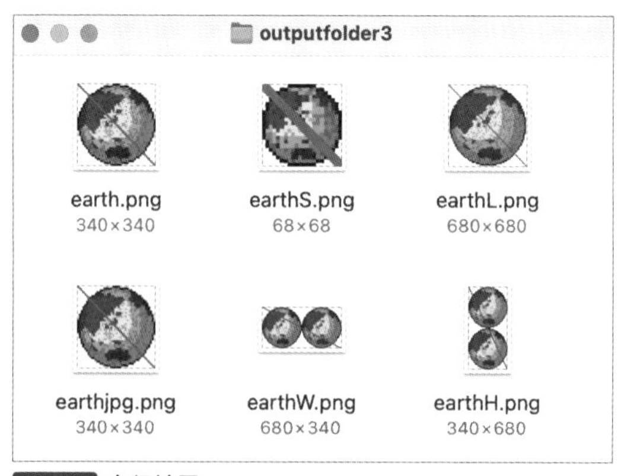

図9.22 実行結果

アプリ化しよう！

アプリも先ほどのRecipe3で作った**「フォルダ内の画像を、PNG形式で書き出すプログラム（save_PNGs.pyw）」**を修正して作りましょう（図9.23）。

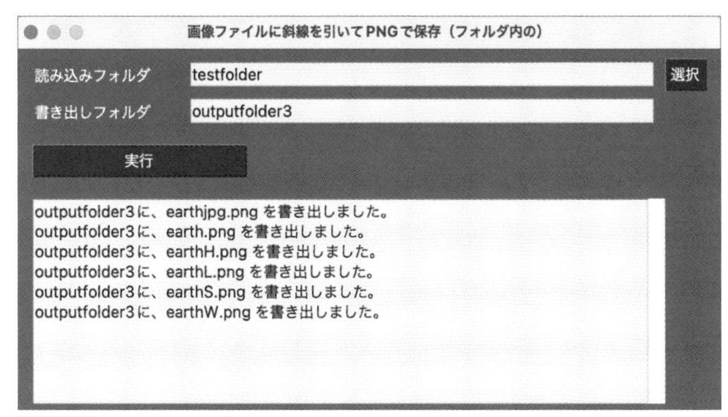

図9.23 利用するアプリ：save_PNGs.pyw

❶ファイル「save_PNGs.pyw」をコピーして、コピーしたファイルの名前を「redline_PNGs.pyw」にリネームします。

これに「redline_PNGs.py」で動いているプログラムをコピーして修正していきます。

❷6行目に、以下のimport文を追加します（リスト9.22）。

リスト9.22 import文を追加

```
001 from PIL import ImageDraw
```

❸9～12行目の、表示やパラメータを変更します（リスト9.23）。

リスト9.23 表示やパラメータの変更

```
001 title = "画像ファイルに斜線を引いてPNGで保存（フォルダ内の）"
002 infolder = "testfolder"
003 label1, value1 = "書き出しフォルダ", "outputfolder3"
004 extlist = ["*.jpg","*.png"]
```

❹18～21行目に、「画像に赤い斜線を引く処理」を追加します。

つまり、17～22行目は、リスト9.24のようになります。

リスト9.24 「画像に赤い斜線を引く処理」を追加

```
001            img = Image.open(readfile)──── 画像ファイルを読み込む
002            #--------------------------------
003            draw = ImageDraw.Draw(img)
004            draw.line((0, 0, img.width, img.height), fill="RED", ↵
    width=8)
005            #--------------------------------
006            savedir = Path(savefolder)
```

これでできあがりです（redline_PNGs.pyw）。

アプリは次のような手順で使います。

①「選択」ボタンを押して、「読み込みフォルダ」を選択します。

②「書き出しフォルダ」に、書き出しフォルダ名を入力します。

③「実行」ボタンを押すと、フォルダ内のJPG形式とPNG形式の画像に赤い斜線を引いて、書き出しフォルダにPNG形式で書き出します（図9.24）。

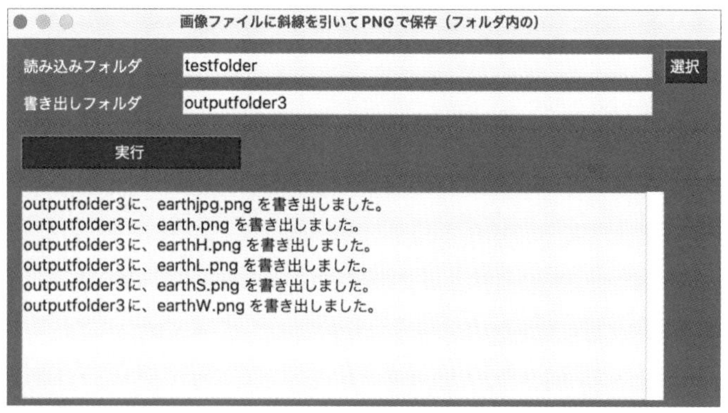

図9.24 実行結果

画像に斜線を引いて書き出せたよ！

画像ファイルをJPGで保存するには：save_JPGs

こんな問題を解決したい！

フォルダの中にJPG形式とPNG形式の画像ファイルが混ざっている。すべてをJPG形式にしたいんだけど、手作業で行うのはめんどうだなあ

どんな方法で解決するのか？

この作業は、リスト9.8の「フォルダ内の画像を、PNG形式で書き出すプログラム（save_PNGs.py）」とほとんど同じですね 。

①指示されたフォルダ内のJPG形式とPNG形式のファイルのファイル名を取得する。
②画像ファイルを読み込んで、JPG形式で書き出す（図9.25）。

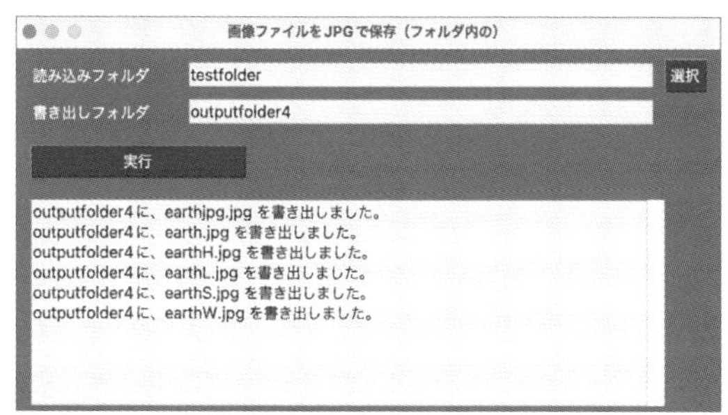

図9.25 アプリの完成予想図

解決に必要な命令は？

違うのは、②の「JPG形式で書き出す」という部分ですが、これも**「PNGファイルを読み込んで、JPG形式で書き出すプログラム（リスト9.6）」**が使えます。

つまり、save_PNGs.py（リスト9.8）をコピーして、画像を書き出す部分を**リスト9.6**の処理に変更すれば作れそうです。

プログラムを作ろう！

それではさっそく、リスト9.8の**「フォルダ内の画像を、PNG形式で書き出すプログラム（save_PNGs.py）」**を修正して、**「フォルダ内の画像を、JPG形式で書き出すプログラム（save_JPGs.py）」**を作りましょう。

❶ファイル「save_PNGs.py」をコピーして、コピーしたファイルの名前を「save_JPGs.py」にリネームし、これを修正していきます。

❷5行目の保存先を「outputfolder4」に変更します（リスト9.25）。

リスト9.25 保存先の変更

```
001 value1 = "outputfolder4"
```

❸14～15行目の「PNG形式で書き出す処理」（リスト9.26）を、「JPG形式で書き出す処理」（リスト9.27）に変更します。

リスト9.26 変更前

```
001         filename = Path(readfile).stem+".png"
002         img.save(savedir.joinpath(filename), format="PNG")
```

リスト9.27 変更後

```
001         #-----------------------------------
002         filename = Path(readfile).stem+".jpg"
003         savepath = savedir.joinpath(filename)
004         if img.format == "PNG":
```

```
005            newimg = Image.new("RGB", img.size, "white")
006            newimg.paste(img, mask=img.split()[3])
007            newimg.save(savepath, format="JPEG", quality=95)
008        elif img.format == "JPEG":
009            img.save(savepath, format="JPEG", quality=95)
010        #-----------------------------------
```

これでできあがりです（save_JPGs.py）。

実行すると、outputfolder4フォルダに、JPG形式の画像が書き出されます（図9.26）。

実行結果

```
outputfolder4に、earthjpg.jpg を書き出しました。
outputfolder4に、earth.jpg を書き出しました。
outputfolder4に、earthH.jpg を書き出しました。
outputfolder4に、earthL.jpg を書き出しました。
outputfolder4に、earthS.jpg を書き出しました。
outputfolder4に、earthW.jpg を書き出しました。
```

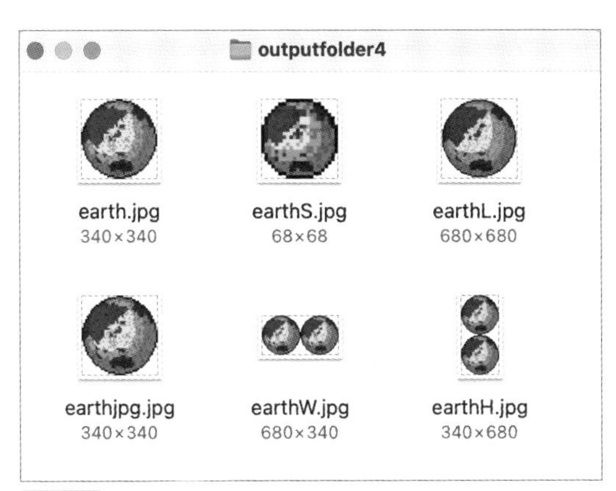

図9.26 実行結果

アプリ化しよう！

アプリも先ほどのRecipe3で作った**「フォルダ内の画像を、PNG形式で書き出すプログラム（save_PNGs.pyw）」**を修正して作りましょう（図9.27）。

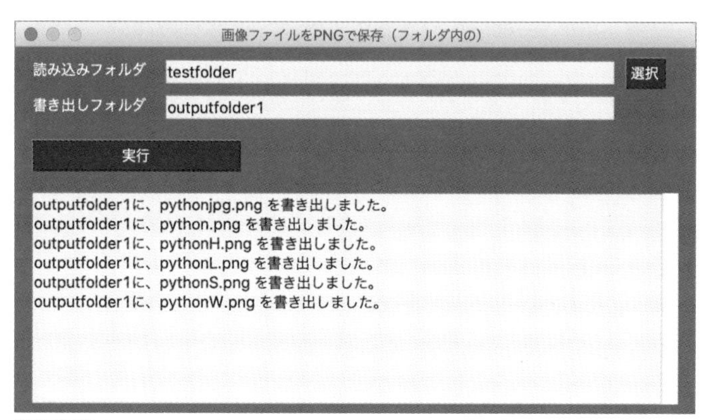

図9.27 利用するアプリ：save_PNGs.pyw

❶ファイル「save_PNGs.pyw」をコピーして、コピーしたファイルの名前を「save_JPGs.pyw」にリネームします。

これに「save_JPGs.py」で動いているプログラムをコピーして修正していきます。

❷8～11行目の、表示やパラメータを変更します（リスト9.28）。

リスト9.28 表示やパラメータの変更

```
001 title = "画像ファイルをJPGで保存（フォルダ内の）"
002 infolder = "testfolder"
003 label1, value1 = "書き出しフォルダ", "outputfolder4"
004 extlist = ["*.jpg","*.png"]
```

❸19～20行目の「PNG形式で書き出す処理」(リスト9.29)を、「JPG形式で書き出す処理」(リスト9.30)に変更します。

リスト9.29 変更前

```
001    filename = Path(readfile).stem+".png"
002    img.save(savedir.joinpath(filename), format="PNG")
```

リスト9.30 変更後

```
001    #-----------------------------------
002    filename = Path(readfile).stem+".jpg"
003    savepath = savedir.joinpath(filename)
004    if img.format == "PNG":
005        newimg = Image.new("RGB", img.size, "white")
006        newimg.paste(img, mask=img.split()[3])
007        newimg.save(savepath, format="JPEG", quality=95)
008    elif img.format == "JPEG":
009        img.save(savepath, format="JPEG", quality=95)
010    #-----------------------------------
```

これでできあがりです(save_JPGs.pyw)。
アプリは次のような手順で使います。

①「選択」ボタンを押して、「読み込みフォルダ」を選択します。
②「書き出しフォルダ」に、書き出しフォルダ名を入力します。
③「実行」ボタンを押すと、読み込みフォルダ内のJPG形式とPNG形式のファイルの画像を、書き出しフォルダにJPG形式ファイルで書き出します(図9.28)。

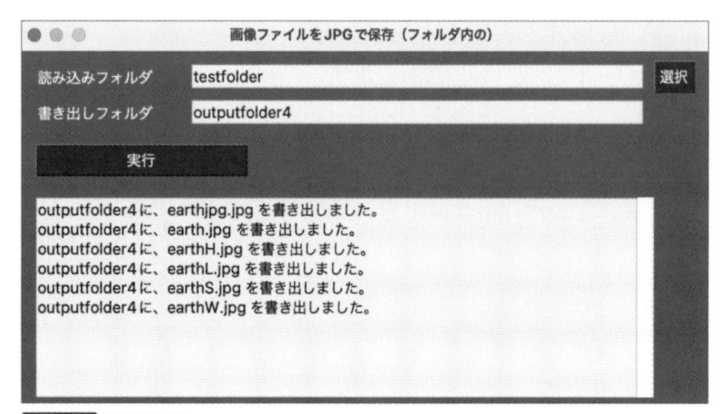

図9.28 実行結果

画像をJPG形式で書き出せたよ！

Chapter

10

音声や動画の再生時間

基本 アプリ化

音声（MP3）の再生時間を取得するには

音声ファイルを調べるライブラリ

音声ファイルを調べたいときは、外部ライブラリの**mutagenライブラリ**が使えます。MP3形式の音声ファイルを調べることができます（図10.1）。

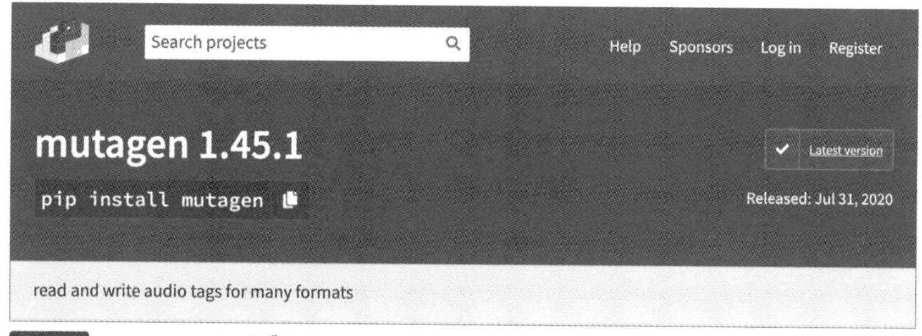

図10.1 mutagenライブラリ
https://pypi.org/project/mutagen/
※Pythonライブラリのサイトに表示される数値は更新されることがあります。

mutagenライブラリは、標準ライブラリではないので、手動でインストールする必要があります。Windowsなら［コマンドプロンプト］アプリを起動して、macOSなら［ターミナル］アプリを起動して、書式10.1、書式10.2のように命令してインストールを行ってください。その後、「pip list」命令で、mutagenがインストールされていることを確認しましょう。

書式10.1 mutagenライブラリのインストール（Windows）

```
py -m pip install mutagen
py -m pip list
```

書式10.2　mutagenライブラリのインストール（macOS）

```
python3 -m pip install mutagen
python3 -m pip list
```

これで、ライブラリをインポートして使えるようになります（書式10.3）。

書式10.3　mutagenをインポート

```
from mutagen.mp3 import MP3
```

それでは、この**mutagenライブラリの簡単な使い方**について見ていきましょう。mutagenライブラリは、音声ファイルの情報を調べたり、タグの編集などを行えるライブラリです。今回は「再生時間を取得する方法」について見てみましょう。

まず、MP3形式の音声ファイルを読み込むには、**「変数 = MP3(ファイルパス名)」**と命令します。次にこのオブジェクトの**「info.length」**を見ると、再生時間がわかります（書式10.4）。

書式10.4　音声ファイルの再生時間を取得する

```
audio = MP3(ファイルパス名)
再生秒数 = audio.info.length
```

たったこれだけでMP3形式の音声ファイルの再生時間がわかるのですが、取得できるのは秒数です。再生時間が長い場合、例えば「1000秒」のように表示されますが、「0:16:40」のようにわかりやすい時分秒形式で表示したいと思います。

時間に関する処理を行うときは、別のライブラリを使いましょう。標準ライブラリの**datetimeライブラリ**を使うと、秒を時分秒形式に変換できます。書式10.5のように命令すると変換できます。

書式10.5　1000秒を時分秒形式に変換する

```
import datetime
sec = 1000
timestr = str(datetime.timedelta(seconds=sec))
```

これを使って、**「音声ファイルの再生時間を表示するプログラム」**を作ってみましょう。

まず、**テスト用のMP3ファイル**を用意してください。P.10のURLからサンプルファイルをダウンロードすることもできます。その中の**ファイル(chap10/testmusic1.mp3)**を使ってください。ご自分で用意したファイルを使うときは、リスト10.1の4行目のファイル名を変更してください。このファイルを読み込んで実行するプログラムがリスト10.1です。

リスト10.1 chap10/test10_1.py

```
001 from mutagen.mp3 import MP3
002 import datetime
003
004 infile = "testmusic1.mp3"
005
006 audio = MP3(infile)                              ファイルを読み込む
007 sec = audio.info.length                          再生時間（秒）
008 timestr = str(datetime.timedelta(seconds=sec))-  時分秒に変換
009 print("再生時間=",timestr)
```

1～2行目で、MP3ライブラリとdatetimeライブラリをインポートします。**4行目**で、「読み込むファイル名」を変数infileに入れます。**6行目**で、ファイルを読み込みます。**7行目**で、再生秒数を取得します。**8～9行目**で、秒を時分秒形式に変換して、表示します。

実行すると、再生時間が表示されます。testmusic1.mp3は16秒なので、0:00:16と表示されます。

実行結果

```
再生時間= 0:00:16
```

基本 アプリ化

Recipe 2 Chapter 10

動画の再生時間を取得するには

動画ファイルを調べるライブラリ

動画ファイルを調べたいときは、外部ライブラリの**OpenCVライブラリ**が使えます。MP4形式や、MOV形式の動画ファイルを調べることができます（図10.2）。

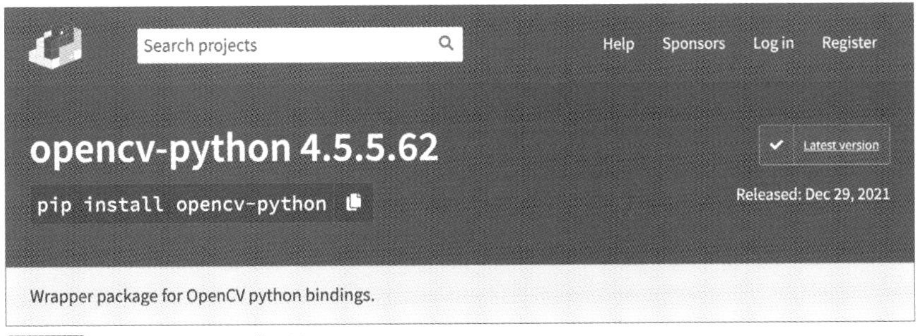

図10.2 OpenCVライブラリ
https://pypi.org/project/opencv-python/
※Pythonライブラリのサイトに表示される数値は更新されることがあります。

OpenCVライブラリは、標準ライブラリではないので、手動でインストールする必要があります。Windowsなら［コマンドプロンプト］アプリを起動して、macOSなら［ターミナル］アプリを起動して、書式10.6、書式10.7のように命令してインストールを行ってください。その後、「pip list」命令で、OpenCVがインストールされていることを確認しましょう。

書式10.6 OpenCVライブラリのインストール（Windows）

```
py -m pip install opencv-python
py -m pip list
```

書式10.7 OpenCVライブラリのインストール(macOS)

```
python3 -m pip install opencv-python
python3 -m pip list
```

これで、インポートして使えるようになります(書式10.8)。

書式10.8 OpenCVをインポート

```
import cv2
```

それでは、この**OpenCVライブラリの簡単な使い方**について見ていきましょう。OpenCVライブラリは画像処理や動画処理を行うことができる、汎用性が高いライブラリです。いろいろなことができるのですが、今回は「動画の再生時間を取得する方法」について見てみましょう。

MP4(エムピーフォー)形式は、WindowsやmacOSのほか多くの環境に対応している動画のファイル形式です。圧縮率が高く、インターネットでの利用に適していて、動画形式の主流になっています。拡張子は「.mp4」です。

MOV(エムオーブイ)形式は、Apple社で開発されたmacOS標準の動画形式で、Apple製品との相性がいい動画形式です。Windowsで再生するには、QuickTimePlayerが必要です。拡張子は「.mov」です。

まず、MP4形式やMOV形式の動画ファイルを読み込むには、**「変数 = cv2.VideoCapture(ファイルパス名)」**と命令します。そこから、再生時間を調べるのですが、OpenCVライブラリには再生時間を直接取得する命令はありません。しかし、動画の「総フレーム数」と「fps(1秒間に何フレーム再生されるか)」の値は取得できます。総フレーム数をfpsで割れば、再生秒数を求めることができるのです。上級者向けのライブラリではこのように、最低限の必要な情報だけが取得できて、それを組み合わせて必要なデータを求めるようになっていることがあります(書式10.9)。

書式10.9 動画ファイルの総フレーム数とfpsを取得する

```
cap = cv2.VideoCapture(ファイルパス名)
frame = cap.get(cv2.CAP_PROP_FRAME_COUNT)
fps = cap.get(cv2.CAP_PROP_FPS)
```

これを使って、**「動画ファイルの再生時間を表示するプログラム」**を作ってみましょう。

まず、**テスト用の動画ファイル**を用意してください。P.10のURLからサンプルファイルをダウンロードすることもできます。その中の**ファイル（chap10/testmovie1.mp4）**を使ってください。ご自分で用意したファイルを使うときは、リスト10.2の4行目のファイル名を変更してください。このファイルを読み込んで実行するプログラムがリスト10.2です。

リスト10.2 chap10/test10_2.py

```
001 import cv2
002 import datetime
003
004 infile = "testmovie1.mp4"
005 cap = cv2.VideoCapture(infile)——————————————— ファイルを読み込む
006 frame = cap.get(cv2.CAP_PROP_FRAME_COUNT)——— 総フレーム数
007 fps = cap.get(cv2.CAP_PROP_FPS)———————————— フレームレート
008 sec = int(frame / fps)———————————————————— 再生時間（秒）
009 timestr = str(datetime.timedelta(seconds=sec))- 時分秒に変換
010 print("再生時間=",timestr)
```

1〜2行目で、cv2ライブラリとdatetimeライブラリをインポートします。**4行目**で、「読み込むファイル名」を変数infileに入れます。**5行目**で、ファイルを読み込みます。**6〜7行目**で、総フレーム数とフレームレートを取得します。**8行目**で、再生秒数を求めます。**9〜10行目**で、秒を時分秒形式に変換して、表示します。

実行すると、再生時間が時分秒形式で表示されます。testmovie1.mp4は15秒なので、0:00:15と表示されます。

実行結果

```
再生時間= 0:00:15
```

以上の命令や手法を踏まえて、音声や動画ファイルに関する具体的な問題を解決していきましょう。

基本　アプリ化

音声の総再生時間を調べるには：show_MP3playtimes

こんな問題を解決したい！

フォルダの中に音声ファイルがたくさんある。それぞれの再生時間を知りたいし、すべての再生時間を合計したらどのくらいの時間になるのかも知りたいなあ

どんな方法で解決するのか？

この作業をコンピュータが行うとしたら、どのようにすればいいでしょうか？　主に以下の2つの処理を行うことで実現できると考えられます（図10.3）。

①指定されたフォルダ内のMP3形式の音声ファイルの名前を取得する。
②音声ファイルを読み込んで、再生時間と、フォルダの総再生時間を表示する。

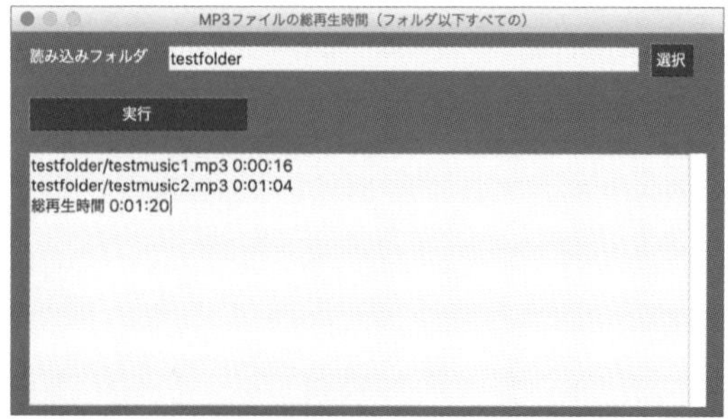

図10.3 アプリの完成予想図

解決に必要な命令は？

①の「指定されたフォルダ内のMP3形式の音声ファイルの名前を取得する」には、**「指定されたフォルダ内のファイルリストを取得するプログラム（リスト4.3）」**を利用できます。

②の「音声ファイルを読み込んで、再生時間と、フォルダの総再生時間を表示する」には、**「音声ファイルの再生時間を表示するプログラム（リスト10.1）」**が使えます。「総再生時間」は、各ファイルの再生時間をくり返し足していけば求められます。

プログラムを作ろう！

ではこれらを使って、**「指定されたフォルダ内のMP3ファイルの再生時間と、総再生時間を表示するプログラム（show_MP3playtimes.py）」**を作りましょう。

まず、**「MP3形式の音声ファイル」**や**「MP4形式やMOV形式の動画ファイル」が入ったテスト用のデータフォルダ**を用意してください。P.10のURLからサンプルファイルをダウンロードすることもできます。その中の**フォルダ（chap10/testfolder）**を使ってください（図10.4）。ご自分で用意したフォルダを使うときは、リスト10.3の5行目のフォルダ名を変更してください。このフォルダを読み込んで実行するプログラムがリスト10.3です。

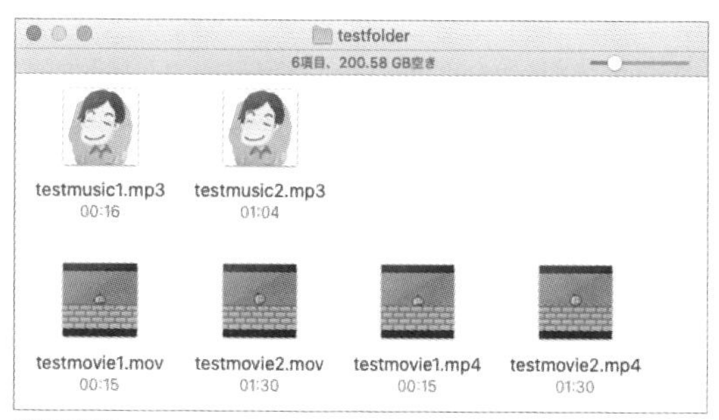

図10.4 サンプルフォルダ：testfolder

リスト10.3 chap10/show_MP3playtimes.py

```
001 from pathlib import Path
002 from mutagen.mp3 import MP3
003 import datetime
004 
005 infolder = "testfolder"
006 ext = "*.mp3"
007 
008 #【関数: MP3ファイルの再生時間を取得する】
009 def getplaytime(readfile):
010     try:
011         audio = MP3(readfile)——— ファイルを読み込む
012         sec = audio.info.length—— 再生時間（秒）
013         timestr = str(datetime.timedelta(seconds=sec))
    ———————— 時分秒に変換
014         return sec, readfile + " " + timestr
015     except:
016         return 0, readfile + "：失敗しました。"
017 #【関数：フォルダ以下すべてのMP3ファイルを検索する】
018 def findfiles(infolder):
019     totalsec = 0
020     msg = ""
021     filelist = []
022     for p in Path(infolder).rglob(ext): — このフォルダ以下すべてのファイルを
023         filelist.append(str(p))————— リストに追加して
024     for filename in sorted(filelist):—— ソートして1ファイルずつ処理
025         val1, val2 = getplaytime(filename)
026         totalsec += val1
```

```
027             msg += val2 + "\n"
028         totaltimestr = str(datetime.timedelta(seconds=totalsec))
029         msg += "総再生時間 " + totaltimestr
030         return msg
031 
032     #【実行】
033     msg = findfiles(infolder)
034     print(msg)
```


1~3行目で、pathlibライブラリのPathとmutagenライブラリのMP3とdatetimeライブラリをインポートします。**5~6行目**で、「読み込むフォルダ名」を変数infolderに、「ファイルの拡張子」を変数extに入れます。

9~16行目で、「MP3ファイルの再生時間を取得する関数(getplaytime)」を作ります。**11~12行目**で、ファイルの再生秒数を取得します。**13行目**で、時分秒形式に変換します。**14行目**で、秒数と表示するための変数を返します。

18~30行目で、「フォルダ以下すべてのMP3ファイルを検索する関数(findfiles)」を作ります。**19行目**で、総再生秒数を入れる変数totalsecを用意してリセットしておきます。**20行目**で、各ファイルの再生時間を表示するための変数msgを用意します。**22~23行目**で、フォルダ内のファイルリストをfilelistに追加していきます。**24~27行目**で、ファイルリストをソートして1ファイルずつ調べていきます。

25行目で、getplaytime()関数を呼び出し、そのファイルの再生秒数と、時分秒形式に変換された文字列が返ってくるので、変数val1、val2に入れます。**26行目**で、総再生秒数にファイル再生秒数を足します。**27行目**で、表示用テキストに時分秒形式に変換された文字列を追加します。**28~29行目**で、総再生秒数を時分秒形式に変換して、表示用テキストに追加します。

実行すると、各MP3ファイルの再生時間と、総再生時間が表示されます。

実行結果

```
testfolder/testmusic1.mp3 0:00:16
testfolder/testmusic2.mp3 0:01:04
総再生時間 0:01:20
```

アプリ化しよう！

このshow_MP3playtimes.pyを、さらにアプリ化しましょう。

このshow_MP3playtimes.pyでは、「フォルダ名」を選択して実行します。**『フォルダ選択のみのアプリ（テンプレートfolder.pyw）』**を修正して作れそうです（図10.5、図10.6）。

図10.5 利用するテンプレート：テンプレートfolder.pyw

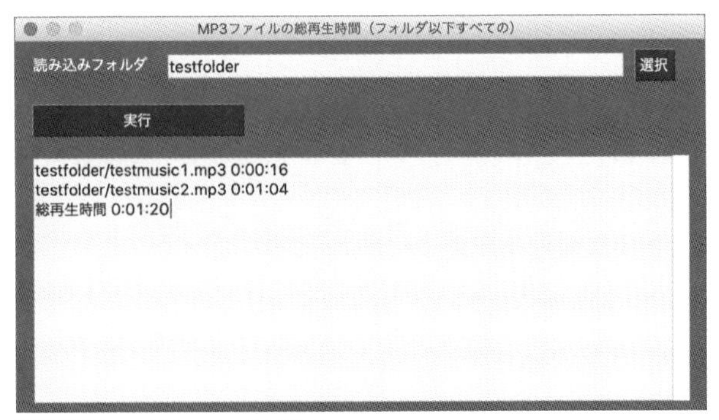

図10.6 アプリの完成予想図

❶ファイル「テンプレートfolder.pyw」をコピーして、コピーしたファイルの名前を「show_MP3playtimes.pyw」にリネームします。

これに「show_MP3playtimes.py」で動いているプログラムをコピーして修正していきます。

❷使うライブラリを追加します（リスト10.4）。

リスト10.4 テンプレートを修正：1

```
001 #【1.使うライブラリをimport】
002 from pathlib import Path
003 from mutagen.mp3 import MP3
004 import datetime
```

❸表示やパラメータを修正します（リスト10.5）。

リスト10.5 テンプレートを修正：2

```
001 #【2.アプリに表示する文字列を設定】
002 title = "MP3ファイルの総再生時間（フォルダ以下すべての）"
003 infolder = "."
004 ext = "*.mp3"
```

❹関数を差し替えます（リスト10.6）。

リスト10.6 テンプレートを修正：3

```
001 #【3.関数: MP3ファイルの再生時間を取得する】
002 def getplaytime(readfile):
003     try:
004         audio = MP3(readfile)——— ファイルを読み込む
005         sec = audio.info.length—— 再生時間（秒）
006         timestr = str(datetime.timedelta(seconds=sec))
        ——— 時分秒に変換
007         return sec, readfile + " " + timestr
```

10

音声や動画の再生時間

```
008     except:
009         return 0, readfile + "：失敗しました。"
010 #【3.関数：フォルダ以下すべてのMP3ファイルを検索する】
011 def findfiles(infolder):
012     sec = 0
013     msg = ""
014     filelist = []
015     for p in Path(infolder).rglob(ext): ― このフォルダ以下すべてのファイルを
016         filelist.append(str(p))―――――― リストに追加して
017     for filename in sorted(filelist):――― ソートして1ファイルずつ処理
018         val1, val2 = getplaytime(filename)
019         sec += val1
020         msg += val2 + "\n"
021     totaltimestr = str(datetime.timedelta(seconds=sec))
022     msg += "総再生時間 " + totaltimestr
023     return msg
```

❺関数を実行します（リスト10.7）。

リスト10.7 テンプレートを修正：4

```
001     #【4.関数を実行】
002     msg = findfiles(infolder)
```

これでできあがりです（show_MP3playtimes.pyw）。
アプリは次のような手順で使います。

①「選択」ボタンを押して、「読み込みフォルダ」を選択します。
②「実行」ボタンを押すと、選択したフォルダから下にある各MP3ファイルの再生時間と、総再生時間が表示されます（図10.7）。

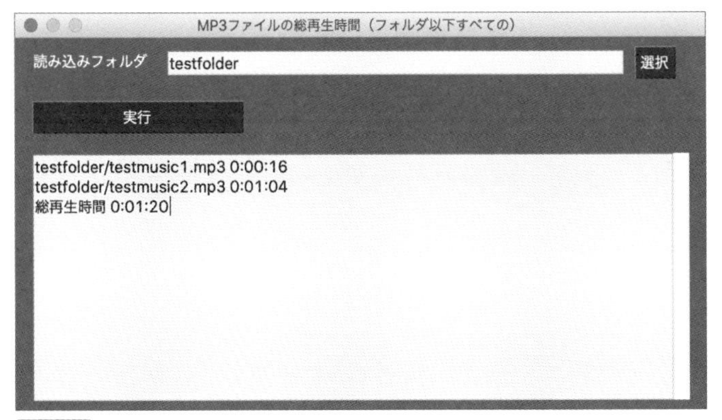

図10.7 実行結果

個々の音声ファイルの再生時間と総再生時間がわかったよ！

動画の総再生時間を調べるには：show_MoviePlaytimes

こんな問題を解決したい！

フォルダの中に動画ファイルがたくさんある。それぞれの再生時間を知りたいし、すべての再生時間を合計したらどのくらいの時間になるのかも知りたいなあ

どんな方法で解決するのか？

この作業は、先ほどのRecipe3の**「指定されたフォルダのMP3ファイルの再生時間と、総再生時間を表示するプログラム（show_MP3playtimes.py）」**と近い作業ですね（図10.8）。

①指定されたフォルダ内のMP4形式とMOV形式のファイルの名前を取得する。
②動画ファイルを読み込んで、再生時間とフォルダ内の動画ファイルの総再生時間を表示する。

図10.8 アプリの完成予想図

解決に必要な命令は？

①の「指定されたフォルダ内のMP4形式とMOV形式のファイルの名前を取得する」には、**「指定されたフォルダの中のJPG形式とPNG形式のファイル名リストを取得するプログラム（リスト9.7）」**を利用できそうです。

②の「動画ファイルを読み込んで、再生時間を取得する」には、**「動画ファイルの再生時間を表示するプログラム（リスト10.2）」**が使えます。「総再生時間」は、各ファイルの再生時間をくり返し足していけば求められます。

プログラムを作ろう！

では、以上のプログラムを使って、**「指定されたフォルダのMP4形式とMOV形式の動画ファイルの再生時間と、総再生時間を表示するプログラム（show_MoviePlaytimes.py）」**を作りましょう（リスト10.8）。

リスト10.8 chap10/show_MoviePlaytimes.py

```
001 from pathlib import Path
002 import cv2
003 import datetime
004 
005 infolder = "testfolder"
006 extlist = ["*.mp4", "*.mov"]
007 
008 #【関数：動画ファイルの再生時間を取得する】
009 def getplaytime(readfile):
010     try:
011         cap = cv2.VideoCapture(readfile)  ――― ファイルを読み込む
012         frame = cap.get(cv2.CAP_PROP_FRAME_COUNT)  ――― 総フレーム数
013         fps = cap.get(cv2.CAP_PROP_FPS)  ――― フレームレート
014         sec = int(frame / fps)  ――― 再生時間（秒）
```

```
015            timestr = str(datetime.timedelta(seconds=sec))
    ――― 時分秒に変換
016            return sec, readfile + " " + timestr
017        except:
018            return 0, readfile + "：失敗しました。"
019    #【関数: フォルダ以下すべての動画ファイルを検索する】
020    def findfiles(infolder):
021        totalsec = 0
022        msg = ""
023        for ext in extlist:―――――――――― 複数の拡張子で調べる
024            filelist = []
025            for p in Path(infolder).rglob(ext):
    ――― このフォルダ以下すべてのファイルを
026                filelist.append(str(p))――――― リストに追加して
027            for filename in sorted(filelist):
    ――― ソートして1ファイルずつ処理
028                val1, val2 = getplaytime(filename)
029                totalsec += val1
030                msg += val2 + "\n"
031        totaltimestr = str(datetime.timedelta(seconds=totalsec))
032        msg += "総再生時間 " + totaltimestr
033        return msg
034
035    #【関数を実行】
036    msg = findfiles(infolder)
037    print(msg)
```

1～3行目で、pathlibライブラリのPathとcv2ライブラリとdatetimeライブラリをインポートします。**5～6行目**で、「読み込むフォルダ名」を変数infolder

に、「ファイルの拡張子のリスト」を変数extlistに入れます。

9～18行目で、「動画ファイルの再生時間を取得する関数（getplaytime）」を作ります。**11～14行目**で、動画ファイルの再生秒数を取得します。**15行目**で、時分秒形式に変換します。**16行目**で、秒数と表示するための変数を返します。

20～33行目で、「フォルダ以下すべての動画ファイルを検索する関数（findfiles）」を作ります。**21行目**で、総再生秒数を入れる変数totalsecを用意してリセットしておきます。**22行目**で、各ファイルの再生時間を表示するための変数msgを用意します。**23行目**で、拡張子のリストから1つずつ変数extに取り出してくり返しを行います。**25～26行目**で、フォルダ内のファイルリストをfilelistに追加していきます。**27～30行目**で、ファイルリストをソートして1ファイルずつ調べていきます。

28行目で、getplaytime()関数を呼び出し、そのファイルの再生秒数と、時分秒形式に変換された文字列が返ってくるので、変数val1、val2に入れます。**29行目**で、総再生秒数にファイル再生秒数を足します。**30行目**で、表示用テキストに時分秒形式に変換された文字列を追加します。**31～32行目**で、総再生秒数を時分秒形式に変換して、表示用テキストに追加します。

実行すると、各動画ファイルの再生時間と、総再生時間が表示されます。

実行結果

```
testfolder/testmovie1.mp4 0:00:15
testfolder/testmovie2.mp4 0:01:30
testfolder/testmovie1.mov 0:00:15
testfolder/testmovie2.mov 0:01:30
総再生時間 0:03:30
```

アプリ化しよう！

このshow_MoviePlaytimes.pyを、さらにアプリ化しましょう。

show_MoviePlaytimes.pyでは、「フォルダ名」を選択して実行します。**『フォルダ選択のみのアプリ（テンプレートfolder.pyw）』**を修正して作れそうです（図10.9 、図10.10）。

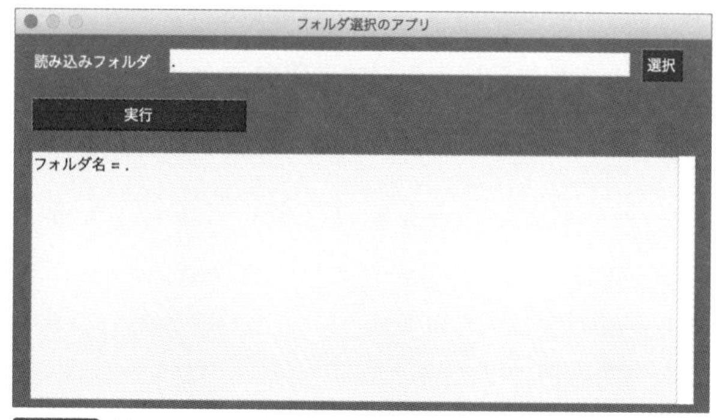

図10.9 利用するテンプレート：テンプレートfolder.pyw

図10.10 アプリの完成予想図

❶ファイル「テンプレートfolder.pyw」をコピーして、コピーしたファイルの名前を「show_MoviePlaytimes.pyw」にリネームします。

これに「show_MoviePlaytimes.py」で動いているプログラムをコピーして修正していきます。

❷使うライブラリを追加します（リスト10.9）。

リスト10.9 テンプレートを修正：1

```
001 #【1.使うライブラリをimport】
002 from pathlib import Path
003 import cv2
004 import datetime
```

❸表示やパラメータを修正します（リスト10.10）。

リスト10.10 テンプレートを修正：2

```
001 #【2.アプリに表示する文字列を設定】
002 title = "動画ファイルの総再生時間（フォルダ以下すべての）"
003 infolder = "."
004 extlist = ["*.mp4", "*.mov"]
```

❹関数を差し替えます（リスト10.11）。

リスト10.11 テンプレートを修正：3

```
001 #【3.関数: 動画ファイルの再生時間を取得する】
002 def getplaytime(readfile):
003   try:
004     cap = cv2.VideoCapture(readfile)――――――― ファイルを読み込む
005     frame = cap.get(cv2.CAP_PROP_FRAME_COUNT)― 総フレーム数
006     fps = cap.get(cv2.CAP_PROP_FPS)―――――――― フレームレート
007     sec = int(frame / fps)―――――――――――――― 再生時間（秒）
008     timestr = str(datetime.timedelta(seconds=sec))―― 時分秒に変換
009     return sec, readfile + " " + timestr
010   except:
011     return 0, readfile + "：失敗しました。"
012 #【3.関数: フォルダ以下すべての動画ファイルを検索する】
013 def findfiles(infolder):
014   totalsec = 0
015   msg = ""
016   for ext in extlist:―――――――――――― 複数の拡張子で調べる
017     filelist = []
018     for p in Path(infolder).rglob(ext):― このフォルダ以下すべてのファイルを
019       filelist.append(str(p))――――――― リストに追加して
```

10

音声や動画の再生時間

```
020     for filename in sorted(filelist):—— ソートして1ファイルずつ処理
021       val1, val2 = getplaytime(filename)
022       totalsec += val1
023       msg += val2 + "\n"
024     totaltimestr = str(datetime.timedelta(seconds=totalsec))
025     msg += "総再生時間 " + totaltimestr
026     return msg
```

❺関数を実行します（リスト10.12）。

リスト10.12 テンプレートを修正：4

```
001     #【4.関数を実行】
002     msg = findfiles(infolder)
```

これでできあがりです（show_MoviePlaytimes.pyw）。
アプリは次のような手順で使います。

①「選択」ボタンを押して、「読み込みフォルダ」を選択します。
②「実行」ボタンを押すと、選択した読み込みフォルダから下の各動画ファイルの再生時間と、総再生時間が表示されます（図10.11）。

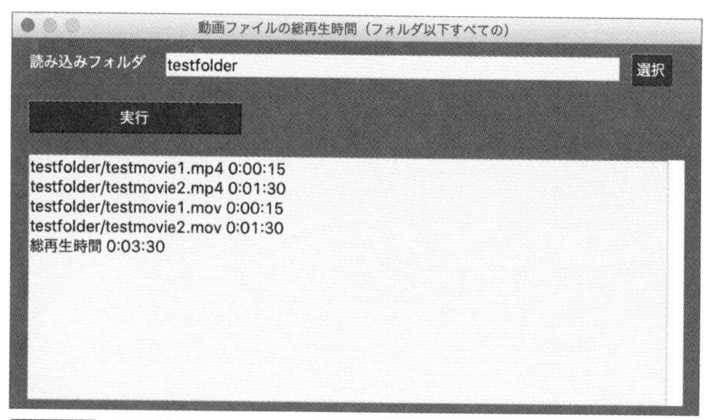

図10.11 実行結果

個々の動画ファイルの再生時間と総再生時間がわかったよ！

Chapter

11

Webデータの取得

基本 アプリ化

インターネット上のファイルを読み込むには

Webページにアクセスするライブラリ

Webページにアクセスしたいときは、外部ライブラリの**requestsライブラリ**が使えます（図11.1）。また、**HTMLやXMLを解析したいとき**は、**beautifulsoup4ライブラリ**と（図11.2）、その補助として**lxmlライブラリ**を利用します。

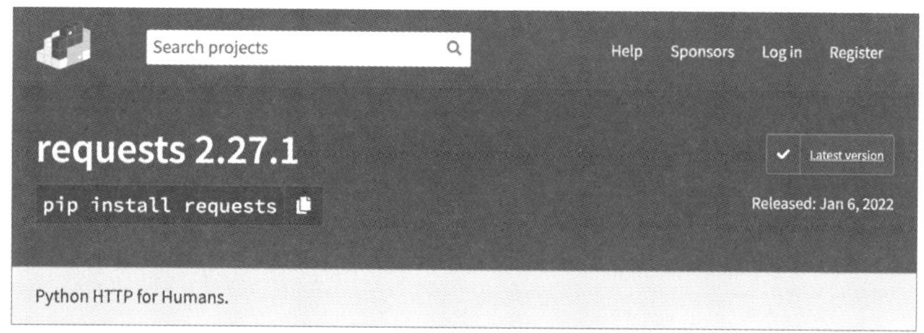

図11.1 requestsライブラリ

https://pypi.org/project/requests/

※Pythonライブラリのサイトに表示される数値は更新されることがあります。

図11.2 beautifulsoup4ライブラリ

https://pypi.org/project/beautifulsoup4/

※Pythonライブラリのサイトに表示される数値は更新されることがあります。

requestsライブラリと**beautifulsoup4ライブラリ**は、標準ライブラリではないので、手動でインストールする必要があります。Windowsなら［コマンドプロンプト］アプリを起動して、macOSなら［ターミナル］アプリを起動して、書式11.1、書式11.2のように命令してインストールを行ってください。その後、「pip list」命令で、requestsとbeautifulsoup4とlxmlがインストールされていることを確認しましょう。環境によってはlxmlがすでにインストールされているというメッセージが出る場合があります。

書式11.1 ライブラリのインストール（Windows）

```
py -m pip install requests
py -m pip install beautifulsoup4
py -m pip install lxml
py -m pip list
```

書式11.2 ライブラリのインストール（macOS）

```
python3 -m pip install requests
python3 -m pip install beautifulsoup4
python3 -m pip install lxml
python3 -m pip list
```

これで、それぞれのライブラリをインポートして使えるようになります（書式11.3）。lxmlライブラリは、beautifulsoup4の中で自動的にimportされるため、import命令は不要です。

書式11.3 requestsとbeautifulsoupをインポート

```
import requests
from bs4 import BeautifulSoup
```

それではここで、この**requestsライブラリとbeautifulsoup4ライブラリの簡単な使い方**について見ていきましょう。

requestsライブラリを使うと、WebページやRSSなど、インターネット上のデータにアクセスすることができます。Webページはサイトごとに作り方が違うので、情報を取り出すには各ページのHTMLを調べて必要なデータを見つける必要がありますが、RSSなら簡単に情報を取得することができます。

RSS（Rich Site Summary）とは、Webサイトの新着情報などを配信する技術です。XML形式で書かれていて、記事のタイトル（title）や、説明（description）などの情報が、タグで整理されています。そのため、必要な情報を効率的に収集できます。

例えば、翔泳社の新刊のRSSのリンクは、図11.3のページでわかります。

図11.3 翔泳社の新刊のRSSのあるページ
https://www.shoeisha.co.jp/book/faq

例えばこの中の、「RSSを購読いただく」の「RSS」をクリックすると、図11.4のURLのRSSのXMLデータが表示されます。

This XML file does not appear to have any style information associated with it. The document tree is shown below.

```
▼<rss xmlns:content="http://purl.org/rss/1.0/modules/content/" xmlns:wfw="http://wellformedweb.org/CommentAPI/"
  xmlns:dc="http://purl.org/dc/elements/1.1/" xmlns:atom="http://www.w3.org/2005/Atom"
  xmlns:sy="http://purl.org/rss/1.0/modules/syndication/" xmlns:slash="http://purl.org/rss/1.0/modules/slash/" version="2.0">
  ▼<channel>
      <title>翔泳社 新刊</title>
      <description>翔泳社 新刊</description>
      <link>https://www.shoeisha.co.jp/rss/book/index.xml</link>
      <pubdate>Fri, 15 Apr 2022 18:58:57 +0900</pubdate>
    ▼<item>
        <title>「家トレ」のきほん 飽きずに楽しく続けられる！「自分で動ける」を維持するトレーニング（はじめての在宅介護シリーズ）</title>
        <author>石田 竜生,</author>
        <link>http://www.shoeisha.co.jp/book/detail/9784798174723</link>
        <pubDate>Mon, 13 Jun 2022 00:00:00 +0900</pubDate>
      ▼<description>
          <![CDATA[ <h3>高齢者の運動は、<br />「楽しく」「飽きない」が継続のカギ！</h3> <p>高齢者が運動を習慣化して<br />「自分で動ける」状態を維持することは、<br /> 介護予防・介護度の進行予防につながります。</p> <p>本書には、「楽しく飽きずに続けられる」をテーマに、<br /> お家で気軽に取り組めるトレーニング＝家（うち）トレを<br /> 50種類以上収録。</p> <p>高齢者や介護施設の関係者にも大好評の YouTubeチャンネル<br />『介護エンターテイメント脳トレ介護予防研究所』で<br /> 3.3万人超の登録者数を持つ著者が、<br /> やる気を保って続けられる体操を<br /> 写真と動画でわかりやすく解説します。</p> <br /> <p>【こんなお悩みがある方におすすめ】<br /> ・やる気が続かない<br /> ・動くのがしんどくて、運動を諦めている<br /> ・そもそも動き方が分からない</p> <p>【本書を読むと……】<br /> ・「なんのためにやるのか」「どこを鍛えているのか」が明確で、<br /> モチベーションを維持できる！<br /> ・負荷を調整できるので、体に動かしづらい部位がある方でも<br /> 無理のない範囲で挑戦できる！<br /> ・写真や動画の解説がわかりやすく、体の動かし方に迷わない。<br /> 動画を見ながら取り組めば、誰かと一緒に体操する張りあいも生まれる！</p> <p>【本書で紹介する体操】<br /> ■きほんの家トレ<br /> 足首ぐるぐる体操、足の踏み出し体操、五感刺激体操<br /> パンツ上げ下げ体操、おしりふきふき体操、快便マッサージ体操、尿漏れ予防体操<br /> 服脱ぎ体操、全身ゴシゴシ体操、口腔体操、舌の動き活発体操<br /> すみずみぴかぴか体操、ぐっすりおやすみ体操 etc.</p> <p>■プラスワン家トレ<br /> ・ペットボトルを使った体操<br /> ひじ曲げ伸ばし体操、手首ひねり体操、ボクシング体操 etc.<br /> ・タオルを使った体操<br /> タオル引き寄せ体操、こりほぐし体操、ふんばり体操 etc.<br /> ・新聞紙を使った体操<br /> 素振り体操、スイング体操、下半身ムキムキ体操 etc.</p> <p>■脳を鍛える家トレ<br /> キツネと鉄砲体操、数字とグー体操、鏡文字体操、表情コロコロ体操<br />「は行」で表情作り体操、足の指で一人じゃんけん体操 etc.</p><br/> ]]>
        </description>
      </item>
    ▼<item>
        <title>Pythonで学ぶあたらしい統計学の教科書 第2版 </title>
        <author>馬場 真哉,</author>
        <link>http://www.shoeisha.co.jp/book/detail/9784798171944</link>
        <pubDate>Wed, 08 Jun 2022 00:00:00 +0900</pubDate>
```


図11.4 RSSのXMLデータ

https://www.shoeisha.co.jp/rss/book/index.xml

RSSは、このようなXMLデータになっています。この中から情報を収集していくのですが、まずはURLのデータを取得するところから行いましょう。指定したURLのデータを取得するには、**requests.get()** 命令が使えます（書式11.4）。

書式11.4 指定したURLのデータを取得する

```
取得したデータ = requests.get(URL)
```

これを使って、**「RSSデータを取得するプログラム」** を作ってみましょう（リスト11.1）。

リスト11.1 chap11/test11_1.py

```
001  import requests
002
```

```
003 url = "https://www.shoeisha.co.jp/rss/book/index.xml"
004 r = requests.get(url)──────── URLのデータを取得
005 r.encoding = r.apparent_encoding── 文字コードを自動判別
006 print(r.text)
```

1行目で、requestsライブラリをインポートします。**3行目**で、「読み込むURL」を変数urlに入れます。**4行目**で、URLのデータを取得します。**5行目**で、文字コードを自動判別し、**6行目**で、取得したRSSデータを表示します。

実行すると、RSSの情報（実行した時点での情報）が表示されます。

実行結果

```
<?xml version="1.0" encoding="UTF-8"?>
<rss xmlns:content="http://purl.org/rss/1.0/modules/content/"
xmlns:wfw="http://wellformedweb.org/CommentAPI/" xmlns:dc="http://
purl.org/dc/elements/1.1/" xmlns:atom="http://www.w3.org/2005/Atom"
xmlns:sy="http://purl.org/rss/1.0/modules/syndication/"
xmlns:slash="http://purl.org/rss/1.0/modules/slash/" version="2.0">
  <channel>
    <title>翔泳社 新刊</title>
    <description>翔泳社 新刊</description>
    <link>https://www.shoeisha.co.jp/rss/book/index.xml</link>
    <pubdate>Fri, 15 Apr 2022 12:26:18 +0900</pubdate>
    <item>
      <title>「家トレ」のきほん　飽きずに楽しく続けられる！「自分で動ける」
を維持するトレーニング（はじめての在宅介護シリーズ）</title>
      <author>石田 竜生,</author>
      <link>http://www.shoeisha.co.jp/book/detail/9784798174723</
link>
      <pubDate>Mon, 13 Jun 2022 00:00:00 +0900</pubDate>
      <description>
```

```
        <![CDATA[ <h3>高齢者の運動は、<br />「楽しく」「飽きない」が継
続のカギ！</h3> <p>高齢者が運動を習慣化して<br />「自分で動ける」状態を
維持することは、<br /> 介護予防・介護度の進行予防につながります。</p>
<p>本書には、「楽しく 飽きずに続けられる」をテーマに、<br /> お家で気軽に
取り組めるトレーニング＝家（うち）トレを<br /> 50種類以上収録 。 </p>
<p>高齢者や介護施設の関係者にも大好評の YouTubeチャンネル<br />『介護
エンターテイメント脳トレ介護予防研 究所』で<br /> 3.3万人超の登録者数を
持つ著者が、<br /> やる気を保って続けられる体操を<br /> 写真と動画でわ
かりや すく解説します。</p> <br /> <p>【こんなお悩みがある方におすすめ】
<br /> ・やる気が続かない<br /> ・動くのがしん どくて、運動を諦めている<br
/> ・そもそも動き方が分からない</p> <p>【本書を読むと……】<br /> ・「な
んのためにやるのか」「どこを鍛えているのか」が明確で、<br />
(...略...)
```


これでRSSデータが取得できましたが、今の状態では、内容がわかりにくいですね。ここから「新刊のタイトル（title）」だけを取り出しましょう。このXMLを解析するのに、**beautifulsoup4ライブラリ**を使います。

まず、**BeautifulSoup()** 命令で、XMLデータを解析できるようにして、そこから**findAll()** 命令で、特定のタグデータを取得します。取得された複数のタグは、リスト形式で返ってきます（書式11.5）。

書式11.5 XMLデータから、titleタグの情報を取得する

```
soup= BeautifulSoup(XMLデータ, "lxml")
elist = soup.findAll("title")
```

書式11.5を使って、**「RSSデータを取得して、titleタグを表示するプログラム」**を作ってみましょう。取得したリストをfor文でくり返し表示していきますが、何番目の新刊なのかがわかるように番号をつけておきます。for文でリストの「番号と中身」をセットで取り出すには、**enumerate()** 命令が使えます（リスト11.2）。

リスト11.2 chap11/test11_2.py

```
001 import requests
002 from bs4 import BeautifulSoup
003
004 url = "https://www.shoeisha.co.jp/rss/book/index.xml"
005 tag = "title"
006 r = requests.get(url)                          URLのデータを取得
007 r.encoding = r.apparent_encoding               文字コードを自動判別
008 soup= BeautifulSoup(r.text, "lxml")            XMLデータを解析して
009 for i, element in enumerate(soup.findAll(tag)):
010     print(i, element.text)                     番号とテキストを表示
```

1〜2行目で、requestsライブラリとbeautifulsoup4ライブラリをインポートします。**4行目**で、「読み込むURL」を変数urlに入れます。**5行目**で、取得するタグ名を変数tagに入れます。

6行目で、URLのデータを取得します。**7行目**で、文字コードを自動判別し、**8行目**で、XMLデータを解析します。**9〜10行目**で、タグデータを取得し、番号とそのテキストを表示します。

実行すると、新刊のタイトル一覧（実行した時点での新刊）が表示されます。先ほどよりもわかりやすくなりましたね。

実行結果

```
0 翔泳社 新刊
1「家トレ」のきほん　飽きずに楽しく続けられる!「自分で動ける」を維持するトレーニング（はじめての在宅介護シリーズ）
2 Pythonで学ぶあたらしい統計学の教科書 第2版
3「ゆる副業」のはじめかた メルカリ　スマホ1つでスキマ時間に効率的に稼ぐ!
4「アジャイル式」健康カイゼンガイド
5 電気教科書 炎の第2種電気工事士 筆記試験 テキスト&問題集
(...略...)
```

基本 アプリ化

新刊の情報を書き出すには：show_todayNews

こんな問題を解決したい！

新刊はどんな本があるんだろう。いつもの新刊のページを見に行けばわかるけれど、見出し一覧をメモしておきたい。テキストで表示されないかなあ

どんな方法で解決するのか？

この作業をコンピュータが行うとしたら、主に以下の2つの処理を行うことで実現できると考えられます（図11.5）。

①指示されたURLのRSSデータ（XML形式）を取得する。
②取得したRSSデータ（XML形式）のtitleタグのテキスト一覧を表示する。

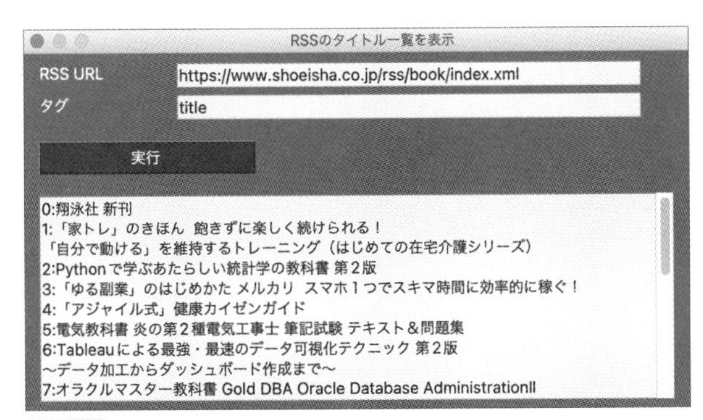

図11.5 アプリの完成予想図

解決に必要な命令は？

これは、先ほどのRecipe1で作った**「RSSデータを取得して、titleタグを表示するプログラム（リスト11.2）」**をそのまま使えそうです。アプリにしやすいように関数にまとめましょう。

プログラムを作ろう！

「RSSデータを取得して、titleタグを表示するプログラム（リスト11.2）」の処理を関数化して、**「RSSデータを取得して、titleタグを表示するプログラム（show_RSS.py）」**を作りましょう（リスト11.3）。

リスト11.3 chap11/show_RSS.py

```
001 import requests
002 from bs4 import BeautifulSoup
003
004 value1 = "https://www.shoeisha.co.jp/rss/book/index.xml"
005 value2 = "title"
006
007 #【関数: RSSのタグを取得する】
008 def readRSSitem(url, tag):
009     msg = ""
010     r = requests.get(url)――――――――― URLのデータを取得
011     r.encoding = r.apparent_encoding―― 文字コードを自動判別
012     soup= BeautifulSoup(r.text, "lxml")― XMLデータを解析して
013     for i, element in enumerate(soup.findAll(tag)):
014         msg += str(i) + ":" + element.text + "\n"― タグの要素を追加
015     return msg
016
017 #【関数を実行】
```

```
018  msg = readRSSitem(value1, value2)
019  print(msg)
```

1～2行目で、requestsライブラリとbeautifulsoup4ライブラリをインポートします。**4行目**で、「読み込むURL」を変数urlに入れます。**5行目**で、取得するタグ名を変数tagに入れます。**8～14行目**で、「RSSのタグを取得する関数(readRSSitem)」を作ります。

10行目で、URLのデータを取得します。**11行目**で、文字コードを自動判別し、**12行目**で、XMLデータを解析します。**13～14行目**で、タグデータを取得し、番号とそのテキストを表示します。

実行すると、新刊のタイトル一覧（実行した時点での新刊）が表示されます。**18～19行目**で、関数を実行し、返ってきた値を表示します。

実行結果

```
0:翔泳社 新刊
1:「家トレ」のきほん　飽きずに楽しく続けられる！「自分で動ける」を維持するトレーニング（はじめての在宅介護シリーズ）
2:Pythonで学ぶあたらしい統計学の教科書 第2版
3:「ゆる副業」のはじめかた メルカリ　スマホ1つでスキマ時間に効率的に稼ぐ！
4:「アジャイル式」健康カイゼンガイド
(...略...)
```

アプリ化しよう！

このshow_RSS.pyを、さらにアプリ化しましょう。

show_RSS.pyでは、「URL」と「タグ名」を入力して実行します。**『入力欄2つのアプリ（テンプレートinput2.pyw）』**を修正して作れそうです（図11.6、図11.7）。

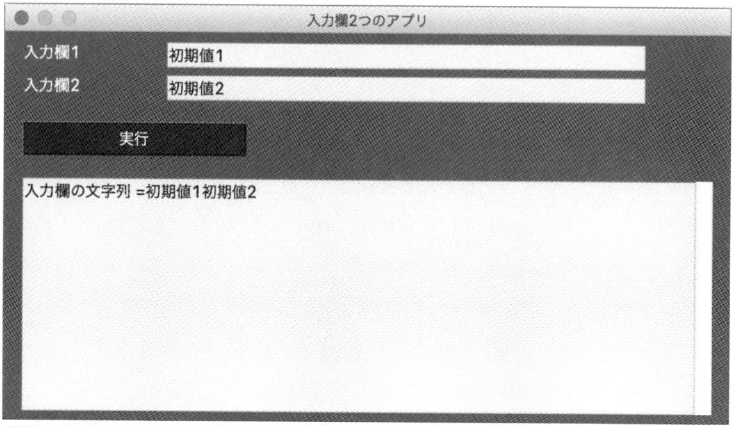

図11.6 利用するテンプレート：テンプレートinput2.pyw

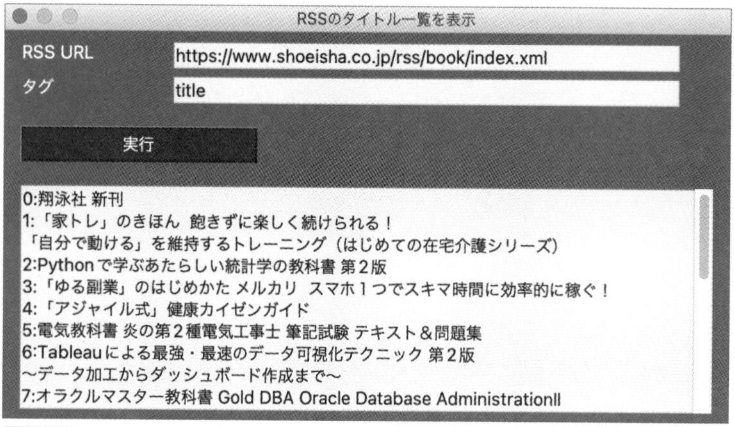

図11.7 アプリの完成予想図

❶ファイル「テンプレートinput2.pyw」をコピーして、コピーしたファイルの名前を「show_RSS.pyw」にリネームします。

これに「show_RSS.py」で動いているプログラムをコピーして修正していきます。

❷使うライブラリを追加します（リスト11.4）。

リスト11.4 テンプレートを修正：1

```
001 # 【1.使うライブラリをimport】
002 import requests
003 from bs4 import BeautifulSoup
```

❸表示やパラメータを修正します（リスト11.5）。

リスト11.5 テンプレートを修正：2

```
001 # 【2.アプリに表示する文字列を設定】
002 title = "RSSのタイトル一覧を表示"
003 label1, value1 = "RSS URL", "https://www.shoeisha.co.jp/rss/ ↵
    book/index.xml"
004 label2, value2 = "タグ", "title"
```

❹関数を差し替えます（リスト11.6）。

リスト11.6 テンプレートを修正：3

```
001 # 【3.関数: RSSのタグを取得する】
002 def readRSSitem(url, tag):
003   msg = ""
004   r = requests.get(url)———————— URLのデータを取得
005   r.encoding = r.apparent_encoding———— 文字コードを自動判別
006   soup= BeautifulSoup(r.text, "lxml")—— XMLデータを解析して
007   for i, element in enumerate(soup.findAll(tag)):
008     msg += str(i) + ":" + element.text + "\n"— タグの要素を追加
009   return msg
```

❺関数を実行します（リスト11.7）。

リスト11.7 テンプレートを修正：4

```
001     # 【4.関数を実行】
002     msg = readRSSitem(value1, value2)
```

11 Webデータの取得

これでできあがりです(show_RSS.pyw)。
アプリは次のような手順で使います。

①「実行」ボタンを押すと、翔泳社の新刊の見出し一覧が表示されます(図11.8)。

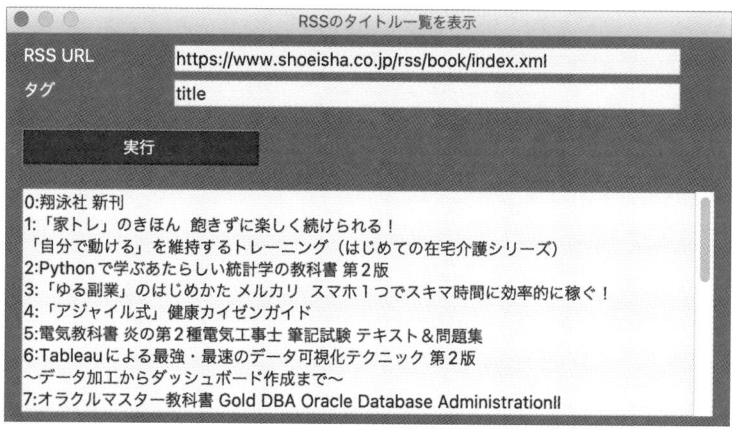

図11.8 実行結果1

①「タグ」の入力欄で違う要素の表示に変更できます。例えば、「description」と入力します。
②「実行」ボタンを押すと、翔泳社の新刊の説明文一覧が表示されます(図11.9)。

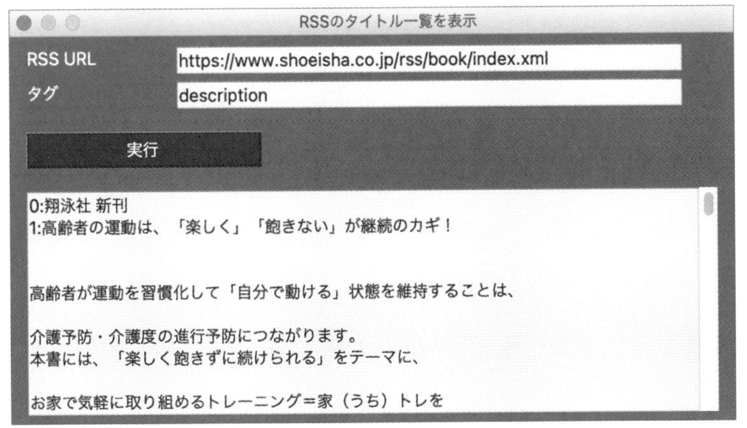

図11.9 実行結果2

①「RSS URL」の入力欄を変更すると、違うURLの要素を表示できます。
https://iss.ndl.go.jp/rss/inprocess/7.xml

②「実行」ボタンを押すと、国立国会図書館の新着書誌情報（最新7日分）の説明文一覧が表示されます（数千冊表示されるので時間がかかります）（図11.10）。

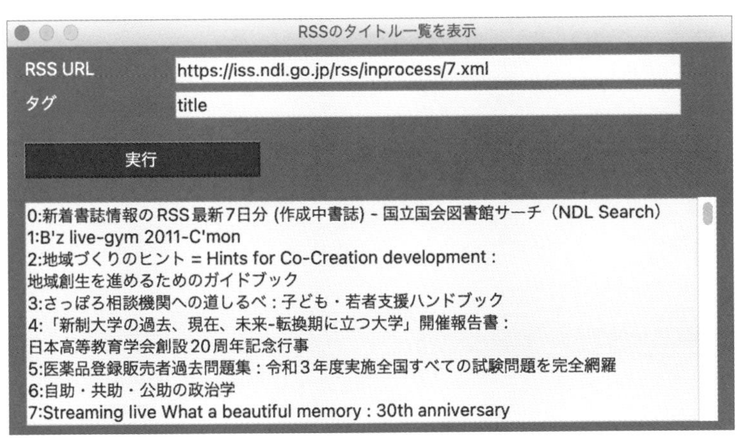

図11.10 実行結果3

新刊のタイトル一覧を表示できたよ！

索引

著者プロフィール

森 巧尚（もり・よしなお）

『マイコンBASICマガジン』（電波新聞社）の時代からゲームを作り続けて、現在はコンテンツ制作や執筆活動を行い、関西学院大学非常勤講師、関西学院高等部非常勤講師、成安造形大学非常勤講師、大阪芸術大学非常勤講師、プログラミングスクールコプリ講師などを行っている。
近著に『Python1年生』『Python2年生 スクレイピングのしくみ』『Python2年生 データ分析のしくみ』『Python3年生 機械学習のしくみ』『Java1年生』『動かして学ぶ！ Vue.js開発入門』（いずれも翔泳社）、『ゲーム作りで楽しく学ぶ Pythonのきほん』『楽しく学ぶ Unity2D超入門講座』『楽しく学ぶ Unity3D超入門講座』（いずれもマイナビ出版）などがある。

装丁デザイン　大下 賢一郎
本文デザイン　風間 篤士（リブロワークス・デザイン室）
編集・DTP　リブロワークス
キャラクターイラスト　iStock.com / emma
校正協力　佐藤 弘文

Python自動化簡単レシピ

Excel・Word・PDFなどの面倒なデータ処理をサクッと解決

2022年 5月23日　初版第1刷発行

著　者　森 巧尚（もり・よしなお）
発 行 人　佐々木 幹夫
発 行 所　株式会社 翔泳社（https://www.shoeisha.co.jp）
印刷・製本　株式会社ワコープラネット

ISBN978-4-7981-6612-4
Printed in Japan